目錄

目錄

目錄

後記

時間線

附錄

網友評論摘選

王且能：從小我數學就不好，但這個專欄我看得津津有味，感謝！

Erona Wan：滿滿的好料，雖然我才看了一半，但這無疑是一類非常棒的數學科普文章。

八里土人：從頭看到尾，希望能買到作者簽名的實體書。一個小建議：能否按照時間順序為坐標軸，畫兩個圖，一個是數學成就和數學研究熱門焦點圖，一個是數學家的年代圖，比如柯西在數學史上是什麼時間出現的。對比這兩個圖，能更清楚地掌握數學發展史以及各位數學家的貢獻。另外給作者一個建議：封面設計好看一點。對作者這套介紹，按上我所有的讚。作者辛苦了，謝謝！

Eicmly：希望可以在增加說明的基礎上保留理論，這樣更方便深入地理解方法～

郭子恆：一直追蹤這個系列，露個臉。這個系列非常不錯，能夠填完這個大坑不易，辛苦了！

蝦米：拜讀大作，就好像第一次看幾何原理一樣，感覺之前完全是在走不一樣的路。

zyzyasdjkl：每次看到有更新都是滿懷期待地點進去，作者也從來不會辜負期待。作為一個數學愛好者，真的學到了很多，雖然有些較為專業的……只能等我循序漸進學到相關知識再細細品味了。

老兵還鄉：大讚作者，這麼複雜的東西，我曾經慕名去看原文，最後

放棄了，沒想到今天找到了科普版，講得好清楚！

　　仙哥在 1Q84：其實看到這些定義有時候會羨慕這些數學大家如此精妙的思維……追了這個專欄這麼久，祝好！

　　適莫：作者語言幽默風趣，讀者喜歡。

　　吃盒飯：這篇解答了我對為什麼叫「最小二乘法（最小平方法）」的多年疑問！還真有「最小一乘法」，哈哈。

　　吃盒飯：十幾年來第一次知道為什麼叫雙曲正弦雙曲餘弦！

　　小尹：測量平差和大地重力學上來就是勒壤得，球諧，拉普拉斯。只學過高等數學的表示真的力不從心。感謝作者的講解，要是當年讀書時就看到這個，後面就容易多了。

　　小小呆：按讚，這篇文章十分簡練又不失風趣。作者將網路流行語用得得心應手，看著帶有喜感。謝謝小謙老師讓我們從另一個角度來看待數學和數學物件。

　　王大頭：數學的學習如果離開發展史和應用，真的就只剩下炫智商的遊戲了。手動感謝！

　　飼料雞蛋：每次看到伽羅瓦的故事都感覺悲哀與無奈，這種 bug 般的人物要是活久一點該會有多大的成就啊！

　　香草：很感謝作者，一直很想看伽羅瓦本人到底把群論用在哪裡了。

　　藏羚羊：希望多一些像作者這樣的老師，讓學習數學的孩子們不再只是在題海中苦苦掙扎。

　　tara：作者加油！這種文章不僅對數學愛好者很有吸引力，而且對工科大學生幫助很大，感謝～

一段插曲：受益匪淺，哈哈。一口氣追完所有章節。

acer：一口氣看到這裡，這真是一部十分好的數學史，但是康托爾那裡還是意猶未盡啊！

阿垃垃圾咩咩：作者寫得真的好，看完這篇情不自禁為作者和康托爾鼓了鼓掌。

bananaeat：作者寫得很不錯，希望能讓更多人讀到！

Coco-Leon：簡直跟看故事一樣精彩，以前高中在數學雜誌上看到康托爾對無窮集合的一些結論，現在看起來還是那麼有意思，希望你繼續寫下去。

九幻琉璃：真的可以出書了，完全適合所有具有高中以上數學能力的人閱讀。你要出書我肯定買一本。

湯達人：文章中有些問題和自己小時候存有的一些疑問很相似啊，讀起來有些豁然開朗的感覺，支持。

胡今朝：用數學史的方法學數學是最好的方式，數學家都是在解決某個具體的問題而形成的某個具體的理論，一旦脫離了具體背景抽象成數學語言就變得非常費解，這一點在學習抽象代數等近代數學顯得尤為明顯！

前言

　　高中母校幾位老師來北京進修，我盡地主之誼，請大家一起吃飯。由於我的工作同屬教育行業，飯桌上自然承擔起了活躍氣氛的重任。本著吹牛不用繳稅金的大無畏原則，鄙人瞎扯了幾個關於高中數學內容的閒篇，原意只是想娛樂一下，沒想到效果竟然出奇地好，不僅數學和物理老師聽得津津有味，就連教生物的老師也表示心情特別激動。

　　受寵若驚之餘，我萌生了一個更為大膽的想法，這些閒篇能不能更好地連接起來，組成一系列的科普文章，成為高中生以及廣大數學愛好者認識數學、了解數學、品讀數學的園地。我想了想，覺得可以，於是，便有了「知乎」上一個名為「奇葩數學史」的專欄。

　　我做了很長時間的準備，意圖將數學歷史和數學知識有系統地結合在一起，為學生們在課堂上學習的內容提供相應的背景和延伸。由於向來反感照本宣科式的說教，我寫文章總是力求做到輕鬆有趣，我覺得數學雖然是嚴肅的，但數學教學是可以活潑的。至於大家喜不喜歡，說實話，我心裡沒底。

　　所幸結果還好，專欄推出之後，得到了許多網友的追蹤和喜愛，他們不吝讚美之詞，在留言區留下了許多對我的鼓勵。正是由於他們的厚愛，專欄裡的文章才有了集結出版的機會。如今這些文章經過整理、修訂、補充後即將出版發行，我要特別感謝出版社的編輯們，他們為本書的出版付出了不少辛勞和努力。感謝提供各種意見和建議的網友，他們讓本書有了

前言

更好的面貌。感謝我的太太，沒有她一如既往的支持和關愛，我不可能完成本書的寫作，這本書獻給她以及我們可愛的女兒。

唐小謙

引子

從事教師這個行業有一些年頭了，大部分人（特別是一些小女生）在知道我是一個教數學的老師之後，都會及時地表達出他們的景仰之情：「哇，你真的好屬害！」（有興趣的同學可以自行配音並腦補畫面）。當然，這並不是真的說我有多屬害，而是面對數學，他們實在是有些頭痛，說得更嚴重點，數學已經成為他們腦海中的夢魘。

關於數學有多可怕，網路上流傳著許多精彩的描述，有下面這種生無可戀的：

數學課是一個人的狂歡，一群人的寂寞。

也有哀怨心傷的：

說好一起遨遊數學的海洋，每次卻只有你一個人上了岸。

有苦中作樂的：

數學課，一節更比六節長，餘量還能拖個堂。

還有賣萌比慘的：

當年彎腰撿了支筆，數學課就再也沒有聽懂過……

這些令人捧腹的花式牢騷將大家面對數學課時的畏難情緒抒發得可謂淋漓盡致，如果做個最不喜歡的課程排名的話，那麼數學不是高居榜首也是名列前茅.

學數學的一臉委屈，教數學的，也很無奈……

引子

　　作為知識和技藝的辛勤傳播者，絕不希望自己的學生因為畏懼困難而倒在學習的門外，但現實往往事與願違，經過十多年的辛苦耕耘之後，我們的孩子們對於數學的興趣要麼根本沒有被啟蒙，要麼就是已經消磨殆盡了。前陣子重溫一個成語主題的電視節目，一位語文老師在搭檔給出「數學課」的提示後秒答出「枯燥無味」這個成語，實在是讓人哭笑不得，不知道隔壁座位的數學老師們看到自己同事的評價，心裡會做何感想。

　　其實跟中國的成語一樣，數學也是一種文化，學習數學的過程也是一種文化的傳承。就拿人人都認識的算盤來講，其中包含的數學就展現出濃濃的文化韻味。中國長期使用的算盤叫做七珠算盤，上檔兩顆珠，下檔五顆，下檔每顆珠代表「1」，上檔每顆珠代表「5」。珠算法中下檔「滿五」時用一顆上珠來表示，上檔「滿十」時則向前進檔「進一」。這種算法我們在小學時就已經背得滾瓜爛熟，卻很少有人留意到實際操作中每一檔位的最大數值是「9」，一顆上珠和四顆下珠足以搞定，根本用不到七顆珠子。難不成剩下的兩顆是擺設？答案自然是否定的。舊時中國的單位制與現時不同，一斤不是十兩，而是十六兩，所謂「半斤八兩」說的就是半斤和八兩是同一件事。如此一來算盤之檔位所需要表達的最大數字變成了「15」，上檔兩珠、下檔五珠，不是富餘，而是剛剛好。

　　這樣的例子還可以舉出不少，教學的時候如果能夠結合進來，對提升學生的學習興趣想必大有好處。

　　不僅如此，作為幾千年的文化累積，數學是一種美的存在。體驗數學之美能夠幫助學生從心底接納數學。

　　一百五十多年前，一位名叫亞當（Adam）的美國議員在莊嚴肅穆的國會大廈裡發現了一個奇怪的現象，當他走到雕塑大廳的某個特殊位置時，

耳邊傳來了一陣非常清晰的對話，他立刻下意識地環顧四周，卻並沒有發現有人站在他的身旁。四下張望之後，亞當注意到離他很遠的地方有兩個人正在交談，莫非自己聽到的是這兩個人的談話？

這種狀況簡直匪夷所思，亞當朝說話的兩個人走去，想要求證事情的真相。然而事情卻變得更加詭異，亞當耳邊的聲音非但沒有變得更加清楚，反而逐漸模糊起來，當他退回到剛才的位置時，對話重新變得清晰。事後亞當確認他所聽到的聲音並不是什麼天外之音，就是遠處兩人的談話，然而他卻百思不得其解這一切究竟是如何發生的？

如果亞當是一個數學家，他只需要抬頭看一看天花板，就能夠立刻猜到答案。原來美國國會大廈雕塑廳的天花板採用了拋物面的形狀，而拋物面有一個非常重要的性質：平行於對稱軸的直線經過拋物面的反射將匯聚到拋物面的焦點。亞當所處的位置恰好位於拋物面天花板的焦點之處，自然能夠把位於另一個焦點的私人對話聽得清清楚楚。因為這一奇特的聲學現象，美國國會大廈成為了最著名的「非電子竊聽設計」建築。

今天，拋物面的這一特性還被廣泛應用到了汽車車燈的設計，大部分汽車車燈的燈罩都被做成了拋物面的形狀，燈泡位於拋物面的焦點，這樣燈泡所發出的光線經過燈罩的反射就會平行的射出，照亮前方的道路。

你看，結合歷史與文化，學生們眼中枯燥乏味的數學定理一下子變得奇妙、深刻起來。

數學之美一方面源自於上面這些奇妙且深刻的定理與應用，另一方面則源自於數學家們對數學本身孜孜不倦的追求與探索。前一種美固然醍醐灌頂，後一種美卻更加打動人心，因為數學家們也是人，他們也有七情六慾，也有喜怒哀樂，他們在面臨困境久久無法突破時會感到深深的絕望，

引子

在轉瞬間迸發出靈感時又會難以抑制地欣喜若狂，無數優美的數學結果都是伴隨這樣精彩的故事而誕生的，是數學家賦予了它們美好的生命。

所以，我們應該給予數學家們更大的尊重。

這也是作者意在本書中著重表達的，數學既可以寫得跌宕起伏又可以寫得妙趣橫生，因為數學離不開人的創造，一些有趣的人做了一些有趣的事，沒道理讓今天的我們狼狽不堪。

作者希望能為大家準備這樣一本書，它不是一本嚴格意義上的科普著作，也不是一本感人至深的個人英雄主義傳記，而是憑藉盡可能詳實的資料，用通俗易懂的語言加上一點點流行文學的表達方式，還原數學史上那些與我們息息相關而又精彩絕倫的傳奇故事。因而，這可以被當作一本課外讀物，閱讀它當然不是學好數學的充分條件，甚至也不是必要條件，作者只是希望它的到來能夠幫助大家在數學的王國裡找回興趣、找回這個兒時最好的夥伴。如果在閱讀這些數學故事的同時你還能掌握相關的數學知識，那就更是善莫大焉！

數學發展到今天，依然在以你想像不到的速度生產出重大的成果，數學家們每天都在對人類的智力高峰發起無數的挑戰。因此，我們的選材必然受到限制。在這本書裡，我們從高中數學課程的部分內容出發，挑選了由此延伸出來的一系列有趣的數學知識，然後按照合理的邏輯將它們連接在一起，希望能夠真實地反映出現代數學的發展歷程，為數學教學，特別是高中數學的教學提供一個有益的補充。雖然本書的出發點是高中數學，但你可千萬不要小看它，它已經足夠顛覆一個正常人的觀念了。

需要說明的是，本書引用了眾多數學文獻及史料中的典故，為了閱讀的流暢就不在書中一一說明了，全書末尾會對參考文獻有一個統一的介

紹。同時，書中（特別是第四章〈魔法傳奇〉）包含了一些不那麼平凡的專業知識，初次閱讀感到困難十分正常，讀者大可將感到困難的部分先行跳過，等到建立相關背景之後再細細品讀，相信會有更多的收穫。

鑒於作者的程度有限，錯漏難免一堆，希望讀者認真發揚批判吸收的精神，自我思考，自我進步，這也是讀好一本書的最佳方式。此外作者的遣詞造句也不可避免地流於個人喜好，不實及不足之處還請大家拍磚指正。

好了，讓我們開始吧！

引子

第1章
數學是什麼

1.1 從一道試題開始

令 $f(x) = \sqrt{\dfrac{1}{2} + \dfrac{1}{2}\sin(2x - \dfrac{\pi}{4})}$，請在直角坐標系中作出函數 $y = f(x)$ 的圖形。

怎麼樣，是不是很眼熟？此類題目在各種「某某題庫」或者「某某金牌練習冊」中經常出現，但凡在高中數學課上經歷過一年艱苦奮鬥的同學大多能明白這道題雖然是讓你作圖，但考查的其實是如何利用三角恆等式化簡 $f(x)$。

假如你還沒有念到高中，又或者你實在想不起來自己在念高中的時候還學過這些玩意，那也沒關係，你可以像小謙老師經常做的那樣：假定下面的講解都是對的並且愉快地接受這個事實（數學老師也不容易啊……）。

好，讓我們來看一看這道題目的解法。

如果你對 $2x - \dfrac{\pi}{4}$ 不太感興趣的話，不妨採用常見的變數替換法，令 $t = 2x - \dfrac{\pi}{4}$，這樣 $f(x) = g(t) = \sqrt{\dfrac{1}{2} + \dfrac{1}{2}\sin t}$。

注意到我們有三角恆等式 $\sin^2\dfrac{t}{2} + \cos^2\dfrac{t}{2} = 1$ 和 $\sin t = 2\sin\dfrac{t}{2}\cos\dfrac{t}{2}$，前者來自著名的畢式定理，後者是和角公式的特例：

$$\sin(\alpha + \beta) = \sin\alpha\cos\beta + \cos\alpha\sin\beta$$

代入到函數 $g\,(t)$ 中即有

$$
\begin{aligned}
g\,(t) &= \sqrt{\frac{1}{2}\left(\sin^2\frac{t}{2}+\cos^2\frac{t}{2}+2\sin\frac{t}{2}\cos\frac{t}{2}\right)} \\
&= \sqrt{\frac{1}{2}\left(\sin\frac{t}{2}+\cos\frac{t}{2}\right)^2} \\
&= \sqrt{\left(\frac{\sqrt{2}}{2}\sin\frac{t}{2}+\frac{\sqrt{2}}{2}\cos\frac{t}{2}\right)^2} \\
&= \sqrt{\sin^2\left(\frac{t}{2}+\frac{\pi}{4}\right)} \\
&= \left|\sin\left(\frac{t}{2}+\frac{\pi}{4}\right)\right|
\end{aligned}
$$

於是

$$
f\,(x) = \left|\sin\left(\frac{2x-\frac{\pi}{4}}{2}+\frac{\pi}{4}\right)\right| = \left|\sin\left(x+\frac{\pi}{8}\right)\right|
$$

因此，為了得到函數 $y=f\,(x)$ 的圖形，你只需要在直角坐標系中將正弦函數 $\sin x$ 的圖形向左平移個 $\frac{\pi}{8}$ 單位，然後把位於 x 軸下方的部分按照與 x 軸對稱的方式往上一翻就一切 OK，萬事大吉了！如果你還能把圖形與 y 軸的交點的 $\sin\frac{\pi}{8}$ 值給算出來，那就會更加完美。怎麼樣，是不是很簡單？（此處有掌聲）

可是讀到這裡，你的心情難免會有點鬱悶：爆米花都買了，你就讓我看這個？

先別著急，這次讓我們轉換一下身分，現在的你是一位掌握生殺大權的判官（老師），而我將從萬千學子中挑選出三位同學對上面的題目給出他們的解答，假設這道題目的分值是 10 分，請你在 30 秒的時間內分別對他們的解答打出一個分數。記住，你花費在每份答案上的時間只有 10 秒哦！

準備好了嗎？開始！

有請第一位同學（見圖 1-1）。

三、解答題共 **6** 小題，共 **80** 分。解答應寫出文字說明、計算步驟或證明過程。

(15)（本小題 10 分）

令 $f(x) = \sqrt{\frac{1}{2} + \frac{1}{2}\sin(2x - \frac{\pi}{4})}$，在直角坐標系 oxy 中作出函數 $y = f(x)$ 的圖形。

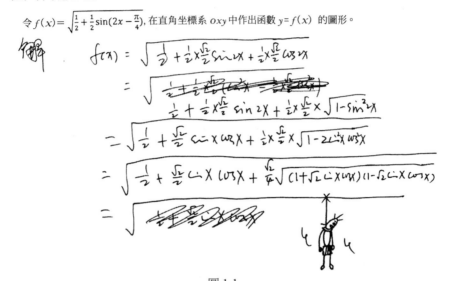

圖 1-1

呃……這位同學你怎麼了？不會也不用上吊啊，快下來，快下來！大概是做不出來壓力太大，這位同學還沒等到你出手就已經「自掛東南枝」，英勇就義了。其實大可不必如此，工作生活中誰還沒個煩躁鬱悶的時候呢，洗把臉後又是一條好漢嘛！當然，這位同學也還是有貢獻的，至少你不用花掉 10 秒鐘就能在他的得分欄內畫上一個工整的「0」。

好了，先把他拖出去，有請第二位同學（見圖 1-2）。

三、解答題共 **6** 小題，共 **80** 分。解答應寫出文字說明、計算步驟或證明過程。

(15)（本小題 10 分）

令 $f(x) = \sqrt{\frac{1}{2} + \frac{1}{2}\sin(2x - \frac{\pi}{4})}$，在直角坐標系 oxy 中作出函數 $y = f(x)$ 的圖形。

解：$\because \sin x = \dfrac{2\tan\frac{x}{2}}{1 + \tan^2\frac{x}{2}}$

$\therefore f(x) = \sqrt{\dfrac{1}{2} + \dfrac{\tan(x-\frac{\pi}{8})}{1 + \tan^2(x-\frac{\pi}{8})}} = \sqrt{\dfrac{1 + \tan^2(x-\frac{\pi}{8}) + 2\tan(x-\frac{\pi}{8})}{2 + 2\tan^2(x-\frac{\pi}{8})}}$

$= \sqrt{\dfrac{[\tan(x-\frac{\pi}{8})+1]^2}{2+2\tan^2(x-\frac{\pi}{8})}} = \left|\tan(x-\frac{\pi}{8})+1\right| \cdot \sqrt{\dfrac{1}{2+2\tan^2(x-\frac{\pi}{8})}}$

$= \left|\tan(x-\frac{\pi}{8})+1\right| \cdot \dfrac{1}{\sqrt{\tan(x-\frac{\pi}{8})}} \cdot \dfrac{1}{2}\sqrt{\dfrac{2\tan(x-\frac{\pi}{8})}{1+\tan^2(x-\frac{\pi}{8})}}$

$= \dfrac{1}{2}\left|\sqrt{\tan(x-\frac{\pi}{8})} + \dfrac{1}{\sqrt{\tan(x-\frac{\pi}{8})}}\right| \cdot \sqrt{\sin(2x-\frac{\pi}{4})}$

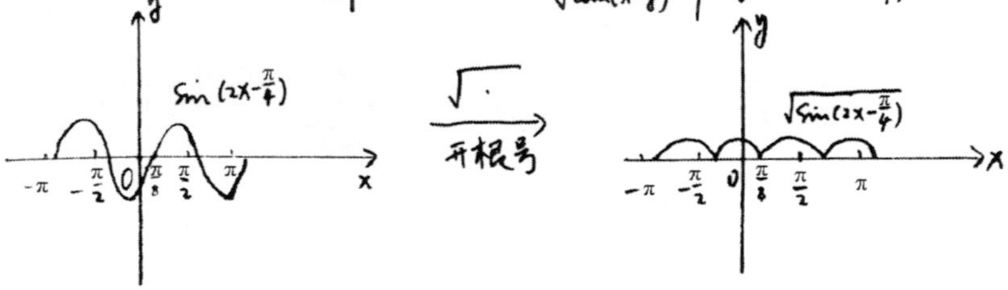

圖 1-2

　　這位同學比起剛才那位就可靠多了，不僅概念準確，三角恆等式也背得很熟。但可惜他的解答犯了方向性的錯誤，一堆運算沒起什麼作用卻把式子越化越繁，最後自創的「圖形開方法」更是匪夷所思、聞所未聞。給個 3 分吧，2 分辛苦，1 分同情。

　　只剩下最後一位同學了，希望他不要辜負我們的期望（見圖 1-3）。

三、解答題共 **6** 小題，共 **80** 分。解答應寫出文字說明、計算步驟或證明過程。

(15)（本小題 10 分）

令 $f(x)=\sqrt{\frac{1}{2}+\frac{1}{2}\sin(2x-\frac{\pi}{4})}$，在直角坐標系 oxy 中作出函數 $y=f(x)$ 的圖形。

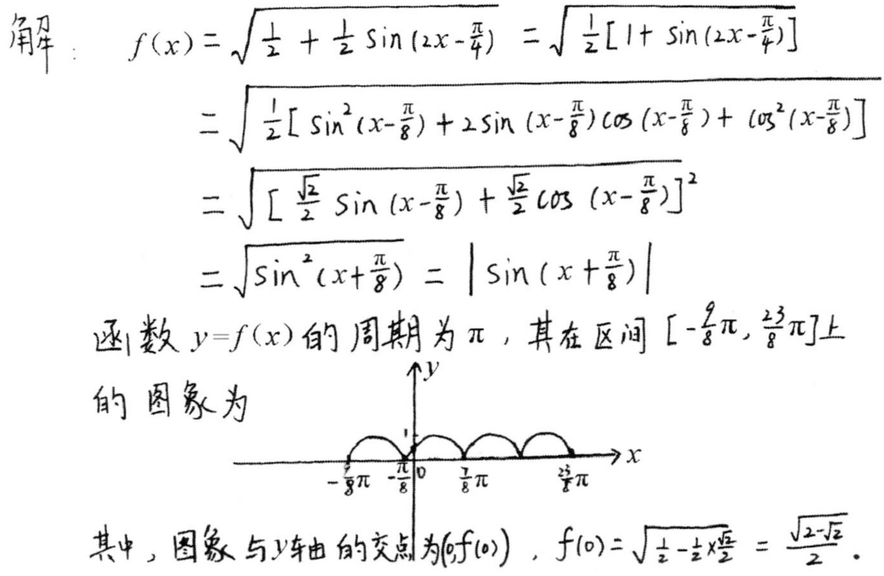
解：$f(x)=\sqrt{\frac{1}{2}+\frac{1}{2}\sin(2x-\frac{\pi}{4})}=\sqrt{\frac{1}{2}[1+\sin(2x-\frac{\pi}{4})]}$
$=\sqrt{\frac{1}{2}[\sin^2(x-\frac{\pi}{8})+2\sin(x-\frac{\pi}{8})\cos(x-\frac{\pi}{8})+\cos^2(x-\frac{\pi}{8})]}$
$=\sqrt{[\frac{\sqrt{2}}{2}\sin(x-\frac{\pi}{8})+\frac{\sqrt{2}}{2}\cos(x-\frac{\pi}{8})]^2}$
$=\sqrt{\sin^2(x+\frac{\pi}{8})}=|\sin(x+\frac{\pi}{8})|$
函数 $y=f(x)$ 的周期为 π，其在区间 $[-\frac{9}{8}\pi,\frac{23}{8}\pi]$ 上的图象为
y
x
1
$-\frac{9}{8}\pi$
$-\frac{\pi}{8}$
0
$\frac{7}{8}\pi$
$\frac{23}{8}\pi$
其中，图象与y轴的交点为 $(0,f(0))$，$f(0)=\sqrt{\frac{1}{2}-\frac{1}{2}\times\frac{\sqrt{2}}{2}}=\frac{\sqrt{2-\sqrt{2}}}{2}$.

圖 1-3

真乃孺子可教啊，這回你總算舒心地笑了。這就是大家眼中的優等生了吧，邏輯清楚，思維縝密，不僅圖畫得好看，最後 $\sin\frac{\pi}{8}$ 的值也是求得規矩漂亮。

啥也不說了，小手一抖，滿分拿走。

任務至此，圓滿完成！請不要怪我拿 10 秒鐘的限制當了一個噱頭，因為如果這是一道大學入學考考題的話，閱卷老師在你身上花的時間恐怕比 10 秒鐘也多不了多少。當然，我也不是想用這個例子來教大家如何快速標準地解答一道數學題，而是想讓你們在過完一把判官癮之後，認真地思考一下。

數學是什麼？

如果平時不太注意對深層次問題的思考，這麼一問或許會讓你有種手足無措的感覺，學習了那麼久的數學，見識過那麼多的數學定義和推理，大多數人恐怕還沒想過要替數學本身下個定義。

數學是研究數量關係的學問嗎？

顯然沒那麼簡單，數學課本裡不僅包含了眾多數量關係的計算，還包含了大量結構關係的證明。

數學是確定數量關係、幾何大小和空間形式的方法？

好像也不全面，按照這種說法，許多領域裡的數學家都將被無情地排除在外（比方說抽象代數和數理邏輯），他們對此肯定不會滿意。

要不來個狠的：數學是確定一切數量、關係、結構、空間和資訊的科學！

聽上去簡直完美！但一大票從事機率論研究的學者又會跳出來告訴你，其實研究「骰子擲出來是幾點」這樣的不確定性也是數學的一部分……

那就真的沒轍了，隨著知識的增加你會慢慢發現，但凡要替數學劃定一個邊界，邊界以外的版圖又總會出現數學的身影。數學在藝術、音樂、建築、歷史、科學、文學等各個方面都擁有著極大的影響力，總不能說數學是研究世間萬物一切有的沒的、變的不變的、確定的和不確定的科學吧。

你到底是數學家還是上帝？

看來要想從研究的內容、方式和方法上定義數學並不是一件簡單的事情，無法觸碰到數學的本質就不能更加深刻地理解數學的含義。不過你也

無須為此煩惱，歷史上許多著名的學者已經替我們想過這個問題了，雖然他們吵了很多年也沒有吵出一個標準答案，但不妨讓我們見識一下主流學界的看法。

首先想一想，為什麼要給那位吊死在根號下的仁兄零分呢？想必你會回答：這位兄臺雖然情節感人，但恆等式應用錯誤，開根號後符號也不注意，基本沒有給分的點啊；沒有錯，那第二位呢？囉哩囉嗦，答非所問；也對，那優等生同學呢？優等生就不一樣了，每一行都答到了考點上，恆等式運用準確，推理清晰，結論還很有美感，滿分是當之無愧！

很好很好。

注意到了嗎？你所有的判斷都有一個共同的基礎，那就是答題同學的「話」（數學推理）是不是說得漂亮。言簡意賅、切中要害的拿了高分，而語無倫次、企圖矇混過關的也沒有討到好處。看來在不知不覺中你已經掌握到「數學是什麼？」這個問題的精髓所在了。

1.2 數學是一門語言藝術

數學，是一門語言，一種思考方式。只不過與我們日常生活中使用的語言不同，它是藉助演繹邏輯在少量公理、假設的基礎上發展出來的一套以研究抽象結構為主要目的的推理體系。數學中的對錯有著客觀的評價標準，它不由經驗左右，也無須實驗驗證，只由合乎邏輯的數學推理所決定。所以你不能僅憑一道語文試題說明什麼是語文，不能僅憑一道物理試題說明什麼是物理，卻能憑藉一道數學試題窺探數學的本質。數學的推理本質決定了它與其他學科有一個重要區別：一個數學結論不管看起來有多

麼的荒謬，只要前提成立，推理正確，它在數學的王國裡就是無可辯駁的真理。

著名的「生日機率問題」就是這樣一個絕佳範例。

一場足球比賽的參賽隊員加上主裁判總共有 23 人，他們在同一天過生日的機率會有多大呢？初看這個問題，你可能覺得這件事情發生的機率低到可憐。畢竟一年有 365 天，總共卻只有 23 個人，把 23 個蘋果丟到 365 個不同盒子裡的組合實在是太多太多了，兩個蘋果撞到同一個盒子的機率自然很小。然而當你用嚴謹的數學思維去認真思考一下，就會發現結果與你想像的大不相同。

假設 23 個人的生日各不相同：第一個人總共有 365 種選擇；第二個人則變成了 364 種；第三個人 363 種……依此類推，第二十三個人的選擇有 343 種，所以所有人生日都不相同的機率是

$$\frac{365}{365} \times \frac{364}{365} \times \frac{363}{365} \times \cdots \times \frac{343}{365}$$

而至少有兩人在同一天過生日的機率就為

$$1 - \frac{365}{365} \times \frac{364}{365} \times \frac{363}{365} \times \cdots \times \frac{343}{365} \approx 0.507\,3$$

結果可能令你大感意外，居然超過了 50%！然而這一數字還將隨著人數的增加非常快速地逼近 100%，如果有人和你打賭 44 位美國總統中是否有兩個人在同一天過生日，你一定不要猶豫，因為那機率已經超過了 90%，幾乎是穩賺不賠。

事實上，如果你真有興趣去查閱一番資料，就會發現美國第十一任總統詹姆斯·諾克斯·波爾克（James Knox Polk）和第二十九任總統華倫·蓋瑪利爾·哈定（Warren Gamaliel Harding）的生日在同一天，都是 11 月 2 日。

數學研究就像一個個「生日機率問題」，自由生長而又與現實生活緊密相連。一方面它抽象嚴謹，自成一系；另一方面諸多解決實際問題的需求又不斷為它的發展提供目標和動力。數學沒有淪為數學家們發明創造的智力遊戲，很大一部分原因就在於它可以作為一套絕佳的工具，描述並幫助我們理解人類自身所處的繁華世界。

在愛因斯坦的廣義相對論之前，沒有多少人敢想像我們身處的時空是彎曲的。但在數學世界裡，彎曲的空間卻不是什麼祕密，數學家們早已經知道，在恰當的幾何體系（球面幾何）中，任意兩條直線必然相交。正是這種有悖於歐幾里得（Euclid）平面幾何的新結構，為大尺度物理理論的發展提供了牢固的框架。

即使回到我們更加熟悉的經濟領域，數學發揮的作用也大到不可忽視。1996 年，美國政府組織任命的一個委員會舉行了一次祕密會議，會議修改了消費者物價指數（CPI）的一個計算公式。因為這一公式的修改，稅收、醫保、社保等與民眾生活水準息息相關的款項支出發生了變化，成千上萬的美國人受到了影響，然而公眾卻幾乎沒有討論過這個新公式所帶來的後果和影響 [001]。

如果政策的制定者們不是出於善意，或者不完全了解他們所掌控數學工具的特性，公眾將會被動地捲入一場空前的災難。我並非危言聳聽，2008 年在美國爆發並很快席捲全球的「次貸危機」，正是由於美國金融業的菁英們忽略了一個被廣泛用於計算資產相關性公式的先天局限性，導致對眾多「次級貸款」的風險定價大大偏低，最終引爆了整個市場。這一被稱為「摧毀華爾街的數學公式」叫做「高斯關聯結構函數（Gaussian copula

---

[001] 引自愛德華・弗倫克爾（Edward Frenkel）．《愛與數學》（*Love and Math*）[M]．北京：中信出版社，2016。

function）」，有趣的是，它是中國人發明的[002]。

不管你願不願意，我們都必須承認，歷史上還沒有哪個時代像現在這樣，人們真實感受到的客觀時空被種類繁多的數學公式精準地控制著，你可以不必懂它，但你卻無論如何也離不開它了。

那麼請問，什麼是好的數學呢？

這又是一個令人為難的問題，因為「好」這個詞和困擾了人們千百年的「美」一樣，都非常地令人難以捉摸。就好像一千個觀眾的眼中就有一千個哈姆雷特，你一定要說那位吊死在根號下的同學的行為展現出了一種壯士斷腕的「悲壯之美」，我也拿你沒辦法。

但基本的取向還是應該有的。

演繹邏輯作為數學的核心，要求我們在判斷什麼是好的數學時必須把概念是否準確、推理是否嚴密、結論是否完備作為最基本的標準（雖然數學家們也時常把結論和推理過程的簡潔與美感看得很重要，但審美終究是一項較為主觀的工作，不應當成客觀的標準）。

按照這個標準，與數學打交道的人通常可以分為三類：第一類是不得其門而入的人；第二類是進得了門卻入不了室的人；第三類則是真正登堂入室、融會貫通之人。我們一開始挑選的三位同學在答題上的表現正好對應了這三類人。

也許有同學該抓狂了：完蛋啦，我肯定屬於第一類，別說數學的門了，學了十多年我連窗戶都還沒摸到……

在這裡，我想特別說明的是，上面的分類並不是一成不變的，而是隨著數學知識的增長和數學閱歷的豐富不斷進行轉換。如果你的數學暫時不

---

[002]　李祥林，中金公司原首席風控官。

好也不用過於灰心，一個少時資質平平，成績一般，差點被趕去務農的少年在大學的圖書館裡撿到幾本數學版《九陽真經》之後，完全有可能透過頓悟的方式跨入第三類，並最終成長為一代宗師，其中的代表人物：牛頓。而一個沒有經歷過系統的數學教育，憑藉堅韌不拔的意志，始終勤奮刻苦，一步一個腳印，也能成長為後人景仰的國之棟梁，代表人物：華羅庚。

所以，跟隨這本書，好好讀下去，來看看你和數學之間有沒有二見傾心的緣分。

既然數學是一套以公理化和演繹邏輯為核心的推理體系，而可以用數學來描述的對象又是如此的廣泛，因此很有必要把我們的研究對象抽象成形式上統一的概念和符號，不然你說你的，我說我的，大家根本不在同一個頻道上，如何一起玩耍並挖掘出一般規律呢？所以，這個形式上統一的概念和框架實在是太重要了，它堪稱現代數學的基石。

這塊現代數學的基石，名字叫做集合論，高中數學開篇就要學習它，足見它的重要地位。

說來也很有趣，數學作為一門嚴密的理論學科在古希臘時期就已經產生了，然而集合論在 19 世紀後期才建立。在數學的發展歷程中，這種前後顛倒的事情非但不孤立，還比比皆是，大家都先用盡全力玩命做，等到天塌了再想辦法補（汗……）。所以數學的發展並非你所想像的那樣循序漸進，而是有它獨特的「客觀」規律。

在我們的第一位補天大神出場之前，先來了解一下他的工作背景。

1.3 集合與映射

我們知道，由一些確定的、不同的物件構成的一個整體稱為一個集合，集合中的每一個物件稱為這個集合的一個元素。所以，不管是天上飛的還是地上跑的，不管是水裡游的還是牆上爬的，也不管是不是靜止不動的物體，只要你願意，幾乎可以把所有你想到的東西拿金箍棒畫個圈圈就得到了一個集合。比如說你從小到大寫過的試卷（想起來都是淚啊……），又比如說你從小到大交過的男（女）朋友（不會是個空集吧，還是淚……），再比如說你通訊軟體的所有好友（這個比較平常，一般人或多或少都會有）。

在數學裡，我們通常用大寫的英文字母 A、B、C 等來表示集合，而集合中的元素則用小寫的英文（或希臘）字母來表示，如 $a \in A$ 表示 a 是集合 A 中的一個元素。

集合的概念非常簡單，但有兩個內涵必須明確，一個是互異性，另一個是確定性。互異性好理解，一個集合中不會出現相同的元素，比如說 $\{1，2，2，3\}$ 就不是一個集合，因為同一個元素「2」重複出現了兩次；而確定性則是指一個集合中的元素不管採用描述法還是列舉法都必須被明確地規定下來，所以諸如「你們班的帥哥」這樣的元素全體[003] 就肯定不是一個集合，因為蘿蔔白菜各有所愛，一些同學在你的眼裡土裡土氣，在別人眼中卻反而帥得冒泡，顏值這種東西，實在沒有辦法被量化。

在了解了集合的定義之後，高中裡關於集合的練習大都局限在了文氏圖（Venn diagram）以及一大堆集合的交、聯、補等運算之上，關於集合本

---

[003] 這句話指「你們班的帥哥」這個由帥哥作為元素構成的全體不是一個集合。

身思想的討論反倒被擱置一旁了。不知道有幾個老師會向你們強調集合論真正的殺手鐧其實是集合之間的映射呢？不太客氣地講，大部分人學習和研究數學，只是在和集合（及其上結構）以及集合與集合之間的映射打交道。比如高中數學課本裡那些令人頭痛的各種函數不過是實數集$\mathbb{R}$的子集之間的映射，而我們放棄角度制引入弧度制也不過是想把三角函數統一到與其他初等函數相同的框架中來。

用數學的語言講，集合A到集合B的映射是一個對應法則，它把集合A中的每一個元素唯一地對應到集合B中的某個元素。比如，圖 1-4 向我們展示了各含有兩個元素的集合A與集合B之間所有可能的映射。

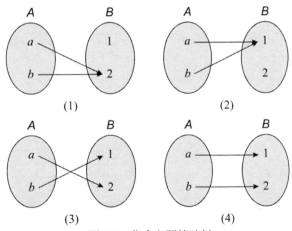

圖 1-4 　集合之間的映射

如果A中的任意兩個元素都不對應B中的同一個元素，我們稱這個映射為單射；如果B中的每個元素都至少有A中的一個元素與之對應，我們稱這個映射為滿射。集合之間的映射有很多值得研究的地方，但有一條是尤為重要的，那就是一一映射，請注意，它將在我們今後的討論中扮演極為重要的角色。

　　簡單地講，一一映射就是兩個集合的元素按照一定的法則一一相配對應起來，無一遺漏。換句話說，既單且滿的對射就是一一映射，它不僅把集合 A 中的每一個元素唯一地對應到集合 B 中的元素，而且在這種對應法則之下集合 B 中的每個元素都有集合 A 中唯一的一個元素與之對應，例如圖 1-4 中的 (3) 和 (4) 就都是一一映射。

　　舉個生活中的例子，你可以想一想在一個集團婚禮的現場，所有新郎組成的集合與所有新娘組成的集合之間是否有一個一一映射呢？答案是一定的，不一一對應的話麻煩就大了。

　　再想一想在一列坐滿了乘客的火車上，所有乘客組成的集合與所有車廂座位組成的集合之間是不是也有一個一一映射呢？答案是不一定，因為火車票除了坐票之外還有站票……當然如果你把這個例子中的火車改成飛機，那就有一一映射了（你上去站一個試試）。

　　一一映射的概念非常簡單，若是能夠巧妙利用，往往可以收到四兩撥千斤的奇效。比如下面這個例子，你負責一次網球比賽的執行工作，報名參賽的選手總共有 136 名，假設比賽採用單敗淘汰制，你能迅速告訴贊助商一共會有多少場比賽嗎？

　　立刻拿出紙筆準備計算一下的同學可以先停一停，因為 136 不是 2 的冪，如果按照通常的思路將選手之間兩兩配對進行比賽，三輪過後就會遇到麻煩，此時剩下 17 名選手，再進行下去，必將有 1 名選手需要輪空。你當然能夠想出各種辦法解決這個麻煩，比如抽籤晉級、高排位選手晉級等，甚至在一開始就設定一些資格賽，但不管你採用什麼樣的辦法，整體比賽場次是不會變化的，它是一個唯一確定的數。

　　奧妙就隱藏在「單敗淘汰」這四個字中。打一場比賽，輸掉的人淘

汰，這在比賽組成的集合與被淘汰選手組成的集合之間建立了一個一一映射。不管賽制如何規劃，冠軍只有一個，為了決出最後的冠軍，需要淘汰135 名選手，自然也就需要 135 場比賽。

一一映射，可謂一劍封喉。

反過來，如果你在實際生活中忽略了一一映射，也可能引起意想不到的大麻煩。

下面這個例子是從一位老教授那裡聽來的，在 1950 年代，中國開始施行漢字簡化的工作，本來漢字字形的簡化在數學上並沒有什麼不妥，但麻煩就麻煩在我們的漢字不僅字形減了，字數也減了，換句話說：在所有繁體字組成的集合與所有簡體字組成的集合之間是一個多對一而並非一一對應的關係。比如說「頭髮」的「髮」和「發財」的「發」在簡體字中都對應「發」，而「歷史」的「歷」與「曆法」的「曆」在簡體字中都對應「歷」。

這種多對一會帶來多大的麻煩呢？

這麼說吧，如果你想把一本繁體字寫成的書翻譯成簡體字（不考慮不同地區習慣用語的不同），那很容易，你只要把簡繁對照表編成一個小程式，藉助電腦瞬間就可以完成。但如果你想反過來把一本簡體字寫成的書快速翻譯成繁體字，那可就沒那麼容易了，你要是敢把「周潤發」翻成「周潤髮」，他的粉絲不拿刀砍你才怪。但要讓我們的電腦根據上下文自動選擇一個簡體字的準確原像，對現有的單機軟體來說還是一個難以完成的任務，以至於在今天的出版界，你在中國能看到很多華人作家的作品，但在其他華語地區卻不太容易發現中國作家的蹤影。造成這個局面的原因竟然與數學有關，真是跌破人的眼鏡。

一一映射還有個了不起的作用就是比較集合之間的大小（我們很快會

看到)。關於集合的大小,想必你的老師也不會在課堂上跟你們過分地強調,最多就是告訴你一個集合的大小就是這個集合中所包含元素的個數,比如你所有的手指頭組成集合的大小就是「10」,而你們班所有同學組成集合的大小就是你們班的人數。

沒錯,那對於一個一般的集合,我們又該如何確定它的元素個數呢?

有同學實在聽不下去了:真笨!你不會數啊?

恭喜你!你已經接近正確答案了,不過你大概不會想到,數(ㄕㄨˇ)數(ㄕㄨˋ),有時候也不是那麼容易的事。

第 2 章
無窮的困惑

2.1 數大招瘋

科普名著《從一到無窮大》(*One Two Three ... Infinity*) 裡記載了一個數學圈中廣為流傳的笑話：兩位暴發戶某天閒來無事做一個遊戲，他們各自想一個自己腦海裡所能想到的最大數字，然後比一比誰想到的數字更大，輸的人要付給贏的人一枚金幣。暴發戶 A 自告奮勇先來，他抓耳撓腮想了許久，說出了一個他所能想到的最大數字……3 (你沒聽錯，就是 3，1、2、3 的 3)。現在輪到暴發戶 B 了，對手說了個「3」，按照常理來說，只要不是想洗錢的肯定不會輸了。沒想到，暴發戶 B 絞盡腦汁花了更長的時間，最後憋出一句：好吧，你贏了……

這個結果真是令人大跌眼鏡，哭笑不得。通常我們用這個故事來挖苦暴發戶們的教育程度普遍不高，因為只要掰掰手指頭就能輕鬆地超越「3」這個數字，斷不可能讓一個「3」給活活憋死，如果讓我們去玩這個遊戲的話，這兩個暴發戶都會破產對不對？

可是，你要相信用手指頭數（ㄕㄨˇ）數（ㄕㄨˋ）這件事情（「屈指計數法」）不是從來就有的，如果這兩個暴發戶是生活在古老非洲部落或者澳洲的土人，那麼一切就變得合情合理，因為有充分的證據顯示，那些地方的人可能並不知道比「2」更大的數字。如果你要採訪一個部落首領問

他有多少個孩子？他只能尷尬地告訴你：一堆……因為他根本數不清。用時下流行的認知科學的概念來說，這兩位暴發戶的數感（也就是對數的感覺）不太好，不過這也不能怪他們，這是人類智力發展的必經階段，如果把一串物品一下子擺在一個未受教育的嬰兒面前，她的數法很有可能也是「1，2，1，2，1，2……」。

　　人類從對數的粗淺感知到發展出一套完備的計數系統經歷了一段漫長的歷史時期，在這段歷史長河中有兩個時期是特別值得一提的：一個是古巴比倫時期；一個是古印度時期。

　　古巴比倫作為四大文明古國之一，其創造的璀璨文明編寫成整整一本書也不過分，有興趣的讀者可以查閱相關的文獻資料，我們在此就不贅述了。在數學上，古巴比倫文明最亮眼的成就是發明了以六十進制為主要計數工具的計數系統並將之廣泛地應用到生產生活和天文曆法當中。為什麼說它最亮眼呢？因為只有進位制計數方式被引入之後，大數的表示才成為可能。試想一下，如果我們都像上文中的兩個暴發戶一樣不懂如何表達更大的數字，大量的商業貿易如何結算？大範圍的土地房屋如何丈量？大規模的工程建設如何計算工時和勞力？要知道古巴比倫文明發祥於兩河流域的美索不達米亞平原，那裡土地肥沃、交通發達，人民的生產實踐極為豐富，是這些生產實踐迫使了數學的萌芽與發展，而數學的發展反過來又成為人類文明產生實質躍升的堅實基礎。事實上，人類有據可考的最早文字不是詩歌，不是法條，而是數字（財經文件）。圖 2-1 為大家展示了古巴比倫的數學是如何表達數字的。

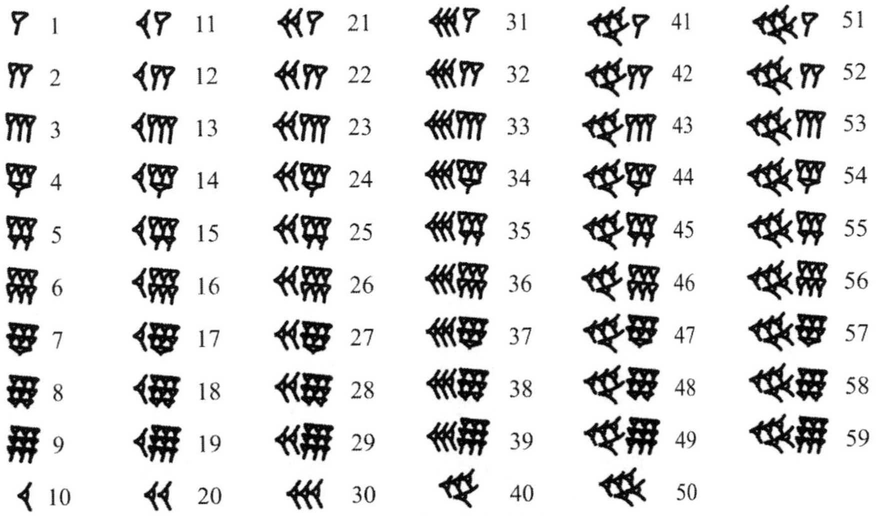

♈ 1	◀♈ 11	◀◀♈ 21	◀◀◀♈ 31	✦♈ 41	✦♈ 51
♈♈ 2	◀♈♈ 12	◀◀♈♈ 22	◀◀◀♈♈ 32	✦♈♈ 42	✦♈♈ 52
♈♈♈ 3	◀♈♈♈ 13	◀◀♈♈♈ 23	◀◀◀♈♈♈ 33	✦♈♈♈ 43	✦♈♈♈ 53
♈ 4	◀♈ 14	◀◀♈ 24	◀◀◀♈ 34	✦♈ 44	✦♈ 54
♈ 5	◀♈ 15	◀◀♈ 25	◀◀◀♈ 35	✦♈ 45	✦♈ 55
♈ 6	◀♈ 16	◀◀♈ 26	◀◀◀♈ 36	✦♈ 46	✦♈ 56
♈ 7	◀♈ 17	◀◀♈ 27	◀◀◀♈ 37	✦♈ 47	✦♈ 57
♈ 8	◀♈ 18	◀◀♈ 28	◀◀◀♈ 38	✦♈ 48	✦♈ 58
♈ 9	◀♈ 19	◀◀♈ 29	◀◀◀♈ 39	✦♈ 49	✦♈ 59
◀ 10	◀◀ 20	◀◀◀ 30	✦ 40	✦ 50	

圖 2-1　古巴比倫數字

(圖片來源：維基百科英文版詞條‧Babylonian numerals，由 Josell7 上傳，

版權許可：GNU Free Documentation License1.2 &

Creative Commons Attribution — Share Alike 4.0 International License.)

可以清楚地看到，古巴比倫數字系統中 60 以下的數字用以 1 和 10 為基本單位組合而成的特殊符號來表示。至於 60 以上的數字，則由這些特殊符號按照位置順序依進位制算法排列而成。例如，數字 3,916 的表示方法為（見圖 2-2）。

$$=1\times60^2+5\times60^1+16\times60^0=3\ 916$$

圖 2-2　古巴比倫數字中的 3,916（圖片元素取自圖 2-1）

如今這些文字被歷史學家們稱為「楔形文字」，而承載它們的材料稱為「泥板書」。由於泥板在晒乾之後堅硬易於儲存，古巴比倫時期的大量文明成就得以流傳下來，其中最出名的要數古巴比倫王朝的一位國王在約西元前 1750 年頒布的人類歷史上第一部成文的法典 ——《漢摩拉比法

典》，現儲存於法國巴黎的羅浮宮。

　　3,700 多年後，有一位年輕人參觀了一個關於美索不達米亞平原的文化展，他有感而發，與搭檔一起創作出了一首引領華語流行樂壇的歌曲。這位年輕人的名字叫做方文山，他的搭檔是周杰倫，那首歌的名字叫《愛在西元前》。

　　古巴比倫數學的進位制看起來很美好，但用起來就未必那麼美好了，以今人的觀點來看它有一個明顯的缺陷：它無法表達在某一個位置上沒有數字。例如圖 2-2 中表達 3,916 的符號排列看起來擁有固定的形式但卻可能表達兩個完全不同的數字，除了 3,916 外，它還可能代表 216,316。原因在於，為了表達 3,916，我們把圖 2-2 中表示 1 的符號看成是從右邊數起第三個位置上的數，而在表達 216,316 時則把這個符號看成是從右邊數起第四個位置上的數，從而

$$1 \times 60^3 + 5 \times 60^1 + 16 \times 60^0 = 216,316$$

　　這當然會給實際應用帶來諸多不便。為了避免這些不必要的誤會，聰明的古巴比倫人想到了一個辦法，他們把兩個數字隔開一些以表示這兩個數字中間還有一個位置沒有數字。但即使這樣，數字的表達也是相當混亂，隔開多少距離算是隔開？隔開多少距離算是隔一個位置，多少距離又算是隔兩個？要是看書的人是個老花眼，他完全有可能把 216,316 當成 3,916。究其原因，古巴比倫數學的計數系統中沒有「0」這個數字，他們尚無法接受「零」這個虛無飄渺的概念。

　　同時期的埃及人倒是做了一些有益的嘗試，他們使用以十為基底的單位制，在每個單位級別上放置相應個數的代表符號來表達具體的數字。圖 2-3 為我們展示了這種表示方法。

代表 1,000 的符號像不像《植物大戰殭屍》（*Plants vs. Zombies*）裡面的向日葵？不過這不是向日葵啦，而是蓮花（Lotus）。埃及象形文字中最大的常用數字單位是 1,000,000，用一個高舉雙手的小人表示，表達人們在意識到如此大的數字時的驚嘆之情。理論上，這套計數系統可以表達任意大的數字，但由於沒有像古巴比倫人那樣採用進位制，操作起來會很麻煩。如果你想表達諸如十億這樣的大數，你需要將代表 1,000,000 這個數字的小人連續畫上一千遍，這絕對是個懲罰人的工作，畫的人沒瘋，看的人也會瘋。當然，這畢竟是一個天文數字，在古埃及時期多半是不會用到的。更可憐的是古羅馬時期，最大的常用數字單位僅是千（M），別說做人口普查，點個兵就讓人夠崩潰了……

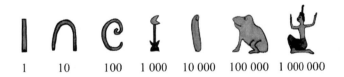

| 1 | 10 | 100 | 1 000 | 10 000 | 100 000 | 1 000 000 |

= 3 216

圖 2-3　埃及象形文字中的數字

開個玩笑，古羅馬人也不傻，他們採用的是兵團制，在數不清總人數的情況下採用了「化整為零」的好辦法，而到了中世紀以後，羅馬人也想出了其他一些能夠方便地表示大數字的方法。但無論如何，在數學上，上面提到的兩個缺陷都是明白無誤的，解決它們還要把時間軸往後推很久。具體的時間和人物已經無從考證，我們只知道古印度某個不知名的數學家在西元後的前幾個世紀正式引入了「0」這個符號，並把它看成一個真正的數字。此後，利用 0～9 這十個阿拉伯數字構成的十進位制位置計數法開始流行，並在經過一段艱難的歷程後最終被廣泛接受，人們對於數字的書

寫得到了極大的簡化。而對於像 30,000,000,000,000,000 這樣的大數字，我們還有另一種寫法 3×10^{16}，如今稱為科學計數法，據傳也是古印度時期某個佚名數學家所發明的。

可以看到，人類為了數字的準確表達展現出了多麼強大的創造才能，儘管不太起眼，古印度人所做的卻是一項劃時代的偉大發明。

2.2 誰更有錢

讓我們先從計數法的歷史中出來一會，兩個暴發戶的事還沒了結呢。暴發戶 A 以「絕對優勢」贏得了比賽，按照規定暴發戶 B 要付給他一枚金幣。暴發戶 B 也不含糊，甩出一枚金幣：「老子有的是錢！」一聽這話，赤裸裸地挑釁啊，暴發戶 A 不爽了：「你有錢？老子比你更有錢！」

「喲……不服啊？」

「不服！」

「不服比比啊！」

「比就比！」

這哥兒倆算是槓上了，他們決定比一比誰更有錢。可是連數（ㄕㄨˋ）都數（ㄕㄨˇ）不清，恐怕也不知道自己有多少錢，怎麼比呢？要說這暴發戶之所以成為暴發戶還是有兩把刷子的，他們很快就想出了一個絕妙的辦法：兩個人輪流拿出自己手中的金幣，你拿一枚，我拿一枚，誰先拿光誰就輸了。仔細想一想，這個辦法確實好，它允許你在不知道兩個集合元素個數的情況下比較它們的大小，是不是很神奇？你能說出它背後的數學原理嗎？

如果把暴發戶 A 手中的金幣記作集合 A，而把暴發戶 B 手中的金幣記

作集合 B 的話，兩人交替拿出自己手中金幣的過程其實是在集合 A 與集合 B 之間構作一個對應法則。說得詳細一點，我們把暴發戶 A 第 n 次（n 是一個正整數）拿出的金幣記為 a_n，把暴發戶 B 第 n 次拿出的金幣記為 b_n，若是暴發戶 B 的金幣先拿光，那麼把每個 b_n 映至 a_n 的過程給出了集合 B 到集合 A 的一個映射，顯然這個映射是一個單射但不是滿射，這說明集合 A 中的元素比集合 B 中的元素多，即暴發戶 A 更有錢。

相反，若是暴發戶 A 的金幣先拿光，那麼把每個 a_n 映至 b_n 的過程給出了集合 A 到集合 B 的一個映射，並且這個映射是一個單射而非滿射，這說明集合 B 中的元素比集合 A 中的元素多，即暴發戶 B 更有錢。

如果兩人的金幣同時拿光，那麼上面構作的兩個映射就都是一一映射，這時集合 A 與集合 B 的元素一樣多，兩個暴發戶一樣有錢。

費了那麼多口舌，我們來總結一下重點：如果你能在兩個集合之間構作出一個一一映射的話，那麼這兩個集合的元素個數就一樣多，這兩個集合一樣大。

看上去是不是很像一句廢話？但我想告訴你的是：如果不預先把討論的集合限定為有限集而是允許它們擁有無窮多個元素，這句話就沒那麼容易被人接受了，人類歷史上對於這個問題的一系列考量閃爍著無比耀眼的思辨之光。

2.3 悖論

第一個認真思考「無窮」這個概念的人並不出自四大文明古國當中的任何一個，而是身處西元前 5 世紀的古希臘時期。這一點很好解釋，因為

從實用主義的觀點出發，我們的生活其實跟無窮集合沒多大關係，我們目之所及的所有事物都能用有限的數字來衡量。例如，地球上的人口數量總是有限的，糧食產量總是有限的，工業產值總是有限的，就算是天上的星星、山川河流中的石礫水珠，只要你有愚公移山、水滴石穿的精神也總有一天是可以窮盡的。原子這個單位小吧？但有人粗略地估算過，目前所見宇宙中所有原子的總數大概也就在 10^{85} 這個數量級，儘管很大，但依然有限。所以「無窮」並不來自於實際生活，而是一個心之所感的產物，作為一個數學概念，它只有在數學脫離了實用主義成為一門智力學科的時候才會誕生，而創造它的將是一個以思考人生和研究數學為職業的人群，學名為哲學家和數學家，大家比較熟悉的有蘇格拉底（Socrates）、柏拉圖（Plato）和亞里斯多德（Aristotle）等人。

古希臘時期之所以會誕生如此眾多的哲學家和數學家，完全是經濟基礎決定上層建築 —— 吃飽了飯沒事做。說得嚴肅點兒，由於社會生產力和商品貿易的發展，奴隸制關係和自由民內部的階級逐漸分化，希臘各地建立起了以城市為中心的諸多奴隸制城邦，它們相互依存又相互競爭，環境相對和平思想卻激烈交鋒。在這些城邦之中，除了奴隸之外的成年公民被賦予很大的自由，他們參與城邦的統治和管理，經常在一起思考人神天地和社會倫理，在整個社會寬鬆的學術氛圍的影響下，碰撞出了許多精彩的火花。

這些人當中，有一些尤其擅長以歸結謬誤的方式反駁對手的觀點，他們在對手承認的前提之下，採用情景假設和邏輯推理的辦法，一步一步推匯出一個自相矛盾的結論以使對手的觀點不攻自破。像這樣在同一個前提下推匯出的自相矛盾的結論被人們稱為悖論，儘管很多悖論的製造者經常透過偷換概念的方式達到目的，因而被冠以「詭辯家」的頭銜，但也有一些悖論是極富啟發性的，嘗試理解它們是一項極為燒腦的運動。

第一個利用「無窮」這個概念跳出來搗亂的是希臘哲學家芝諾（Zeno）。芝諾約西元前 490 年出生於義大利半島南部的埃利亞，是希臘著名哲學家巴門尼德（Parmenides）的學生。在一次與師父遊歷雅典的旅行中，芝諾提出了幾個關於時間、空間和運動的著名悖論。這幾個悖論在歷史上的地位是如何拔高都不過分的，也許有人還沒有聽說過，我們來大致了解一下。

　　在芝諾所處的那個時代，人們對於空間概念的數學抽象已經達成了基本的共識，「距離」被抽象成了兩點之間一條線段的長度。為了方便計算這樣的幾何大小，人們有意無意地忽略了線段的寬度，從而兩條線段如果相交，相交部分就是一個沒有大小的點。這種邏輯使得希臘人的「二分法」成為一種確實的運算，任意一條線段都能夠取到中點分成兩半，一半再取一半，過程可以無限地持續下去。形象地說，空間具有了「無限可分」的性質，一條線段是由無窮多個點所組成的。當然，這種說法並不是從一開始便成為主流，為了確保任意兩條線段的長度可「公度」，希臘人還曾認為線段是由有限個不可分割的基本點所組成，只不過隨著無理數的出現，這一想法很快破滅了。

　　與空間不同，希臘人對時間和運動，有著截然不同的觀點。一種觀點認為時間並不像空間那樣無限可分，它擁有最小的不可分單元。因此運動不是連續平順的，而是像放電影那樣由一幀一幀的畫面構成，就算你像電影導演李安的新作那樣做到了極致的清晰與流暢，運動也依然存在著最小的孤立單元；另一種觀點則認為時間和空間一樣都是無限可分的，它們由一系列沒有大小的時刻和點構成。以這種觀點來看，運動不是一些孤立畫面的總和，而是一個連續平順的過程。

　　針對第一種觀點，芝諾設計了下面這個悖論。

■【阿基里斯與烏龜】

阿基里斯（Achilles）是希臘神話中一個驍勇善戰的英雄，其名有時也被譯為阿喀琉斯，著名的阿基里斯之踵說的就是他。在荷馬（Homer）史詩諸多人物之中，阿基里斯是非常擅長跑步的，但我們的芝諾老師偏偏讓他和烏龜進行了一場別開生面的跑步比賽，結果還頗為驚人：阿基里斯永遠也追不上烏龜！倒不是阿基里斯跑著跑著腳踝折了……（芝諾老師不玩冷幽默），而是阿基里斯與烏龜的出發點並不相同，就是這一絲絲的差別造就了阿基里斯與烏龜之間那道無法踰越的鴻溝。

我們來看看芝諾是如何設計這場比賽的：假設阿基里斯的跑步速度是每秒 10 公尺，而烏龜的速度為每秒 1 公尺（小謙老師，你家烏龜開外掛了好吧……別糾結，姑且這麼假定），因為烏龜跑得慢，所以讓烏龜在領先阿基里斯 100 公尺處開始比賽（這很合理，反正發令槍一響，烏龜很快就會被追上）。

在這場賽跑中有一些重要的時刻需要被標記下來，第一個時刻是阿基里斯前進 100 公尺到達烏龜的出發點時，此時時間過去了 10 秒，而烏龜前進了 10 公尺，烏龜在前；第二個時刻是阿基里斯追到烏龜在上一個時刻所處的位置（110 公尺）時，此時時間又過去了 1 秒，烏龜前進了 1 公尺，依然處於領先；第三個時刻是阿基里斯追到烏龜在第二個時刻所處的位置之時，這段過程同樣消耗了一些時間而烏龜在這段時間裡又往前爬了，所以烏龜還是領先……

遵循同樣的邏輯我們會發現，每當阿基里斯追到烏龜在上一時刻所處的位置時，烏龜都利用他所耗費的時間又往前爬了一段距離，儘管這段距離非常微小但烏龜始終領先。這樣在整個比賽的過程中我們就標記出了無窮多個時刻，如果時間確實具有最小的不可分單元的話，那麼無窮多個這樣的不可分單元累積起來一定是一段無限長的時間，所以阿基里斯永遠也

追不上烏龜！

真是見了鬼了！今天就連小學生都知道阿基里斯趕上並超越烏龜只需要 $\frac{100}{10-1} = 11\frac{1}{9}$ 秒的時間，怎麼可能永遠也追不上呢？芝諾老師不是白痴，他要的就是你瞪大眼睛的效果。從邏輯上講，芝諾的論證並沒有什麼問題，那唯一出問題的就只有「時間具有最小的不可分單元」這個假設了，完成無窮多個步驟有時候並不需要無限長的時間。如果你懂一點等比數列求和的話，阿基里斯追上烏龜的時間可以由下面這個無窮級數[004]來表達：

$$10 + 1 + \frac{1}{10} + \frac{1}{10^2} + \cdots + \frac{1}{10^n} + \cdots = \frac{100}{9}$$

結果與小學生運算法完全一致。不過這個看起來非常漂亮的無窮級數中隱藏了一個微妙的假設：時間與空間一樣無限可分，時間軸可以擷取到任意小的長度！

亞里斯多德說：這有什麼好奇怪的？我們本來就承認時間無限可分嘛。哈哈哈，太好了，無限可分派開始鼓掌了，先別得意，芝諾很快為你們奉上了第二道悖論。

【飛矢不動】

為了描述這個悖論，我們來設計一場跨越兩千多年的對話，對話的主角是小明和芝諾（小明從小學開始就當主角了，比較有經驗）。

芝諾首先發問：請看一支離弦之箭，這支箭在射出去之後是否一直在運動？

小明心想：老師你在逗我玩嗎？它當然在動啊。

---

[004] 後續章節會對無窮級數進行詳細介紹。

芝諾繼續發問：很好，那麼在每一個確定的時刻，這支箭的末端是否占據著它的運動軌跡上的一個點？

小明回答：確實，箭的末端占據著一個點。

芝諾：那麼在這個時刻，箭是運動的還是靜止的？

小明：是靜止的，老師。

芝諾：在這一時刻是靜止的，那麼在其他時刻呢？

小明：在其他時刻也是靜止的。

芝諾：所以，這支箭在整個過程中的每一個時刻都是靜止的，它一直保持著靜止的狀態，根本就沒動對嗎？

小明：呃……

小明同學當場糊塗了，這個結論也太不符合事實了吧，一支飛行的箭怎麼可能一直保持靜止的狀態呢？可他自己也不明白怎麼就被芝諾老師一步步給帶到溝裡去了。

有受過教育真可怕啊！

讓我們來幫助小明分析一下他是如何掉進溝裡的。首先芝諾的論證完全遵循了時間無限可分的前提，在這個前提之下，時間沒有最小的不可分單元，而是由無窮多個沒有大小的時刻構成。由於時刻沒有大小，所以箭在被射出去之後的每一個時刻都必須處於靜止的狀態，而所有這樣的靜止狀態累積在一起依然是一個靜止的狀態，因此箭根本沒動。

芝諾的論證看起來無懈可擊，但我猜想很多同學在讀完之後不太服氣，認為芝諾不過是耍了一個文字遊戲而已：在每一個時刻靜止並不意味著一直不動啊！

坦率地講，這確實抓到了要害，但並非是什麼文字遊戲，而是數學概念的混淆，搞清楚它要等到 2,300 多年之後了。

在芝諾所處的那個時代，這兩個悖論的出現直接衝擊著人們時空觀念的基礎，導致在此後很長的一段時間裡，數學家們都不敢觸碰「無窮」這個概念，像亞里斯多德一樣，他們只敢承認無窮多個步驟這樣的「潛無窮」（potential infinity）而沒有勇氣去承認一條線段上有無窮多個沒有大小的點這樣的「實無窮」，阿基米德（Archimedes）甚至因此錯過了微積分的發明（這個故事我們後面會講）。

　　如今，芝諾悖論在數學上已經有了比較圓滿的解釋，所謂的「潛無窮」是可數無窮，可數無窮多個數是可以相加並且結果完全可能是有限的，就像我們前面提到的那個無窮級數；而所謂的「實無窮」是一種不可數無窮，不可數無窮多個數是無法相加的，哪怕是不可數多個「0」也無法相加，因此，「每一個時刻的靜止狀態累積在一起依然是一個靜止的狀態」這句話在數學上本身就無法成立（詳細解釋需要測度論的知識），芝諾的飛矢不動自然就不再是一個悖論了。

　　當然，也有很多的哲學家和物理學家（特別是做量子力學的）壓根不認為這是一個數學問題，對此我們也不去過多地糾纏，我們只想指出：芝諾悖論真正的偉大之處在於它促使人們去思考數學概念與人類感官所感知的客觀時空之間其實並不具有相同的外延，而「無窮」作為一個純粹的數學概念需要被理性地定義和分析。

　　芝諾悖論簡化版：一條線段包含了無窮多個點。如果點有大小，無窮多個點的大小就必定無窮大，這條線段不可能有有限的長度；如果點沒有大小，這條線段也不會有長度，因為它是由一些沒有大小的點構成的。

　　小明：老師你饒了我吧……

2.4　出題

　　儘管古希臘時期的數學家還沒有辦法從智力上釐清「無窮」這個概念，但在實際運算上他們對於無窮概念的使用倒是蠻寬容的，除了一些幾何比例關係的證明外，還有一個非常重要的例子，就是圓周率 π 的計算。

　　所謂圓周率，即為圓周長與直徑的比值。由於在古希臘圓被認為是最完美的幾何圖形之一，這個比值就顯得尤為重要。在數學家的眼中，π 就如同一個女神一般，人人都在追求它的精確數值。你當然可以透過觀察和實驗的方法測量圓的周長及直徑以達到估算圓周率的目的，但這種方法屬於經驗科學中的歸納方法而並非數學上的嚴密論證，第一個真正藉助數學過程能夠把 π 的值精確到任意精度的科學家是阿基米德（那個夢想著撬動地球的男人）。

　　阿基米德的方法很簡單，他首先畫出一個圓，然後用邊數越來越多的正多邊形去外切這個圓。從直覺上看，隨著邊數的增加，正多邊形把整個圓包圍得越來越緊密，它的周長也就越來越接近圓的周長，因此我們可以用這些正多邊形的周長與圓直徑的比值來逼近 π 的真實值。應用阿基米德時代已經掌握的一些方法，人們能夠計算出某些特殊正多邊形的周長。特別地，阿基米德先後用正 6、正 12、正 24、正 48 和正 96 邊形去外切一個圓，給出了圓周率的一個上界 3.14271。另外，阿基米德又用邊數越來越多的正多邊形去內接一個圓，這些正多邊形的周長比圓周長略小但也越來越接近，它們與圓直徑的比值就從另一個方向慢慢逼近 π 的真實值，依然利用正 96 邊形，阿基米德給出了圓周率的一個下界 3.14103，因此 π 的真實值就介於 3.14103 ～ 3.14271（見圖 2-4）。

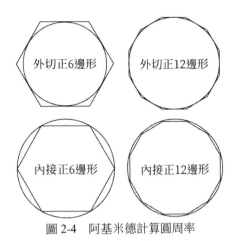

圖 2-4 阿基米德計算圓周率

今天我們知道這個結果距離 π 的真實值還有一段不小的距離，但阿基米德工作的偉大之處不在於他計算出了圓周率小數點之後多少多少位，而在於他所使用的方法在數學上保證了圓周率計算可以達到任意的精度。事實上他的方法已經包含了後世稱為「無窮小分析」的全部要素，但遺憾的是由於對無窮概念的模糊與恐懼，阿基米德並沒有說清楚所謂逼近 π 的真實值的含義，而這一概念恰恰是兩千年之後微積分學得以創立的基石。

阿基米德使用的方法就是所謂的「窮竭法」，在他之前的很多希臘數學家包括歐幾里得在內這個方法都運用得不亦樂乎，而在古代中國，這個方法有一個更為形象的名字：「割圓術」[005]（請注意「形象」這個詞，它深刻揭示了古代中國與古代希臘在數學上的重要區別），發明者是魏晉時期的劉徽（為《九章算術》所作的評注），比阿基米德晚了幾百年。南北朝時期的數學家祖沖之將圓周率計算到了小數點後第 7 位也是基於同樣的方法。

令人驚奇的是，除了極限概念偶爾萌芽之外，在近一千多年的時間裡，數學家們對於無窮本身就再也沒有什麼有益的探索了，他們甚至像對

---

[005] 古代中國的「割圓術」只使用圓的內接正多邊形。

待牛鬼蛇神般唯恐避之不及。等到下一個向無窮發起挑戰的人出現居然就
到了文藝復興時期，這個人的名頭還挺響亮：近代科學之父 —— 伽利略
（Galileo Galilei）。

伽利略作為實驗科學的大力推崇者，打破了長久以來亞里斯多德經院
哲學的神祕壟斷。他製作了望遠鏡，發明了溫度計，觀察了自由落體運
動，總結了單擺運動規律，在他的堅持倡導下，數學與實驗科學相結合，
重塑了人們的物質觀和精神世界。

與這些工作相比，伽利略對於「無窮」特別是「實無窮」概念的討論並
沒有在學術界掀起什麼波瀾，但卻成為歷史上第一份關於無窮集合問題的
檔案，它所關注的，正是兩個無窮集合之間一一映射的問題。確切地說，
伽利略把我們之前對於有限集所作的總結「兩個有限集之間如果能夠構作
出一個一一映射，它們就擁有相同的元素個數」用到了無窮集合之上。西
元 1636 年，伽利略的著作《關於兩門新科學的對話》（*Dialogues Concern-
ing Two New Sciences*）在荷蘭出版，書中伽利略透過對話的形式描述了下
面兩個悖論。

先看圖 2-5 中的三角形△ ABC，分別記邊 AB 與邊 AC 的中點為 D 和
E，過 D 作邊 BC 的垂線交 BC 於 F，過 E 作邊 BC 的垂線交 BC 於 G。顯然，
對於線段 DE 上的每一個點 H，我們都可以透過作 BC 垂線的方式將之與
線段 FG 上唯一一個點 I 對應，由此我們構作了一個從線段 DE 上點的集
合到線段 FG 上點的集合之間的映射，這個映射是一個一一映射，因為它
的構作方式是可逆的。因此，如果透過構造映射比較有限集大小的方法對
於無窮集合也成立，線段 DE 上的點與線段 FG 上的點就應該一樣多。

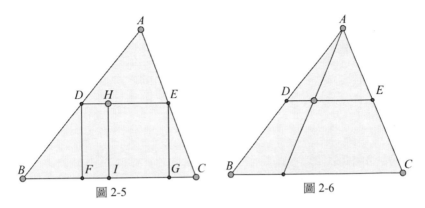

圖 2-5　　　　　　　圖 2-6

　　但是，對於線段 DE 上的每一個點，我們可以作連接它與點 A 的直線與 BC 相交，從而得到線段 BC 上唯一一個點（見圖 2-6），這樣我們又構作了一個從線段 DE 上點的集合到線段 BC 上點的集合之間的映射，這個映射同樣是一個一一映射，因為它也是可逆的，因此線段 DE 上的點與線段 BC 上的點也應該一樣多。

　　現在問題來了，線段 FG 上的點與線段 DE 上的點一樣多，線段 DE 上的點又與線段 BC 上的點一樣多，那麼線段 FG 作為線段 BC 的一部分豈不是擁有與整個線段同樣多的點？這可是直接違背我們的固有直覺「整體大於部分」啊（這是歐幾里得《幾何原本》〔Stoicheia〕五條公理的最後一條），伽利略透過一個輕巧的轉換就向我們展示了一個不可思議的悖論。

　　如果你覺得這個例子還不夠清楚的話，伽利略還為你準備了第二個。考慮所有正整陣列成的集合 $\mathbb{Z}_+$，然後構造一個從 $\mathbb{Z}_+$ 到 $\mathbb{Z}_+$ 的映射 f，f 將每一個正整數 n 映到 n^2。顯然 f 是一個單射，因為對於正整數而言，$m^2 = n^2$ 可以立即推出 $m = n$；但 f 不是一個滿射，因為不是所有的正整數都是某個整數的平方，因此像集 $f(\mathbb{Z}_+)$ 是 $\mathbb{Z}_+$ 的一個真子集而 f 給出了 $\mathbb{Z}_+$ 到 $f(\mathbb{Z}_+)$ 的一個一一映射。如果你承認構造一一映射可以比較無窮集合之間

大小關係的話，那麼 $\mathbb{Z}_+$ 與它的真子集 $f(\mathbb{Z}_+)$ 具有相同的元素個數，這裡再次出現了整體與部分一樣多的「荒謬」事件。

伽利略的悖論事實上向我們提出了一個非常犀利的問題：當我們從有限集合過渡到無窮集合的時候，需不需要顛覆一些關於大小的固有觀念（例如，整體一定大於部分），一個無窮集合到底有多少個元素，無窮集合之間是否真的可以比較大小？

大科學家就是大科學家啊！

按照通常劇本的發展，這種級別的科學家不會把難題留給後人，伽利略將敏銳地觀察到無窮集合之間的微妙差別，創造出一種本質上刻劃無窮集合的新方式，並最終解答人類千百年來的智力困惑從而青史留名。

但可惜的是，在提出了問題之後，伽利略大師 —— 也認輸了。他沒有意識到「整體與部分一樣多」這樣的事情是否荒謬完全取決於我們採用什麼樣的比較方法，他天真（或者無奈）地認為所有的無窮集合都一樣大，壓根沒什麼好比的。

就這樣，在正確的邏輯道路上燃起的一點點火星很快湮滅了。

而隨著微積分與代數學的蓬勃發展以及分析學的嚴密化，在數學上對「無窮」這個概念進行澄清已經變得刻不容緩。終於，在伽利略的著作發表兩百多年後，一位驚世駭俗的數學家大方地承認：對於無窮集合而言，整體與部分一樣大本身並沒有什麼了不起，這個條件甚至還可以成為無窮集合的定義[006]。這位數學家就是集合論的創始人 —— 康托爾（Cantor），他在後臺已經等待了太長的時間，讓我們隆重歡迎他出場。

---

[006] 後來發現這件事情依賴選擇公理。那什麼是選擇公理呢？原諒我，頁邊太小寫不下……

2.5 破題者

西元 1845 年 3 月 3 日，俄國聖彼得堡一個有著猶太血統的富商家庭裡誕生了一個嬰兒，與大多數初為人父的男人一樣，嬰兒的父親既緊張又喜悅，他對自己的長子抱有很高的期待，也許會成為一位創造財富的商人，也許會成為一位受人尊敬的工程師，但再高的期待恐怕也沒想過這個兒子將來竟有一番超越時代的作為。這位男嬰就是我們的主角康托爾，全名格奧爾格·費迪南德·路德維希·菲利普·康托爾（Georg Ferdinand Ludwig Philipp Cantor）。按照今天的說法，康托爾含著金鑰匙出生，是一個標準的富二代，但伴隨他的，卻不是一種先天的優越感，因為康托爾的祖父和父親都相當倒楣，不是經歷過戰亂就是經歷過破產。

康托爾的祖父曾經居住在丹麥，19 世紀初，英國對丹麥在美國獨立和法國大革命中連續保持中立的態度表示非常不滿，不宣而戰。這場戰爭名義上是「看你不爽」，實際上還是利益的糾葛，但對康托爾的祖父而言，實在是一場沒來由的無妄之災，他的家業在英國人的炮擊中毀於一旦，被迫舉家遷往俄國。在俄國，康托爾的父親從經商開始，逐步轉向國際貿易，再次壯大了家族的產業，一度還把生意做到了大西洋兩岸，只不過好景不長，後來因為不明原因破產，藉助股票交易才逐漸恢復元氣。生活的逆境為康托爾的父親帶來了一場難以忘懷的磨練，他對孩子的教育也有了高於常人的開闊視野。

西元 1856 年，康托爾全家移居德國。按照平常人的想法，未成年的子女最好留在身旁，既方便監督學業又方便照顧生活，但本著「吃苦要從娃娃開始」的理念，康托爾很快被送到了荷蘭阿姆斯特丹的一所六年制的寄宿中學就讀。康托爾也沒有辜負家人的期望，在中學時期，他就展現出

了對數學的濃厚興趣，但是他的父親依然提醒他要廣泛地學習各科文化知識，因此康托爾在科學和藝術兩方面都具備很高的素養，例如，康托爾從小就學習小提琴並且他的繪畫水準也相當不錯。

6 年之後，17 歲的康托爾開始大學生活，他的大學之路與我們想像的不太一樣，那是真正的遊學之路（非有錢人難以實現）。現在的大學生在學校裡想換個科系都十分不易，康托爾卻在半年多的時間裡連續換了三所學校：瑞士蘇黎世大學、德國哥廷根大學和法蘭克福大學（全是世界名校），他暢快地追尋著心目中理想的高等學府，直到一件事情的突然發生。

西元 1863 年，康托爾的父親因為感染肺結核病逝了，這件事情給了康托爾很大的打擊，他結束了半年的遊學生活來到柏林，在柏林大學數學系重新開始學習。從表面上看，父親的離世改變了康托爾的學習狀態，使得他再也無法四處遊歷，但當你了解完整個故事之後用心體會，就會發現康托爾父親的影響絕不僅限於此，他的離世很有可能抽掉了康托爾在人生困境中最可依賴的那一根精神支柱。

但到目前為止，康托爾的生活還算一帆風順，當時的柏林大學在數學家庫默爾（Kummer，也是個神人，他的故事後面會講）等人的帶領下正在形成一個數學教學和研究的中心，分析學嚴密化的領導者魏爾施特拉斯（Weierstrass）和大數學家克羅內克（Kronecker）都是這個中心的代表人物，正是跟隨這三位數學大師學習，康托爾逐漸堅定了投身純粹數學研究的志向。

西元 1866 年，年僅 21 歲的康托爾憑藉數論方面的研究成果獲得了博士學位，雖然當時德國（或許應該稱普魯士）的大學學制沒那麼嚴謹，

但在高中畢業之後的三年時間內拿下博士學位還是一件令人嘆為觀止的事情。

畢業之後的康托爾繼續留在柏林大學從事研究工作。他的早期研究集中於數論和經典分析方面，充分展現了一名成熟數學家的良好素養，這幫助他於西元 1869 年在德國哈勒大學獲得教職，不久之後便升為副教授。

如果康托爾的研究興趣始終沒有轉變，他大抵上會繼承庫默爾的衣缽成為一名優秀的數論學家，但上天似乎有意要使康托爾成為那名劃時代的破題者，祂向康托爾安排了一個分析學難題──討論任意函數三角級數展開的唯一性，康托爾很快就被這個難題所吸引。

2.6 一炮而紅

到目前為止，你並不需要了解函數的三角級數展開究竟是怎麼一回事，只需要知道這個問題的難度在於放寬被展開函數的限制，康托爾的思路是盡可能地放開對這些函數上的「壞點」（學名不連續點[007]）個數的要求，於是很自然地，他轉向了點集元素個數的研究。西元 1872 年，康托爾已經能夠證明具有無窮多個間斷點的函數也滿足三角級數展開的唯一性，正是為了刻劃由這無窮多個不連續點所組成的點集的性狀，康托爾不得不開始認真地考察「實無窮」了。

不幸的是，前人的經驗對康托爾並沒有太大的幫助，無窮集合特別是「實無窮」就像一個神祕的禁忌般無人敢碰。直到康托爾所處的那個年代，數學家們對於無窮的見解依然停留在「無窮只是描述一個極限過程的

---

[007] 又稱為間斷點，具象地說，就是函數圖形斷開的點。

說話方式」[008] 這樣的陳腔濫調上，要是有人敢把無窮當作數學上一個明確的研究對象，猜想他會被當成瘋子或者被當成一個未經訓練的民間科學家。

但康托爾不管這些，他扛起炸藥包就往裡衝了，扎實的數學基礎和敏銳的數學直覺告訴他是時候向「無窮」概念發起衝鋒了，「無窮」不僅可以而且也必須被當成一個整體對象加以研究。年紀輕輕就拿下博士學位的康托爾自然不是亂放空炮，在伽利略的悖論中他就已經意識到所有的「無窮」並非都是一樣的，他寫信給自己的親密戰友數學家戴德金 (Dedekind)：「潛無窮」和「實無窮」可以用明確的數學語言加以區別！

這裡的數學語言指的就是一一映射，人們很快就將見識到這種思路的神奇之處。西元 1874 年，康托爾轟下第一個堡壘，他的論文「關於一切代數實數的一個性質」在久負盛名的《克雷爾》數學雜誌 (*Journal für die reine und angewandte Mathematik*) 發表，立刻引起了轟動。在這篇論文中，康托爾首先定義了可數集（最小的無窮集），然後證明了有理數集可數而實數集合不可數，最後證明了所有代數陣列成的集合是可數的從而超越數不僅存在並且有不可數多個。

聽起來是不是有點暈？這些結論中的某些概念你可能連聽都沒聽過。但客觀地講，要理解它們不會太困難，讓我嘗試用比較通俗的語言慢慢向你解釋。

首先，你能想到的最簡單的無窮集合恐怕就是正整數集了，我們給這個集合一個符號 $\mathbb{Z}_+$。$\mathbb{Z}_+$ 裡的所有元素可以一字排開 1、2、3……，有起點卻看不到盡頭，一旦你取定了一個足夠大的 n，$n+1$ 又是一個更大的

---

[008]　這句話是高斯說的。

正整數，所謂「子子孫孫無窮匱也」，這使得 $\mathbb{Z}_+$ 不可能是一個有限集。同時正整數集似乎也是最小的無窮集合，因為從一一映射的角度看，但凡一個集合 S 包含了無窮多個元素，S 中就一定可以找到一個子集與 $\mathbb{Z}_+$ 建立一一對應[009]。既然 $\mathbb{Z}_+$ 在所有的無窮集合中有著基本的重要性，那麼好，康托爾說：我把所有可以與正整數集建立一一對應的集合稱為可數集，它們是最小的無窮集合。

不難理解，所謂的可數集，就是指這個集合裡的所有元素可以按照某種順序一個一個地拉出來，像幼兒園裡的小朋友一樣排排坐，吃果果，無一遺漏。

除了 $\mathbb{Z}_+$ 以外，所有整陣列成的集合 $\mathbb{Z} = \{0，-1，1，-2，2，\cdots\cdots\}$ 也是一個可數集，進而 $\mathbb{Z}$ 中所有的無窮子集都是可數集，例如，所有奇陣列成的集合、所有偶陣列成的集合、所有平方陣列成的集合等。在康托爾的眼中，伽利略提出的悖論是再正常不過的現象，無窮集合本來就跟有限集有著天壤之別，憑什麼要求無窮集合要拘泥於有限集的性質呢？康托爾和戴德金甚至得出結論：一個集合有無窮多個元素當且僅當這個集合可以與自己的某個真子集建立一一對應[010]，這一下子抓住了無窮集合的本質。

整數集可數是一個非常明顯的命題，因為 $\mathbb{Z}$ 中的元素有一種近乎天然的排序方式：按大小。按照絕對值從小到大，我們真的可以把所有整數都排列出來，一個也跑不掉。那有沒有看起來沒那麼平凡的可數集呢？

康托爾說：有啊，所有有理陣列成的集合就是。這是康托爾的工作中得出的第一個令人感到意外的結論。

所謂有理數，就是那些可以寫成兩個整數的商的數（俗稱「分數」），

---

[009]　嚴格證明需要用到選擇公理。
[010]　利用任意無窮集合包含可數子集的事實，有興趣的同學可以動動腦筋自己試一試。

比如 $\frac{m}{n}$，其中 m 和 n 都是整數。有理數集這個集合很有意思，因為它在數軸上是稠密的，什麼意思呢？任意給出兩個有理數 $a < b$，不論 a 和 b 有多接近，你都能在它們中間再找到一個有理數 c，使得 $a < c < b$。說得具體一點，有理數集在數軸上的分布「密密麻麻」，沒有間隙，這與整數在數軸上的分布明顯不同，而這條性質也將導致一個非常嚴重的後果，如果你想按照大小替有理數進行排序那純粹是自虐，排好了兩個中間又會冒出第三個，永遠也排不完。

這樣詭異的集合也是可數集？

這事一開始恐怕連康托爾自己都不信，但他確實看到了一個絕妙的辦法證明全體有理數也是可以排序的。怎樣做到呢？

首先，全體有理數除了「0」以外都是一正一負成對出現，所以只要證明了全體大於 0 的有理陣列成的集合是一個可數集，我們就結束戰鬥了。如此，康托爾把所有的正有理數平鋪在一張沒有邊界的表格之中，表格中的第一行是分母為 1 的那些有理數，按照分子為 $\{1，2，3，……\}$ 也就是正整數的順序排列，第二行是分母為 2 的那些有理數，排序方式與第一行一樣，第三行是分母為 3 的有理數，第四行是分母為 4 的有理數。

依此類推，康托爾得到了一個填滿所有正有理數的方形表格，只不過這個表格的行數和列數都是無窮大（準確地說是可數無窮大）。如果我們用 $a_{m，n}$ 來表示這個表格中位於第 m 行、第 n 列的那個元素，那麼顯然有 $a_{m，n} = \frac{n}{m}$。現在，對每個正整數 k≥2，我們構造一個集合 $S（k）= \{a_{m,n}|m + n = k\}$，這是一個有限集，事實上描述了表格中第 $k-1$ 條反對角線上的元素，當 k 走遍所有大於 1 的正整數時，把所有的 $S（k）$ 併在一起自然也就涵蓋了表格中的所有有理數。

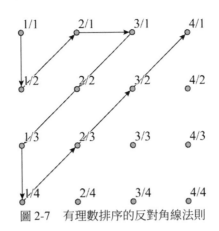

圖 2-7　有理數排序的反對角線法則

　　現在，正有理數集是一個可數集的結論已經呼之欲出了，你只需要對每個 $S(k)$ 中的元素規定一個排序，然後按照 $k = 2，3，4，$……的順序將 $S(2)$、$S(3)$、$S(4)$，……中的元素串在一起（重複出現的元素保留第一個，其餘刪掉），你就得到了全體正有理數的一個排序方式，比如圖 2-7。這樣康托爾就證明了整個有理數集是可數的。

　　這個結果確實令人大感意外，它告訴我們一個數集是否能夠依序排列並不依賴幾何上是否存在直接的間隔，也再次說明了人類的直覺有時是多麼的不可靠，在數學的王國裡，邏輯才是王道。

　　順便說一句，我們提到的這個排序方式並不是唯一的，你一定還能找到別的方式對有理數進行排序，不妨動動腦筋想一想，也算是學以致用，觸類旁通。

　　既然有理數集這樣稠密的集合都是可數集，你猜想會想：不會所有的無窮集合都是可數集吧？

　　這是一個非常自然的想法，也確實在一開始對康托爾的思路帶來了很大的誤導，他試圖證明實數集 $\mathbb{R}$ 也是可數的。

　　整個故事中最為精彩的地方出現了，如果上述結論是正確的，那麼康托爾的理論即使看上去非常有趣也必然不會引起軒然大波，因為所有的無窮集合都一樣，就失去了多樣性所帶來的各種不同和可能。所幸康托爾證明實數集 $\mathbb{R}$ 可數的每一次嘗試都以失敗告終，他開始反過來想：會不會實數集 $\mathbb{R}$ 根本就不可數呢？這一轉念，思路豁然開朗。

　　經過仔細的思考之後，康托爾給出了明確的答案：不可數集是存在的，實數集 $\mathbb{R}$ 即是，所以單論元素個數的話無理數要比有理數多得多！

　　為了證明這個結論，康托爾首先給出了一個足以驚掉你下巴的引理：一條有限長度線段（比如 $[0，1]$ 區間）內的點與一條無限長直線（比如實數軸）上的點一一對應！

　　這個引理真是比伽利略的悖論還要令人崩潰，不同長度線段的點可以一一對應也就算了，無限長的直線來湊什麼熱鬧，難道長度與點的個數之間完全沒有關係[011]？不管你相不相信，這個引理確實是邏輯上不可推翻的事實，康托爾的證明如此簡單而巧妙，我畫兩個圖你就立刻明白（見圖 2-8、圖 2-9）。

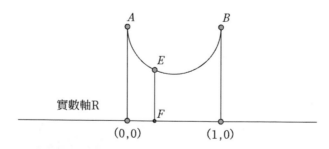

圖 2-8　半圓 AB 除去端點與 $(0，1)$ 開區間一一對應

---

[011] 若干年後，一個叫勒貝格（Lebesgue）的法國數學家發明了測度論（專門講「長度」的理論），回答了這個問題。

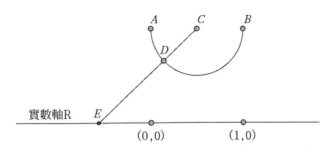

圖 2-9　半圓 AB 除去端點與實數軸 $\mathbb{R}$ 一一對應

　　以半圓 AB 為媒介，康托爾證明了實數軸上的點與 (0，1) 開區間內的點可以建立一一對應。現在，要證明實數集合 $\mathbb{R}$ 不可數，康托爾只需要證明 (0，1) 區間內的全體實數不可數。康托爾用了反證法，假設 (0，1) 區間內的全體實數是可數的，那麼 [0，1] 閉區間內的全體正實數就是可數的（此集合與 [0，1] 開區間相比多了一個「1」）。康托爾把這些正實數都寫成無限小數的形式，例如 0.5 用 0.49999…… 來代替，1 用 0.99999…… 來代替（之所以可以這樣做與康托爾構造實數系的方式有關，我們在下一章會看到）。接下來這些無限小數可以一個一個的排列出來：

$$r_1 = 0.b_{1,1}\,b_{1,2}\,b_{1,3}\,b_{1,4}\cdots\cdots$$

$$r_2 = 0.b_{2,1}\,b_{2,2}\,b_{2,3}\,b_{2,4}\cdots\cdots$$

$$r_3 = 0.b_{3,1}\,b_{3,2}\,b_{3,3}\,b_{3,4}\cdots\cdots$$

$$\vdots$$

　　康托爾發覺這個列表不可能把 [0，1] 閉區間內的所有正實數完全涵蓋，原因在於他能夠輕易地構造出一個大於零的無限小數 $r = 0.b_1 b_2 b_3 b_4\cdots\cdots$，這個小數滿足對任意的正整數 i 有 $b_i > 0$ 但 $b_i \neq b_{i,i}$，顯然 $r \in [0，1]$ 但 r 並不等於上面列表中的任何一個，如果 r 等於某個 r_k，

那必有 $b_k = b_{k,k}$，與構造方式矛盾。因此，實數集可數的假設並不正確，實數集 $\mathbb{R}$ 是不可數的！

這實在是妙不可言啊，同樣包含了無窮多個元素，實數集與整數集還真有著本質上的不同。若干年後，大數學家希爾伯特 (Hilbert) 舉了一個「無窮旅館」的例子，很理想地描述了實數集 $\mathbb{R}$ 這種不可數的特性。

這個例子是這樣說的：有個老闆在城裡開了一家旅館，這家旅館有個非常奇特的地方，它有無窮多個房間，每個房間都搭配唯一一個正整數作為它的編號。某天夜裡，風雨大作，一位顧客走進旅館想要住宿，不巧的是所有房間都已經滿了，沒有空房。

那就離開吧？可是這位顧客並不想離開，他拜託老闆想一下解決辦法。老闆想了想，好辦！他請 1 號房的住客搬到 2 號房，2 號房的住客搬到 3 號房，3 號房的住客搬到 4 號房。依此類推，所有住客的房間都往後挪了一間，而 1 號房被騰了出來。完美！顧客順利入住，老闆得意地笑。

沒多久，一位導遊走了進來，導遊說我有一個旅行團，有全體整數那麼多個團員，老闆你想想解決辦法。老闆看了導遊一眼，小事情，你難不倒我！他請 1 號房的住客搬到 2 號房，2 號房的住客搬到 4 號房，3 號房的住客搬到 6 號房。依此類推，n 號房的住客搬到 $2n$ 號房，這樣，所有奇數編號的房被騰了出來，旅行團的團員得以依次入住，老闆又得意地笑。

最後，康托爾走了進來：老闆我有一個旅行團，有全體實數那麼多個團員，你想想解決辦法。老闆一聽直接怒了：你自己想辦法！

哈哈。

雖然希爾伯特的例子被我演繹成了一個笑話，但至此，困擾人類千百年的「潛無窮」和「實無窮」概念終於得到了明確區分，「無窮」也正式成

為現代數學研究中一個不可忽視的主角。所有致力於完善數學理論體系的數學家都興奮得摩拳擦掌，因為數學的基礎即將被改寫，進而展現出全新的面貌。

順便提一句，康托爾對於實數集不可數的證明後世稱為「對角論證法」，此方法還被廣泛地應用於其他定理的證明，百世流芳。

康托爾用「可數」與「不可數」從本質上區分了整數集與實數集，這是人類理性的一次重大進步。然而事情發展到這一步卻並沒有結束，更令人驚訝的還在後面，康托爾利用實數集不可數的事實給出了一個超越數存在的全新證明！

這在當時的數學界可是一件了不得的大事，因為超越數這個東西，實在是太難得啦。

2.7 顛覆想像的證明

所謂超越數，就是那些不能作為任何一個整係數多項式方程式的根的（複）數。單從定義來看，你也許還意識不到超越數有多重要，但如果你知道大名鼎鼎的圓周率 π 和自然底數 e 都是超越數，你就該對超越數肅然起敬了。

在數學上，人們把整係數多項式方程式的根稱為代數數，所以超越陣列成的集合其實就是代數陣列成的集合在複數系中的補集。

有理數當然都是代數數，因為任何一個有理數 α 都可以寫成兩個整數的商 $\frac{m}{n}$，從而 α 是一次方程式

$$nx - m = 0$$

的根。無理數也有可能是代數數，例如 $\sqrt{2}$ 就是無理數，但它同時是二次方程式

$$x^2 - 2 = 0$$

的根。至於超越數存不存在，這從一開始就是個難題。

在 19 世紀的數學界，人們更加信賴構造性的證明方法：你要證明一個東西存在，那麼就明明白白地把它構造出來。基於這個想法，法國數學家萊歐維爾（Liouville）仔細研究了一個無理數要想成為代數數所必須具備的條件，然後他巧妙地造出了一批不滿足這些必要條件的無理數，數學上稱為 Liouville 數。按照構造方法，Liouville 數擁有規範的無窮級數的表達形式，我們舉一個例子：

$$\alpha = \sum_{k=1}^{\infty} \frac{1}{10^{k!}} = 0.110\,001\,000\,000\,000\,000\,000\,000\,001\cdots$$

就是一個 Liouville 數。可以看到，小數點後兩個非零數字之間的間隔越來越長，這是 Liouville 數的特徵。雖然 Liouville 數看起來很特別，但它們真實存在，並且不滿足無理數成為代數數的必要條件，因此它們必須是超越數。換句話說，萊歐維爾用構造性的方法證明了超越數的存在性，這在人類歷史上是第一次。

對待同樣的問題，康托爾卻並不按常理出牌，他不去具體地構造超越數，而是去證明一個關於代數數的結論：全體代數陣列成的集合是一個可數集。如何證明呢？首先對每一個整係數的多項式方程式

$$f(x) = a_n x^n + a_{n-1} x^{n-1} + \cdots + a_1 x + a_0 = 0, a_i \in \mathbb{Z}$$

康托爾搭配了一個正整數

$$N(f) = (n-1) + |a_n| + |a_{n-1}| + \cdots + |a_1| + |a_0|$$

稱為多項式 f 的高。顯然對任意的正整數 m，$N(f) = m$ 的整係數多項式方程式 $f = 0$ 只有有限多個。另外，任意一個一元 n 次多項式方程式最多只有 n 個根 [012]，所以當 $N(f)$ 依次走遍所有正整數時，我們可以把全體整係數多項式方程式，進而把全體代數數一個一個地排列出來，換句話說，所有代數陣列成的集合是一個可數集。然而我們已經知道實數集 $\mathbb{R}$ 是不可數的，因此作為代數實數在實數集中的補集，超越實數不僅存在並且有不可數多個！

這，就很尷尬了……萊歐維爾費了九牛二虎之力硬生生地造出了一批超越數，康托爾連超越數的邊都沒摸到就證明了它們的存在，簡直就是耍流氓嘛！

當時持有這種觀點的人並不在少數，但康托爾卻沒有停下腳步，他在「耍流氓」的道路上一發不可收拾。西元 1877 年，康托爾證明了 $[0, 1]$ 區間內的點不僅與實數軸上的點一一對應，還與任意 n 維歐幾里得空間 $\mathbb{R}^n$ 中的點一一對應，所以一條直線上的點與一個平面上的點一樣多，一個平面上的點與整個三維空間中的點一樣多，這就好比你在紙上畫隻貓，康托爾告訴你從構成元素數目的角度來說，這隻貓與現實生活中的貓沒什麼區別。

這個結論再次突破了人們的底線，之前我們遇到過一個類似的例子：有限長度線段上的點與無限長度直線上的點一一對應。在那個例子中，直線雖然無限長但好歹跟線段一樣都是一維的，現在不同維度的事物居然也包含了相同多的基本單位，這下子連康托爾本人也忍不住驚呼：「我看到

---

[012] 事實上任意一個一元 n 次方程式在複數系中恰有 n 個根（重根記重數），這是著名的代數基本定理，但很遺憾至今沒有初等證明。

了它，但我簡直不敢相信啊！」

　　基於以上種種發現，康托爾引入了「勢」的概念來描述集合的大小，兩個集合之間如果可以建構一一映射，則稱這兩個集合等勢。康托爾把所有可數集的勢記為 $\aleph_0$（發音：阿列夫零），把實數集 $\mathbb{R}$ 的勢記為 c，他在西元 1874 年的論文相當於證明了 $\aleph_0 < c$。

　　你大概想問：既然所有 $\mathbb{R}^n$ 的勢都是 c，那還有比 c 勢更大的集合嗎？康托爾非常巧妙地回答了這個問題，對任意一個集合 S（有限或無窮），康托爾考慮由 S 中所有子集組成的集合 $P(S)$，他證明了 S 與 $P(S)$ 之間無法建構一一映射，換句話說，$P(S)$ 的勢嚴格大於 S 的勢。若這裡的 S 是實數集 $\mathbb{R}$，我們就得到了一個新的集合 $P(\mathbb{R})$，它的勢嚴格大於 c。

　　康托爾把 $P(\mathbb{R})$ 的勢記為 2^c，這個記法來自於有限集的性質：任何一個含有 n 個元素的有限集，其所有子集組成的集合元素個數恰為 2^n，因此 $P(S)$ 通常稱為 S 的冪集。

　　這時候，你是否已經從康托爾的證明中發現了一個重要的結論：不可數集合並不是只有實數集 $\mathbb{R}$ 一種，透過反覆取冪集的過程，我們事實上構造了一個不可數集合的無窮序列

$$c < 2^c < 2^{2^c} < 2^{2^{2^c}} < \cdots$$

　　更進一步，康托爾證明了 $2^{\aleph_0} = c$，也即 $P(\mathbb{Z})$ 與實數集 $\mathbb{R}$ 之間可以建構一一映射，這為上面提到的序列補充了重要的第一環

$$\aleph_0 < 2^{\aleph_0} = c < 2^{2^{\aleph_0}} < 2^{2^{2^{\aleph_0}}} < \cdots$$

　　於是我們就得到了一個關於無窮集合的「無窮譜系」。

　　無窮集合不僅存在，而且還有無窮多種，康托爾的這些工作可以說是

數學上極富想像力的天才創造，它們充分說明了「無窮」在數學上不僅可以成為一個被研究的對象，而且具有非常豐富的含義和層次，人類數千年來關於無窮集合的固有印象被完全顛覆了。

2.8 與時代為敵

任何顛覆時代的思想必然會遭到保守勢力的抵制和反擊，這是歷史上屢試不爽的經驗法則，康托爾在數學上遇見了光明，但他的生活很快陷入了黑暗。

由於康托爾的超窮數理論過於玄幻，幾乎是從一開始，他的許多方法和結論就受到了廣泛的質疑。如果要把質疑者們列個名單，恐怕將會囊括當時數學界的半壁江山，為了突顯重點，我們挑幾個重要的反對派。

一號人物施瓦茨（Schwarz）：德國數學家，數學競賽和高等數學中出鏡率極高的柯西（Cauchy）─施瓦茨不等式就出自他的手筆。之所以把施瓦茨排在第一位是因為他原本是康托爾在柏林大學的學長加密友，後來因為強烈地反對集合論而與康托爾斷交，以自身的實際行動捍衛了「科學的理念高於一切，友誼的小船說翻就翻」的至理名言。另外，施瓦茨娶了康托爾導師庫默爾的女兒，這層頗為戲劇性的關係不知道是否影響了庫默爾晚年對康托爾的支持。

二號人物龐加萊（Poincaré）：法國數學領袖，很有能力的人物，被認為是史上最後一個數學全才［倒數第二個是高斯（Gauss）］。龐加萊在數學、物理學、天體力學和哲學等各個方面都具有很深的造詣，他於 1904

年提出的關於三維球面的猜想 [013] 折磨了人類 100 年，位列「世界七大數學難題」之一。龐加萊對康托爾的想法同樣很不贊同，他認為包含了超窮數的集合論是數學一場嚴重的疾病（grave disease），後輩們肯定能從這場疾病中恢復過來。

　　三號人物克羅內克。你沒看錯，就是他，康托爾在柏林大學的老師。把他排在最後一位是因為此人實乃反康陣營中的頭號人物。在科學界，師生反目的事情並不少見，撕破臉撕得屬害的也大有人在，但像克羅內克這樣全方位、多角度對康托爾進行全天候打擊的恐怕也是沒誰了。克羅內克是個極端保守的老頭，他認為只有從整數出發，經過有限個步驟構造出來的東西才能成為真正的數學物件，所以他堅定地反對康托爾這樣的「神祕主義」，他不僅抨擊集合論，同時也對好友魏爾施特拉斯弄出來的「處處連續但處處不可求導」的病態函數百般嘲諷（這一點上倒是對事不對人）。在德國，克羅內克擁有極為廣泛的人脈和社會關係，他是柏林學派的領袖，號稱德國數學界的無冕之王，因而他反對的人和事在數學界都很難抬頭。

　　好了，介紹完畢，康托爾壓力極大啊……

　　我們在日常工作中往往都有這樣的經驗，一般人在受到同行的嚴重排擠和打壓時很難保持意志的堅定，想在圈內繼續混下去的站個隊、認個錯，地位和榮耀可能隨之而來，但代價卻是要放棄自己的尊嚴和信念；不願妥協的衝個魚死網破，要麼從此銷聲匿跡，要麼乾脆轉行，另起爐灶。

　　但也有更為勇敢的回應，那就是持續不斷的創造力和無法消抹的工作成就。

---

[013]　即通常所說的龐加萊猜想，歷經幾代數學家的努力，最終由俄羅斯數學家裴瑞爾曼（Perelman）解決。

我相信康托爾絕非沒有猶豫，克羅內克是自己的老師，只要輕輕地服個軟，他在數學界就可以平步青雲，扶搖直上。但從後面的表現來看，康托爾並非此道中人，他深刻地明白：對質疑者最好的回擊就是學術上的更多創造，在數學上，他要成為一個捍衛真理的鬥士。西元 1879 至西元 1884 年，康托爾連續發表了六篇論文，簡潔而有系統地闡述了他的超窮集合理論，同時探討了由集合論所引起的一系列數學和哲學問題，回答了大部分反對者們的質疑和非難。康托爾認為所有無窮集合的勢可以像整數一樣排列並且具有一定的運算規律，他把它們稱為超窮數並引入 $\aleph_i$，$i \in \mathbb{N}$ 的符號來表示，這裡的 $\mathbb{N}$ 代表自然數集合，而 $\aleph_0$ 就是我們之前所見過的可數集的勢。用直白一點的話來說，$\aleph_i$ 就是最接近 $\aleph_{i-1}$ 的下一個無窮大，康托爾猜想 $\aleph_1 = c$，也就是說不存在任何一個無窮集合使得它的勢嚴格介於 $\aleph_0$ 和 $2^{\aleph_0}$ 之間，這就是著名的連續統假設。這個假設在現代數學和康托爾的學術生涯中占有十分重要的地位，康托爾終其一生都在努力證明它。

但很遺憾，康托爾的努力並沒有為他贏得更多的尊重。雖然在西元 1879 年，康托爾晉升為哈勒大學的教授，但哈勒是個小地方，大學教授的收入非常微薄，當時的德國並不提倡計劃生育（當然現在也不提倡……），康托爾夫婦一共育有五個孩子，家庭生活十分拮据，所以康托爾就動了到柏林的大學謀求教職的念頭，在柏林，一個大學教授擁有更高的薪水和更加受人尊敬的社會地位。但不順心的是，他的死對頭克羅內克在柏林幾乎擁有至高無上的權力，在克羅內克的極力阻撓下，就算有學校有意向接收康托爾，也不敢把此事擺上檯面，康托爾工作調動之事猶如石沉大海，杳無音信。不僅如此，在克羅內克掌控了《克雷爾》數學雜誌之後，康托爾的論文在這本雜誌也發表不出去了。

這就沒意思了，學術排擠也就算了，毀人前途實在太不厚道。克羅內克的窮追猛打加上連續統假設的證明幾經反覆也沒有進展，康托爾遭受到了外部環境和內心世界的雙重打擊。

康托爾一急……就憂鬱了。

現如今，「憂鬱」已經成為了一個頗為時髦的名詞，無論是社會名流、演藝明星，還是 IT 工程師、文青，沒有點小憂鬱都不好意思號稱自己工作壓力大。但其實「憂鬱症」是醫學上一種非常嚴肅的生理性疾病。康托爾也一樣，他無法集中精力，無法專心致志地從事研究工作，總是陷入眾多哲學乃至神學問題的爭吵漩渦。

對此，他感到萬分的沮喪。

也不知道在那些不眠的夜裡，康托爾有沒有想起自己的父親，如果這個時候父親還在，還能有來自父親的寬慰和鼓勵，他也許就不會如此無助。

怎麼辦？不會要熬到克羅內克成仙吧！

很不幸，還真是這樣……西元 1891 年，68 歲的克羅內克去世，直到此時，康托爾的外部環境才開始得到改善。沒有了無休止的壓制和蔑視，對於康托爾混亂的生活而言無異於一劑良藥，他不僅恢復了創造性的數學工作，還領導創立了德國數學學會並擔任首任主席。

西元 1897 年，康托爾積極參與了第一屆國際數學家大會的籌辦，這個國際數學家大會的名頭很大，現在已經成長為全球數學領域的頂級盛會，會議每四年舉辦一次，開幕式上頒發的「菲爾茲獎」被視為數學界的「諾貝爾獎」。

看來康托爾的組織才能比起科學研究水準來說一點也不遜色啊，但可

惜好景不長，西元 1899 年的夏天，康托爾再次掉入憂鬱症的深淵。這一次病症來得更加猛烈，康托爾為修補集合論的邏輯基礎和證明連續統假設耗盡了全部的心血，但問題始終存在。他感到自己再也撐不下去了，於是取消了秋季學期的教學計畫並寫信給當時的文化大臣，申請辭去哈勒大學的教職。康托爾寧願到圖書館去當一個管理員，也不想再碰數學了。

很快，文化大臣回信 ── 不批！

對於這個結果，我一直想不明白，要知道德國大學裡的教授職位非常稀少，基本上是一個蘿蔔一個坑，前任不退，後來人根本沒有晉升的機會。比如著名的哥廷根大學數學教授職位，之前由高斯擔任，高斯死後傳給了狄利克雷 (Dirichlet)，狄利克雷死後傳給了黎曼 (Riemann)，黎曼死後官方想傳給克羅內克，被拒絕 (真有個性)，所以克羅內克在西元 1883 年接替庫默爾成為柏林大學數學教授之前一直就是個編外人員。當然，克羅內克有足夠的本錢瞧不上一個教授職位 (他確實有錢)，但眼紅康托爾位置的人應該還是很多的，誰不想在學術上盡快達到受人尊敬的地位呢？也許那位文化大臣覺得沒有比康托爾更為合適的人選，又或者是別的什麼原因，總之，康托爾被迫留了下來，在哈勒大學附屬精神病院裡住了一年。

所謂屋漏偏逢連夜雨，在康托爾的工作毫無進展期間，他的家庭也不斷遭遇不幸，母親去世，弟弟去世，小兒子夭折……所有的事情集中到一起，康托爾的精神受到強烈的刺激，徹底崩潰了。此後的十多年中，他大多處於一種嚴重的憂鬱狀態，病魔纏身，再也沒有恢復過來。1918 年 1 月 6 日，康托爾在哈勒大學附屬精神病院走完了自己的一生，享年 73 歲。

是時候做個總結了。

康托爾的一生跌宕起伏，傳奇勵志。他既像一個勇猛的鬥士，始終堅定捍衛自己一手創立的數學理論，又像一盞暗夜中的明燈，指引著現代數學的前進方向。康托爾對數學的貢獻足夠世人消化良久，越來越多的數學家開始感受到他的工作的重要，例如，他的超窮數理論為分析學的研究帶來了新的思路，不久又在測度論和拓撲學的研究中產生新的應用，集合論也逐漸成為整個現代數學的基礎。

如此了得的人物最終卻不得不悲劇性地離開，你也許要為康托爾打一次抱不平了：都怪那個克羅內克，硬生生毀掉了一個傳奇，沒有他的固執，數學必定可以飛速發展好多年。

對此，我倒不這麼看，要知道每一個時代的人都有認知上的天花板，這是時代造成的，並不以人心善惡為轉移，很多新潮思想的反對者，其實並非都是趨炎附勢之徒，只不過無法打破自身所處的禁錮。真正打破禁錮的人，必然要承受強大的反制和阻力，非此阻力，他們也無法歷練成為真正的勇士。

上天會給你無上的榮耀，但通常都兌現得太晚。

康托爾在數學上的成就最終得到了應有的肯定，他的工作被盛讚為「數學天才最優秀的作品」、「人類純粹智力活動的最高成就之一」，著名哲學家羅素（Russell）也評價：這可能是這個時代所能誇耀的最龐大的工作。

1900 年，在巴黎舉行的第二屆國際數學家大會上，希爾伯特作了一次聞名後世的演講。在演講中，希爾伯特公布了 23 個急待解決的數學問題，這些問題引領了整個 20 世紀數學研究的潮流，康托爾的連續統假設排名第一。

值得一提的是，60 多年之後連續統假設正式得到解決，答案卻出乎所

有人的意料，連續統假設既可以說對也可以說不對，不知道康托爾泉下有知會不會覺得自己死得冤枉……

　　至於為什麼既對又不對，請允許我賣個關子，在我們正式面對它之前，先來搞清楚一個問題：康托爾的集合論到底有什麼用？沒有這套理論之前，大部分數學家不也活得好好的？這話說得倒沒什麼大錯，他們活得好好的，但他們活得未必清醒，對於數學而言，康托爾的理論不僅是一個有用的工具，還有著關乎生死的意義。要了解清楚這一點，我們需要開啟一幕穿越大戲，從古希臘的畢達哥拉斯（Pythagoras）說起。

第 3 章
萬物皆數

西方科學的祖師爺

　　這是一個最好的時代，也是一個最好的舞臺。這裡百花齊放、群星璀璨，這裡有英雄輩出的神話，有修辭華麗的史詩，有壯美和諧的建築，有激揚天地的思想。雖然古希臘並不屬於四大文明古國之一，但毫無疑問，古希臘人的思想與才華書寫了人類文明史上極為重要的篇章。無論是文學、藝術，還是科學、哲學，古希臘文明都是西方文明直接和重要的源頭。特別對數學而言，從古代文明流傳下來的實用主義被徹底打破，數學成功地抽象出了自己的骨架和靈魂，成為一門獨立的智力學科，並最終變得容貌清晰、血肉豐滿。這其中，古希臘的數學家們功不可沒。

　　這麼說倒不是指在古希臘時期數學就已經建立起了門類齊全的龐大體系，獲得了無與倫比的輝煌成就，而是指在這個時期數學正式確立了以「抽象」與「演繹」為核心的架構原則，這是數學區別於其他自然科學的重要特徵。現代英語所使用的「邏輯」一詞「logic」正是源自於希臘語表示理性的用詞「logos」。

　　在發展數學的抽象與演繹上，畢達哥拉斯以及他所創立的學派是當之無愧的重要力量，但要論起這場思想界啟蒙運動的先驅，畢達哥拉斯先生還得往後排一排，出生於愛奧尼亞米利都城（今位於土耳其艾登省）的泰

利斯（Thales）才是名副其實的第一人。

坦率地講，泰利斯的媒體曝光率遠不如他的同行蘇格拉底和柏拉圖等人，但他的名頭卻一點也不小。泰利斯是西方思想史上第一個有明確記載的思想家，被稱為「科學和哲學之祖」，他創立了古希臘最早的哲學學派 —— 米利都學派。

泰利斯和他的學派對科學和哲學最大的貢獻在於第一次用「自然」（Nature）這個詞來代替混沌不清、令人生畏的「神靈」，這打破了各種古代文明中普遍存在的認識世界的法則。這種法則的核心是任何無法解釋的現象背後都有一股超越一切的神祕力量在進行操縱，所以有人生病了大家要跳個大神來驅驅鬼，洪水氾濫了大家要往河裡扔些童男童女請河神息怒。

在我們今天看來，這些當然都是愚昧迷信的糟粕，但在相當長的一段時間裡，人們似乎對這一套還很受用。舉個也許不太恰當的例子，宮鬥大戲《甄嬛傳》紅遍大江南北，裡面的皇后一派與甄嬛一派是死對頭，她們都曾利用各種「高科技」手段禍害對方，保全自己，比如欽天監解天象和滴血認親等，對科學技術不太擅長的皇帝就比較慘了，沒有辨識力就只能照單全收，被一群女人耍得團團轉[014]。這固然是因為皇帝受教育的程度有限，但反過來卻也折射出一個頗為有趣的事實，這幫受教育程度更加有限的後宮佳麗們比起皇帝來卻相當具有「科學精神」。

玩笑而已，人類科學精神的荒蕪其實源遠流長。但這更加說明泰利斯和他的米利都學派有多麼可貴，因為早在兩千多年前他們就已經提醒大家：所有的一切都是「自然」產生的現象，你所要做的就是去了解這個「自然」。

[014]　雖然電視劇不是紀錄片，但我相信歷史上這種事情沒少發生。

用「自然」取代「神靈」，倒不意味著泰利斯是個無神論者。相反，他認為神是存在的，並且是諸神支配了世間萬物的執行規律，只不過這種規律可以被人類探索和發現而已。泰利斯所說的「自然」指的也就是這種規律，要解釋它，不能依靠憑空臆造的神話傳說，也不能依靠天馬行空的自由想像，而必須依賴經驗、證據和理性的分析。從這一點看，泰利斯的理論實在非常重要，人類第一次，用一種理智的態度來看待世界，這是一種全新的思考方式，儘管還很粗糙，卻是人類文明的重大突破，因為它直接導致了科學思想的萌芽和發展。

回到數學上來，畢達哥拉斯就是這種思想的現實受益者，據傳他本人就跟泰利斯學過數學，學得好不好不知道，但他肯定是繼承了這種探索精神。在畢達哥拉斯的腦海中，「自然之美」即為「規律之美」、「和諧之美」。從現實世界中抽象出數的概念並運用演繹、推理的方法尋找規律是畢達哥拉斯發現自然之美的主要方式，在數字之中尋求這種美感給了他極大的滿足，以至於他最終走向了「萬物皆數」的思想極端。

3.2 畢達哥拉斯和他的暴力美學

這個標題起得有點驚悚，「暴力美學」是個從電影產業裡衍生出來的新名詞，通常是指暴力的美學（研究暴力的美的學問）。我把它用在這裡則是指畢達哥拉斯的美學很暴力（請注意與前者的區別）。大家不要誤會，畢達哥拉斯不是做屠宰業發家的，之所以想到這個詞是因為這位數學大師在探索「自然之美」的過程以及對待「自然之美」的態度上做到了三點：簡單、粗暴又極致。

　　畢達哥拉斯的生辰年月不是很確切，大約西元前 570 年左右出生於米利都附近的薩摩斯島。毫無例外，畢達哥拉斯也是個貴族富二代，老爹是個富商。相傳他從小聰明好學，並且涉獵廣泛，很早就被送到提爾（Tyre）跟隨閃族的敘利亞學者進行學習。隨著年齡的成長，畢達哥拉斯又來到米利都、得洛斯（Delos）等地，結識了一群大人物並拜他們為師，這其中就包括了數學家、哲學家泰利斯，天文學家、哲學家阿那克西曼德 [015]（Anaximander）和著名詩人克萊菲羅斯（Creophylus）等。擁有如此強大的導師團隊實在是畢達哥拉斯的幸運，在他們的引領和調教下，畢達哥拉斯在宗教、音樂、天文和數學等領域迅速打下了成長為時代標竿的根基。

　　既然是時代潛在的標竿，那一定是個鶴立雞群的人物。在同鄉人的眼中，畢達哥拉斯的行為也確實十分怪異，具體表現如下：

　　（1）好穿奇裝異服，主要以巴比倫和印度等東方各國爆紅款式為主。

　　（2）好留長髮，與古希臘男子崇尚短髮的氛圍格格不入。

　　（3）最關鍵的一點，宣揚歪理邪說，信泰利斯那一套理性神學。

　　特別地，畢達哥拉斯逐漸意識到數字之中可能隱藏了自然界的全部祕密，於是想招一批研究生跟他一起研究抽象數學。

　　這就讓薩摩斯島的居民們看不下去了：自己走火入魔也就算了，還想糊弄年輕人一起做？沒門！畢達哥拉斯在薩摩斯島一直不受待見，在一種詭異的社會輿論包圍下，30 歲的他被迫離開家鄉，前往埃及。當然，也有一種體面的說法：畢達哥拉斯又出門遊學去了。

　　當畢達哥拉斯再次回到薩摩斯島的時候，他已經年屆 40。歷經 10 年

---

[015]　相傳第一個繪製球狀天空圖的人，被譽為古希臘天文學奠基人。

時間，畢達哥拉斯學習了象形文字，埃及神話、歷史和宗教，進一步完善了自己的哲學體系並加以傳播，開始擁有廣泛的社會影響力，他相信自己已經有足夠的力量為這座城市帶來福音。但就在畢達哥拉斯出門遊學的這段時間裡，薩摩斯島卻在僭王波利克拉底（Polycrates）的統治下變得越發保守，任何不符合統治者個人意志的新奇理論都會被攻擊成異端邪說，並且被深深地仇視。畢達哥拉斯很快發現了環境的惡化，他沒有接受波利克拉底「請君入甕」式的招安邀請，拒絕了宮廷裡的職位，一個人跑到深山老林裡當起了隱士。

但顯然畢達哥拉斯不太適合當一個隱士，他耐不住寂寞也忍不了孤獨，總是想找些人一起玩耍。但家又回不去，怎麼辦呢？畢達哥拉斯想了一個辦法，在我看來，這堪稱數學界第一行銷案例，他找來了一個小男孩，花錢使他成為自己的學生。這個小男孩看在錢的份上勉強答應了，畢達哥拉斯開始向他教授幾何學，男孩每出席一節課就可以得到三枚銀幣。幾個星期之後，畢達哥拉斯假裝自己再也無力支付讓男孩上課的費用，只好停課。令人驚奇的是，男孩已經被畢達哥拉斯的講授深深吸引，寧可花錢受教育也不願意停止。很快，畢達哥拉斯不僅收回了成本，還使這位小男孩成為他最忠實的信徒。

可惜這也是畢達哥拉斯在家鄉薩摩斯島的唯一收穫，他關於社會改革的觀點踩了雷區，激起了統治者更大程度的打壓。迫於壓力，畢達哥拉斯和他的母親，還有他的信徒小男孩一起逃離了這塊土地，前往義大利南部的西西里島。

畢達哥拉斯最終逃到了克羅頓（Croton），在那裡他將遇到自己事業上的最佳合夥人。

　　米洛（Milo），克羅頓最富有的人，也是出了名的大力士，他曾經保持著古希臘奧林匹克運動會和皮提亞運動會的十二項冠軍紀錄，擁有比普通大富翁和學者更高的聲望。米洛不僅四肢發達，頭腦也很聰明，他喜歡研究哲學和數學問題，對來自薩摩斯島的智者畢達哥拉斯特別景仰。

　　在聽聞畢達哥拉斯想辦一所學校之後，米洛非常支持，他不僅拿出了錢款，還撥出了自家房屋的一部分作為校舍。在顛沛流離了許多年之後，畢達哥拉斯，這位人過中年的數學大師，他的人生理想終於有了現實依託。

　　在米洛的支持下，畢達哥拉斯的學校順利創辦起來，並且很快有了600人的規模。這所學校有個十分霸氣的名字：「畢達哥拉斯兄弟會」，聽起來很像「飛鷹幫」、「龍虎堂」之類的黑社會組織。但事實上……也確實有那麼點意思（後面會看到）。在外人眼中，畢達哥拉斯的組織極其神祕，人們雖然知道他們想做什麼，但對於他們做了什麼卻是一無所知，這在普通民眾的心裡悄無聲息地埋下了一顆懷疑的種子。

　　畢達哥拉斯的兄弟會奉行平等主義，破天荒地允許婦女加入（當然，僅限貴族婦女），但他們也有著嚴格的組織紀律：第一，任何加入兄弟會的成員都必須宣誓效忠並且捐獻出自己的全部財產作為公共基金（聽起來很像是搞傳銷的……當然，有朝一日若是退會可以雙倍返還並且樹碑立傳）。第二，兄弟會成員必須嚴格保守祕密，不能對外透露任何內部的學術研究成果。第三，兄弟會成員必須清心寡慾，潛心學習和研究，嚴格遵守若干條非常奇怪的教義和禁忌，如不能吃豆子、不能碰白色的公雞、不能吃整個的麵包、不能在大路上行走等。

　　基本上這三條下來，那些心思不純、無心學術的傢伙就被排除掉了，保留在兄弟會裡的成員都是與畢達哥拉斯有著共同信仰、共同精神追求的

菁英力量，整個兄弟會也因此擁有極高的凝聚力。值得一提的是，畢達哥拉斯的老婆也是在兄弟會裡找的，她就是美麗的西諾（Theano）。西諾對自己的老師極為崇拜，儘管年齡相差很大，還是義無反顧地嫁給了他。看來在科學界，「老少配」也有著很深的歷史傳統啊。此外，相傳西諾是米洛的女兒，畢達哥拉斯老當益壯，成功地把合夥人變成了岳父，這對思想與資本的組合變得更加緊密了。

　　在探尋「自然之美」上，畢達哥拉斯和他的追隨者們的出發點是簡單的，他們把「數」視為最大的偶像。

　　這裡的「數」指的是「計數數」1、2、3……，也就是現在數學上所說的正整數。這些數滿足簡單的計數功能，從它們誕生之日起就被認為是極為自然的存在，因而也被稱為「自然數」[016]（natural number）。畢達哥拉斯們一開始用小石子在沙灘上排列成各種幾何形狀來研究自然數，他們最喜歡的是三角形和正方形，比如圖 3-1 中，1、1＋2、1＋2＋3、1＋2＋3＋4……就是三角形數。一般來說，三角形數的通項公式為 $\dfrac{n(n+1)}{2}$。

圖 3-1　三角形數

　　類似地，1、4、9、16……平方數為正方形數，相應數量的小石子恰好可以排列成正方形，每一行和每一列所占用的小石子數都一樣（見圖 3-2）。

---

[016]　現在通行的看法是把 0 也當成一個自然數。

圖 3-2　正方形數

　　藉助這些幾何形狀，人們有時候很容易看出自然數之間的某些規律，例如在正方形數 9 中間畫一條斜線，你能夠馬上意識到 9 被拆分成兩個三角形數 3 和 6（見圖 3-3）。

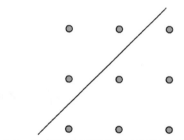

圖 3-3　正方形數被拆分成兩個三角形數之和

　　這件事情對任何正方形數都是對的，因而可以被抽象成一個一般的定理：任意兩個相鄰的三角形數之和是一個正方形數，反之也成立。放在今天，用代數學的語言來描述，這個定理其實就是一個簡單的恆等式

$$\frac{n(n+1)}{2} + \frac{(n+1)(n+2)}{2} = (n+1)^2$$

　　沒什麼了不起。但在畢達哥拉斯那個時代，數學家們意識到某些事情應該被抽象成一個可以被證明的一般性定理，本身就是一個重大的進步，更何況他們還能夠給出某種樸素的幾何證明，這就是一件更加了不起的事情。

　　另一類畢達哥拉斯們感興趣的自然數叫做「完美數」（perfect number）。按照畢達哥拉斯的理解，一個數的完美程度取決於它與自身所有真因數之和的關係。舉例說明，15 的真因數有 1、3 和 5，將這幾個真因數加在一起結果是 9，這個結果比 15 小，因此像 15 這樣的數被稱為「虧」數；而 18 的真因數為 1、2、3、6 和 9，幾個真因數加在一起是 21，比 18 大，這樣的數被稱為「盈」數；既非「盈」數又非「虧」數的自然數就是「完美數」。換句話說，「完美數」的所有真因數之和不多不少，恰好等於它自己。

　　自然數中的第一個完美數是 6，因為 6 的真因數是 1、2 和 3，將這幾個真因數加在一起恰為 6，而下一個完美數一下子就跳到了 28，事實上 28 ＝ 1 ＋ 2 ＋ 4 ＋ 7 ＋ 14。畢達哥拉斯認為 6 和 28 的完美性反映了世界的運行規律，其他學者有不少人也支持這種觀點，他們在解讀宗教經典時發現 6 和 28 是上帝創造世界所使用的基本數字，上帝創造世界用了 6 天，而 28 天恰好是月亮繞地球一周的時間。

　　這些「湊巧」抑或是「真實回饋」令畢達哥拉斯們非常著迷，他們開始瘋狂地尋找其他完美數並探究它們所蘊含的更深層次的含義。第三個完美數是 496，第四個是 8,128，第五個居然到了千萬位：33,550,336，第六個更加恐怖，是幾十億的大數字：8,589,869,056。完美數越來越難找，畢達哥拉斯也僅僅知道有限的幾個（前四個），但他還是發現了一些規律，例如完美數都是三角形數：

$$6 = 1 + 2 + 3$$

$$28 = 1 + 2 + 3 + 4 + 5 + 6 + 7$$

$$496 = 1 + 2 + 3 + 4 + 5 + \cdots + 30 + 31$$

$$8,128 = 1 + 2 + 3 + 4 + 5 + \cdots + 126 + 127$$

今天，我們已經能夠決定完美數更多的性質，並且藉助電腦的力量，找到了更多的完美數。但整體來說，兩千多年過去了，我們對完美數依然知之甚少，一些基本的問題也沒有辦法回答：比如完美數是否有無窮多個？完美數是否都是偶數？等等。目前有許多數學家還在為滿足人類最原始的好奇心而不斷努力，從對「計數數」的探究發展起來的數學領域內最古老的分支 —— 數論，依然散發出神祕而又迷人的魅力。

3.3　誰動了我的優先權

作為畢達哥拉斯學派最輝煌的美學成就之一，我們要專門用一節來講畢達哥拉斯定理：任意直角三角形的兩條直角邊的平方和等於斜邊的平方。用代數學的語言來描述，畢達哥拉斯定理是說：如圖 3-4 所示的任何一個直角三角形的三邊長度滿足數量關係式 $a^2 + b^2 = c^2$。

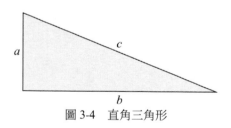

圖 3-4　直角三角形

眼尖一點的同學立刻就認出來了，這不就是勾股定理嘛！沒錯，畢達哥拉斯定理在中國也稱為勾股定理，每個學生在開始學習幾何學的時候都會接觸到這個基本法則。我以前的數學老師就經常拿這個東西來唬人，導致我每次碰到求解數量關係的幾何題時都會瘋狂地新增垂線，從而保證有足夠多的直角三角形（捂臉……）。

在古代中國，直角三角形被稱為勾股形，兩條直角邊中較短的那一條

稱為「勾」，較長的那一條稱為「股」，斜邊稱為「弦」。早在西元前 11 世紀，西周數學家商高就在一次與周公的對話中提出了「勾三、股四、弦五」的結論 [017]，意思是如果一個直角三角形兩條直角邊的長度分別為 3 和 4，則斜邊長度為 5。這可以視作勾股定理的一個特殊情形，它的提出比畢達哥拉斯要早了五百多年，所以把這個定理以畢達哥拉斯的名字命名，猜想商高第一個拍桌子不服氣。

商高先生請坐下，別著急，還有比你更冤的。

如果把 $a^2 + b^2 = c^2$ 看成一個代數方程式的話，早在西元前 18 世紀的古巴比倫，數學工作者們就已經知道了這個方程式的十五個正整數解。換句話說，他們已經驗證了至少十五個不同的直角三角形，它們的三邊關係均滿足畢達哥拉斯法則，這其中還包括 $a = 12,709$，$b = 13,500$，$c = 18,541$ 這樣的超大陣列，因此我十分懷疑古巴比倫的數學工作者事實上已經知道了上述方程式的一般公式解。但即使這樣，在國際數學界，這個美妙而重要的定理還是歸屬畢達哥拉斯了，為什麼呢？西方學者給出的解釋是：畢達哥拉斯（或者他的學派）第一次給出了定理的證明。

什麼叫證明？從預設的前提和條件出發，經由嚴密地邏輯推導，得到符合預想的結論或成果，謂之證明。

證明有那麼重要嗎？我的回答是：有的。數學證明非常重要，以至於它可以被視作數學區別於其他自然科學的核心元素，任何一門自然科學都不像數學那樣嚴格地依賴「證明」這個概念。然而我們的數學教育從古至今都有一個傳統，過分地強調實用性和解題技巧，卻忽視了數學證明和思想的提煉。這就經常性地會造成一種尷尬的局面，對於一個數學問題我們

---

[017] 記於西元前 11 世紀左右成書的《周髀算經》。

往往只知其然而不知其所以然。1979 年大學入學考數學卷有一道題考的就是勾股定理的證明，據說在當年的考生中製造了一場「人間慘案」……當然，我不是要否定數學的實用性和解題技巧（有時候，它們還相當重要），而是想表達「證明」對於培養數學思維所發揮的關鍵作用。

讓我們再來看一下畢達哥拉斯定理的表述：任意直角三角形的兩條直角邊的平方和等於斜邊的平方。這裡出現了一個詞「任意」，請打起十二分的精神，這個詞是數學定理區別於其他所有科學理論的一個絕佳代表。

在語義上，「任意」代表著全部，這意味著如果你只知道滿足定理的一種特殊情形「勾三、股四、弦五」，那不行；你驗證了十五個直角三角形，不行；甚至你驗證了一千個、一萬個直角三角形，也不行，因為說不定第二天一覺醒來你就會發現一個反例，而一旦反例出現，定理就會被證偽。因此要保證定理的絕對正確性，你必須確保定理中的法則對所有直角三角形都是對的，不能有一個例外。然而直角三角形有無窮多個，你想一個一個地去驗證，無異於痴人說夢。

這時候，你就必須依靠數學證明了，這是典型的演繹邏輯而非經驗邏輯裡的歸納方法，也是數學思維與其他科學思維的重要區別。在其他自然科學的研究過程中，比如物理學，提出一個理論來解釋某個自然現象通常被稱為「假說」，請注意「假說」不是「科學理論」，不管它吹得多麼天花亂墜，它的價值也相當有限。而一個「假說」要想變成「科學理論」必須經過實驗的嚴格驗證。例如愛因斯坦的廣義相對論預言了光線在引力場中會彎曲，這一現象在 1919 年被英國天文學家愛丁頓（Eddington）和戴森（Dyson）的團隊成功觀測到，立刻引起了轟動，廣義相對論從此風靡全球。又例如楊振寧和李政道於 1956 年提出「弱相互作用下宇稱不守恆」，隨後得到吳健雄團隊的實驗驗證，第二年即獲頒諾貝爾物理學獎。

要是你認為這僅僅是科學研究的過程不同，相較於數學，物理學多了個實驗物理而已，那可就大錯特錯了。

　　在物理學中，即使你的「假說」被實驗嚴格驗證了，也不意味著這一理論就從此高枕無憂，絕無翻盤的可能，因為受到實驗材料、環境和方法的制約，很多實驗並不能成為一個科學理論放之四海而皆準的保證。例如牛頓的慣性力學被視為物理學中的《聖經》，但在大尺度空間中卻完敗於愛因斯坦的相對論，愛因斯坦相對論的所有預言已經全部被實驗所證實 [018]，但在微觀粒子領域卻受到了來自量子力學的強而有力挑戰。所以「修正」，在理論物理學中是一個特別常見的用詞，著名物理學家霍金（Hawking）每隔一段時間就會推翻自己之前的結論，不是因為他不可靠，而是因為學科思維的不同。

　　說穿了一句話：數學求真，科學證偽，無他。

　　當然，這個「真」指的是數學語言裡的「真」，而不是客觀世界裡的絕對真實。在數學的世界裡，物理學領域的這些尷尬事是絕對不會發生的，只要假設和前提成立，藉助演繹邏輯推匯出來的結論就是毫無疑問的真理，不存在有朝一日被拉下神壇的可能。畢達哥拉斯定理一經證明，一萬年之後也不會被推翻，這使得數學證明能夠達成的效果特別強大，因此也特別地要求嚴格。

　　很多年前，我在《通俗數學名著譯叢：數學趣聞集錦》中第一次看到下面這個「缺損棋盤」的例子（見圖 3-5），一時間驚為天題。這道題目是這樣說的：假設我們有一張西洋棋的棋盤，這個棋盤有缺損，位於棋盤對角的兩個格子沒有了，這樣棋盤上就只剩下了 62 個格子。現在我們手

---

[018]　最後一塊拼圖「重力波」也於最近被成功觀測到。

裡有 31 張矩形的西洋骨牌,每張骨牌恰好可以遮蓋棋盤上相鄰的兩個格子,請問這 31 張西洋骨牌是否能夠恰好遮蓋缺損棋盤上的 62 個格子?

31張多米諾骨牌

是否能夠恰好遮蓋缺損棋盤上 62個格子?

圖 3-5 缺損棋盤問題

　　我曾經把這個問題拋給我的學生來說明數學證明和科學驗證有多麼的不同。幾乎所有的學生在拿到這個題目之後立刻就拿起筆在紙上畫了起來,看看是否能夠找到完全遮蓋的方法。不過很快他們就放棄了,因為可能性實在太多了,即使有好幾種鋪法失敗了,你也不能確定是不是恰好有一種你沒有想到的鋪法能夠完成題目裡規定的任務。

　　那把它交給電腦如何?別逗了,在電腦還沒當機之前猜想你就已經完全失去耐心了。

　　因為很不幸,這道題目的答案是不可能,你無法找到鋪滿棋盤的方法,這注定了你從正面尋找答案的任何嘗試都將以失敗告終。啟動數學思維加上一點點簡單的觀察就能特別輕易地證明這點,注意到國際棋盤上的格子是黑白相間的,而位於對角的兩個格子顏色相同,都為白色,因此缺損的棋盤上黑格有 32 個,白格有 30 個,白格比黑格少兩個。但是每張西洋骨牌遮蓋住的相鄰兩個格子的顏色是不同的,所以如果 31 張骨牌都能鋪在同一張棋盤上那必然占據了 31 個黑格和 31 個白格,黑白格的數目必須一樣多,顯然缺損的棋盤並不滿足這個條件,因而 31 張骨牌鋪滿缺損棋盤的方法根本就不存在!

真是醍醐灌頂啊，這就是邏輯的力量，我第一次看到這個證明的時候被感動到不行……數學證明在這裡表現出了攝人心魄的震撼力。

　　回到畢達哥拉斯定理的證明，所有逐個驗證的想法可以被拋棄了，你必須想到一種通用的辦法使得它對任何直角三角形都是有效的。從這一點上來說，巴比倫人出局了，商高也不行，即使他們都會使用定理來求解直角三角形的邊長，但看起來並沒有留下行之有效的證明。

　　在中國，勾股定理的第一個完整證明記載於西元 3 世紀三國時期的趙爽對《周髀算經》所作的評注，他做出了一幅「勾股圓方圖」，至今還被認為是中國古代數學的最高成就之一。2002 年國際數學家大會在中國北京召開，此圖被用於大會的會徽設計。

　　至於西方數學界的第一個證明，記載於西元前 3 世紀左右歐幾里得所著的《幾何原本》（第一篇，第 47 命題），儘管希臘哲學家、數學家普羅克魯斯（Proclus，西元 412 ～ 485 年）在對《幾何原本》所作的評論中認為這個證明屬於歐幾里得本人，畢達哥拉斯的貢獻在於用普適的代數方法構造了方程 $a^2 + b^2 = c^2$ 的某些正整數解，但西方學者還是普遍相信畢達哥拉斯（或其學派）在更早的時候就已經給出了合法的證明。

　　對於此種說法，我只能表示：不敢苟同。

　　畢達哥拉斯並沒有任何著作流傳於世，他的學派也是一個密不透風的準黑社會組織，所有的學術成就都依賴於後世各種可靠或者不可靠的數學書籍和史料記載。然而並沒有任何明確的證據顯示畢達哥拉斯是畢達哥拉斯定理的第一個證明者，西方學者把他的名字冠在如此有影響力的一個定理身上，可能更看重的是畢達哥拉斯本人作為西方數學界一個重要符號的象徵意義。

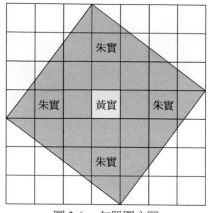

圖 3-6　勾股圓方圖

　　其實畢達哥拉斯定理是人類共同的精神財富,它是第一個展現數形結合思想的數學定理,是人類探尋自然法則的光輝象徵,同時它也是一隻會下金蛋的鵝,引出了許多重要的數學理論,著名的費馬大定理即脫胎於此,因而全世界對它做出過貢獻的數學家都應該共同分享這份榮耀,至少更加公允的說法,它應該被稱為巴比倫-商高-畢達哥拉斯定理。

　　現在,畢達哥拉斯定理已經有了 500 多種證法,我無法在這裡把它們一一列出,但願意分享一個我個人比較喜歡的證明作為這一節內容的結束,這個證明利用了相似三角形的性質,一下子就得出了結論,顯得特別簡潔。

　　如圖 3-7 所示,假定我們有一個三角形△ ABC,其中∠ $ABC = 90°$,$AB = a$,$BC = b$,斜邊 $AC = c$。

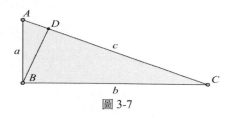

圖 3-7

由點 B 向斜邊 AC 引一條垂線，交 AC 於點 D，這樣三角形 $\triangle ADB$ 與三角形 $\triangle BDC$ 均相似於三角形 $\triangle ABC$，由相似三角形對應邊成比例我們得到

$$\frac{AB}{AC} = \frac{AD}{AB}, \frac{BC}{AC} = \frac{DC}{BC}$$

化簡即得：$a^2 = AD \times c$，$b^2 = DC \times c$，從而

$$a^2 + b^2 = (AD + DC) \times c = AC \times c = c^2$$

3.4 心魔

相傳畢達哥拉斯證明了勾股定理之後非常激動，宰了一百頭公牛並邀請全城居民一起祭祀天神，感謝上天讓他發現了如此美妙的自然法則，史稱「百牛祭」。

這個傳說的真實性已經無從考證，但畢達哥拉斯的數學研究毫無疑問影響到他的哲學思想，他不僅研究數與數之間的關係，還考察這種關係是如何支配各種物理現象的。

有一個例子很能說明問題。畢達哥拉斯很早就跟隨克萊菲羅斯學習詩歌和音樂，相信他對音律和節奏這種東西是相當擅長的，但是他沒有辦法解釋為什麼琴絃的某些特殊位置會觸發美妙的和諧音而其他位置就不行。這種現象在畢達哥拉斯之前就已經被音樂家們所發現，古希臘早期最重要的樂器是四絃琴，也稱四弦里拉，音樂家們一直靠耳朵和經驗來尋找觸發和諧音的特殊位置，除此之外，並沒有客觀的方法來幫助他們調琴。

有一次畢達哥拉斯路過一個鐵匠鋪，鐵匠鋪裡傳出了嘈雜的聲響，但

在這些聲響中畢達哥拉斯聽到了錘子不斷擊打鐵器所產生的悅耳和聲。按照某些史料的說法，畢達哥拉斯立刻跑進鐵匠鋪裡開始研究和聲產生的原因，他發現某些錘子在擊打鐵器方面配合默契，它們在一起製造的聲響總是讓人感到和諧，但另一些錘子就不行，加入它們之後聲音立刻變得刺耳和難聽。畢達哥拉斯心想：這到底是為什麼呢？

數學家的直覺讓他開始把玩起這些錘子的重量，他很快發現，能夠產生美妙和聲的那些錘子的重量之間形成一個簡比關係，它們的重量是某一把錘子的 1/2、1/3 或 1/4，而那些製造噪音的錘子之間沒有這種關係，它們的重量比值是一些令人不快的複雜分數。這一發現令畢達哥拉斯大為興奮，他馬上意識到這一理論可以用來解釋琴絃在哪些特殊位置會觸發和諧的琴音。而事實也驗證了他的想法，畢達哥拉斯找來一根琴絃做實驗，單絃彈撥會產生一個基準音，若是用夾子固定住整個絃長的 1/2 處，彈撥琴絃會產生新的振動，發出一個與基準音相和諧的高八度的音，固定住絃長的另一些簡單整數比處也會觸發新的和諧音，但其他位置就沒那麼美好了，音調不僅不和諧還顯得雜亂無章。

事實上，從一根產生音 do 的絃開始，延長它的長度至 16/15 倍給出音 xi，延長其長度至 6/5 倍給出音 la，4/3 倍給出音 so，3/2 倍給出音 fa，8/5 倍給出音 mi，16/9 倍給出音 re，2 倍則給出低八度的 do。

這可以說是人類第一次在音樂中發現了簡單的數學關係，數學用一種極其自然的方式支配著事物執行的規律。這種支配關係直到今天還在發揮指導作用，熟悉音樂的同學應該知道，吉他彈奏的時候會使用一個工具：變調夾，它的主要功能就是透過夾住吉他琴絃的特殊位置輔助演奏者把音調整體調整到相應的高度，從而大大降低了吉他彈奏時轉調的難度。

不僅是在音樂上，畢達哥拉斯和他的門徒在天文學上也堅持著類似的準則，他們認為恆星和行星的運行軌跡遵循一定的數學方程式（圓方程式），而這些數學方程式與琴絃上的音程一樣，由簡單的數字關係比來決定。例如畢達哥拉斯學派就認為太陽、月亮和星辰的運行軌道與地球之間距離的比值，分別等於三種和諧的音程，即八度音、五度音和四度音。儘管以當今天文學的觀點來看，這些結論純屬胡扯，但一點也不妨礙一個偉大哲學流派的誕生。

　　畢達哥拉斯屈膝跪地，將雙手舉過頭頂，高喊著：「萬物皆數！」

　　這一喊，喊出了古希臘時期極為重要的一種哲學思想。所謂「萬物皆數」，即指「數」是宇宙萬物的本源，整個宇宙是數字及其關係的和諧共同體。畢達哥拉斯學派用數量關係衡量世間萬物的運行規律，象徵著人類對自然界的認識跨越到了一個全新的維度。之後的大哲學家柏拉圖更加強調數學，特別是幾何學的作用，成為畢達哥拉斯學派哲學思想的重要繼承者。

　　這時，我們應該注意到，在畢達哥拉斯學派的哲學體系裡，「數」的概念已經被悄悄擴大了。雖然他們腦海中的數字依然指的是正整數，但正整數之間的比值已經變得比正整數本身更加重要，事實上他們認為任何事物之間的關係法則都是可公度的，或者說可以用正整數之間的比值來刻劃。

　　這種想法當然過於妖孽，但在畢達哥拉斯所處的那個時代，卻有著許多證據「支持」這種理論。除了樂理上的完美貼合外，畢達哥拉斯們毫無疑問地堅信任何兩個長度都能用一個公共的長度來度量，也即任給兩條長為 a、b 的線段，都能找到第三條長為 c 的線段，使得 a 和 b 是 c 的整數倍。按照他們的描述，這一過程可以透過有限個步驟完成，先用較短的那條線

段（假設為 b）去度量較長的線段（假設為 a），若 a 不為 b 的整數倍，則在比對了若干個 b 之後會餘下一段長度為 $r < b$ 的線段，再用 r 去度量 b，若 b 為 r 的整數倍，則結束尋找，否則用餘下的那條小於 r 的線段繼續這個過程。了解一點初等數論知識的同學應該知道，這個過程類似於求兩個正整數最大公因數的輾轉相除法。事實上，a 和 b 可公度當且僅當 a 與 b 的比值是一個有理數。

　　於是，畢達哥拉斯學派的哲學思想在無形之中解放了束縛在「數」這個概念上的枷鎖，不管人們是否意識到，有理數在抽象數學中有了正式並且合法的地位。我們今天所指的「有理數」就是那些可以寫成整數的商的數，英文為 rational number，意為理性的、合理的數，但 rational 的詞根 ratio 本身就是比例的意思，可見畢達哥拉斯一派學術影響的深遠。

　　對數字及其比例關係的堅持逐漸成長為畢達哥拉斯身上的一種魔性，任何不可公度的事物在他看來都是不存在的，誰要是告訴他這個世界紛繁複雜，許多事情都沒辦法用數字來衡量，他肯定會把這個人當成一個魔鬼來仇恨。此刻，「萬物皆數」在畢達哥拉斯及其門徒的心裡已經上升到了一種信仰的高度，完全不容踐踏。

　　不幸的是，這樣的事情還是發生了，而且是自己人做的。畢達哥拉斯兄弟會有個叫希帕索斯（Hippasus）的成員對畢達哥拉斯定理（也就是勾股定理）很痴迷，有一次他思索兩條直角邊長度均為 1 的直角三角形，按照畢達哥拉斯定理的斷言，這個直角三角形的斜邊長 c 應該滿足關係式 $c^2 = 1^2 + 1^2 = 2$，但他驚奇地發現沒有任何一個有理數的平方等於 2。

　　這是一個非常簡單的事實，我們可以迅速地給出證明：假設存在一個有理數 $\frac{n}{m} > 0$ 滿足 $\left(\frac{n}{m}\right)^2 = 2$，假定 $\frac{n}{m}$ 是最簡分數也即 m 與 n 互質，

那麼 $n^2 = 2m^2$，從而 n^2 是一個偶數。這推出 n 本身是一個偶數，因為奇數的平方必定是奇數。於是，n^2 事實上被 4 整除，從而 2 整除 m^2，m^2 也必須是偶數（推出 m 是偶數），這導致了一個無法迴避的矛盾，因為我們一開始就假定 m 和 n 是互質的。上述推理環環相扣，沒有絲毫毛病，問題出在我們的假設，滿足 $c^2 = 2$ 的有理數 c 事實上並不存在！

當然，希帕索斯採取的證法十有八九是個幾何化的證法（當時還沒有代數證明的基礎），但 $\sqrt{2}$ 的無理性實實在在地確定了。

這太明顯了，它就在那裡，希帕索斯看了好幾遍依然不敢相信，兩條直角邊長度均為 1 的直角三角形的斜邊居然無法公度！根植在腦海中的信仰瞬間崩塌。更為可怕的是，這種恐慌像瘟疫一樣在兄弟會的成員中迅速傳播，畢達哥拉斯辛辛苦苦建構起來的哲學大廈被一個小小的 $\sqrt{2}$ 攪得天翻地覆，他的門徒們憤怒了，下令處死希帕索斯，科學史上第一個為真理獻身的人就此誕生，畢達哥拉斯兄弟會成功轉型為帶有宗教色彩的黑社會組織。

希帕索斯的研究成果事實上發現了無理數，雖然他已經被沉到了地中海的海底，但紙是包不住火的，越來越多的無理數被發現，就連畢達哥拉斯本人都發現了正五邊形的對角線不能公度[019]！人們對於數字的傳統觀念被徹底打破。面對著突如其來的無理小精靈，大家驚慌不已，最終演變成為一場極大的危機，一些學者稱其為「第一次數學危機」。

畢達哥拉斯替科學劃定了邊界，卻最終走到了科學的對立面。

無論如何，「無理數」的火種保留了下來，人類關於數系的認知進一步擴大，雖然被冠以「無理」的頭銜，但數學的成熟與進步終將證明它的地位。

---

[019] 邊長為 1 的正五邊形對角線長度的倒數就是大名鼎鼎的「黃金分割率」，相傳由畢達哥拉斯發現，由於是無理數故祕而不宣。

3.5 一張會員卡引發的血案

　　畢達哥拉斯和他的兄弟會毫無疑問是那個時代的菁英，他們在數學、哲學和天文學等領域不斷獲得成就。在社會生活中，他們也是主角，自帶榮耀光環，這就對普通民眾形成了一種強大的吸引力。但普通民眾是無法窺探這個神祕組織的具體事務的，前面說過了，畢達哥拉斯兄弟會的成員對外嚴格保守祕密，誰要是洩露了祕密，很快就會被組織定點清除（請注意，是清除，不是開除）。

　　要想窺探也不是沒有辦法，那就加入他們吧，雖然兄弟會的入會條件非常嚴苛（參見前面章節），但也抵擋不住眾多愛智求真的群眾的入會熱情，猜想在當時，加入兄弟會也是一件很炫的事情。但畢達哥拉斯實在是高手中的高手，他居然搞出了一套「飢餓行銷」，不但兄弟會的成員名額有限制，任何申請入會的人員必須先在門外聽課，不能參與討論，也不能見老師，考試合格之後才能正式成為會員，而這段考察期據說長達五年之久。

　　這就有點荒唐了，大家辛辛苦苦跟了五年班，到頭來卻有極大的風險捲鋪蓋走人。連個名分都撈不著，無論是誰料想都很難接受。

　　其實「飢餓行銷」不過是我強加給畢達哥拉斯的一個玩笑話，站在他的角度，這些奇怪的規定是完全可以理解的，畢竟兄弟會的基礎是個學術組織，要是不考慮智商和領悟力，什麼人都往裡收，不僅不容易管理還會影響革命團隊的凝聚力。但在客觀上，這些奇特制度的確對那些被拒絕加入兄弟會的普通民眾的自尊心帶來了很深的傷害，畢達哥拉斯兄弟會在不知不覺中自我孤立，這在那個「水可載舟，亦可覆舟」的年代是一個非常

危險的訊號。

　　在那些被拒絕入會的申請者中，有個叫西隆（Cylon）的年輕人，自命不凡，他對自己被拒絕一事耿耿於懷，決定報復。但報復也是需要等待時機的，許多年之後，西隆終於等來了機會。

　　西元前 510 年，在第 67 屆希臘奧林匹克運動會舉辦期間，毗鄰克羅頓的城市錫巴里斯（Sybaris）發生了一場軍事政變，政變領導者特里斯（Telys）推翻了前政權並對他們的支持者進行殘酷的鎮壓。不少在政變中受牽連的人士逃到克羅頓尋求庇護，這使得兩座城市之間的關係急轉直下。特里斯發出通告，要求克羅頓將叛逃者引渡回錫巴里斯受審但遭到了拒絕，特里斯大發雷霆，立刻糾集了一支 30 萬人的軍隊進攻克羅頓。

　　大軍壓境，克羅頓軍民並沒有妥協，他們在米洛的領導下組織了 10 萬人的保衛力量抵抗入侵。這是歷史上又一次以少勝多的經典戰役，在米洛卓越的指揮才能的領導下，經過 70 多天的戰鬥，克羅頓軍民獲得了最後的勝利，據說在這場戰役中，畢達哥拉斯兄弟會的成員發揮了強大的作用，進一步鞏固了他們在上層階級中的地位。

　　然而戰爭結束，克羅頓城卻籠罩在一片烏雲之中。改革派提出了一項修訂一個更加民主的憲法的議案，但是遭到了保守派米洛和畢達哥拉斯的否決。改革派惱羞成怒，開始在下層民眾間散布謠言，攻擊畢達哥拉斯和他的學派將會私吞戰爭後獲得的土地和其他戰利品。這個改革派的領導人不是別人，正是許多年前被畢達哥拉斯「羞辱」過的西隆。

　　畢達哥拉斯兄弟會繼續保守著他們的成果和祕密，群眾中的不滿情緒日益高漲，但這絲毫沒有引起米洛和畢達哥拉斯的警惕，他們過分低估了對手的能量。在西隆領導的反對派的持續鼓吹和煽動下，下層民眾心裡的

恐懼、貪慾和妒忌被最終點爆，迅速導致了一場波及全城的暴動。

米洛和畢達哥拉斯們措手不及，他們的家和學校被參與暴動者包圍，所有的門窗都被鎖上以防有人逃走。然後屠殺開始，反對派們使用了火攻，許多畢達哥拉斯的信徒被活活燒死，現場如修羅地獄般恐怖。領導者米洛殺出一條血路逃了出去，畢達哥拉斯和其他一些年輕人也成功逃脫，但是他的學派卻遭到重創，從此元氣大傷。

關於畢達哥拉斯此後的歲月有很多傳聞和猜測，有人說畢達哥拉斯被追兵追上割斷了喉嚨，也有人說畢達哥拉斯逃到另一座城市，禁食 40 天之後自絕於一座神廟。但有西方學者經過考證還是認為畢達哥拉斯死時應在 75 歲左右，因此更為可信的說法是畢達哥拉斯逃到了義大利南部的梅塔波頓（Metapontum，畢達哥拉斯墳墓所在地），於西元前 495 年左右在那裡去世。

不管這些傳聞哪些是真的，畢達哥拉斯和他的學派都為人類留下了一筆寶貴的財富。在數學上，畢達哥拉斯學派運用演繹邏輯證明定理，他們不僅證明了畢達哥拉斯定理，還證明了三角形內角和等於 180 度；他們研究三角形數、正方形數、多角形數、完美數和親和數，還發現了算術平均、幾何平均、調和平均以及比例中項；他們發現了「黃金分割率」等無理數，將人類對數系的認知引領到一個全新的階段。在哲學上，畢達哥拉斯學派提出了「萬物皆數」的思想，主張用數量關係描述自然法則，儘管這個法則非常粗糙，卻邁出了運用數學理論研究物理現象的第一步，為後代學者從事自然科學研究奠定了基礎。

在宗教、音樂、教育和政治領域，畢達哥拉斯學派的成果也都非常豐富，毫不誇張地說，他們在人類文明史上書寫了濃墨重彩的一筆。畢達哥

拉斯的去世使數學界和哲學界失去了一位大英雄，但他的門徒卻因為逃難而開枝散葉，將他的思想傳遍「全球」[020]，畢達哥拉斯親手創立的學派走向一片更為廣闊的天地。

3.6　根號 2 的逆襲

$\sqrt{2}$ 的出生實在很委屈，不僅發現者被沉到了海底，希臘人在很長的一段時間裡壓根就不承認它是一個數。對此，我曾有一個很大的困惑，希臘人非常重視幾何學，儘管已經從具體的實物中把「數」抽象了出來，但純粹的代數學當時還沒有誕生，所有對「數」的研究仍然依賴幾何圖形。$\sqrt{2}$ 作為邊長為 1 的正方形對角線的長度是一個真實得不能再真實的存在，就算找不到合適的整數比來表示，那也是上帝恩賜的禮物，只需要頂禮膜拜一下，然後替它取個酷炫的名字（比如「上帝之數」什麼的）就可以了，為什麼要感到恐慌呢？

你也許立刻就能幫我找到一個答案：畢達哥拉斯的「萬物皆數」在當時占據著思想界的主流，$\sqrt{2}$ 無法用任何正整數的商來表示，它的存在本身就是對權威的極大挑戰，人們不恐慌才怪。

這個答案沒什麼問題，但在這一節裡，我想為大家提供另外一個角度，這個角度剝離了 $\sqrt{2}$ 的代數數屬性，把實數集 $\mathbb{R}$ 的精細結構作為一個整體放到數學發展的歷史長河中來思考，我的結論是：無理數的出現是純粹數學發展的必然要求，即使沒有「萬物皆數」的思想，它依然會讓數學家們感到不可思議。

---

[020]　包括圍繞地中海的北非、西亞、中亞和希臘地區。

先來解釋前半句。

在很長的一段時間裡，數學的發展一直是兩條腿走路，一條腿叫幾何圖形，包括點、線、面、體等各個維度上的幾何形狀；另一條腿叫算術結構，主要是指數字上的加法和乘法運算。一開始的時候，這兩條腿是揉在一起的，幾何圖形的長度、面積和體積的計算離不開算術方法，自然數各種數論性質的推導也需要藉助幾何形狀，畢達哥拉斯學派對三角形數和正方形數的研究就是很好的例子。這種「我中有你，你中有我」的研究狀態到達高峰的象徵是畢達哥拉斯定理的證明。

很快，幾何與算術有了分道揚鑣的跡象，西元前 3 世紀成書的《幾何原本》是歐幾里得的巔峰之作，也是整個古希臘數學的最高成就。在《幾何原本》中，幾何命題的證明首次系統地被納入公理化體系，幾何性狀的研究和幾何圖形間相互關係的考量取代了實用性的計算成為幾何學的核心；數論性質的推導也有了純粹的代數方法，歐幾里得明確了算術基本定理，首次用反證法證明了質數有無窮多個，前一節中提到的 $\sqrt{2}$ 不是有理數的證明也屬於他。隨後，「0」和負數以及代數符號的發明使得算術進入一個快速的發展時期，逐漸發展出一門獨立的數學分支 —— 代數學。

幾何與代數的再次融合要歸功於法國哲學家和數學家笛卡兒 (Descartes)，他引入了坐標系的概念，開創了解析幾何的時代。藉助解析幾何的語言，人們能夠使用代數表示式去精細地研究幾何性狀，這時「函數」的概念若隱若現，幾何學的重心開始轉向分析。在一系列天文學和社會生產實際問題的刺激下，數學朝著微積分的發明一路狂奔。

現在，重點來了，整個 18 世紀是微積分學空前的繁榮期，人們依賴微積分的方法解決了大量的實際問題，然而你可能不會想到，整個微積分

學的基礎此時就繫於一根小小的數軸之上，人們對定義在這根數軸之上的函數加減乘除，求導求積，卻沒有任何一個人說清楚這根數軸的算術基礎到底是怎樣的！

什麼意思呢？就是說我們一直把實數集等同於一根數軸，但是實數集裡的元素長什麼樣？如何運算？這些基本的事情從數軸上根本就看不出來。數學家戴德金曾有過一個非常有趣的評價：人們（對數軸的算術基礎缺乏認識，以至於）連 $\sqrt{2} \times \sqrt{3} = \sqrt{6}$ 這樣的基本事情都沒有嚴格證明過。

千萬不要認為這是在吹毛求疵，實數軸上的分析學要想具有嚴格的數學基礎這是無法繞開的關口。在攻克它之前，諸如戴德金所指出的隨意性對微積分的建立和發展帶來了邏輯上極大的困擾，因為算術基礎說不清楚，「收斂」這個概念就說不清楚；「收斂」說不清楚，「極限」就說不清楚；「極限」說不清楚，「連續性」就說不清楚。「連續性」都說不清楚，微積分就猶如行走在棉花糖上的小怪獸，說不定什麼時候就掉下去了。

當時的數學家們對待此類問題的唯一辦法大概就是依靠所謂的「幾何直覺」，於是微積分學裡充斥著「任意小」、「無限接近」、「光滑地變化」等含糊不清的表述。你還不要笑話他們，如果你翻開現在的高中數學課本，你會發現裡面的表述和兩百多年前是一樣一樣的，處女座的寶寶苦啊……

難道數學家們就不想著補補 bug 嗎？

不好意思，他們還真沒怎麼想過。主要原因就在於微積分實在是太好用了，無論是數學、物理學，還是天文學，所有以前解決不了的問題似乎在用了微積分之後都能夠手起刀落，迎刃而解。因此，雖然邏輯上有顧忌，但終究沒有抵擋住現實中的強大誘惑，數學家們忙著攫取更大的成果，基本問題就被丟到一邊去了。法國人達朗貝爾（D'Alembert）是 18 世

紀少有的幾個能分得清收斂級數和發散級數的數學家，就連他都曾說過一句名言：向前進，你就會產生信心！

但有一件事情的發生，讓這種信心逐漸降到了冰點，那就是非歐幾何的發明。

對現代物理學比較感興趣的同學大概知道非歐幾何是廣義相對論的數學基礎，愛因斯坦在很多數學家朋友的幫助下為自己的理論搭建了一個良好的幾何框架。我們先不討論非歐幾何的數學內容，你只需要知道它跟歐幾里得時代發展起來的幾何學有著本質上的不同，在非歐幾何裡，三角形的內角和還不一定等於 180 度呢。

非歐幾何的發明使得數學的發展失去了以往常用的「幾何直覺」，你所看到的真實世界和你預設使用的數學概念之間可能相差了十萬八千里遠，「無窮大」就是一個最好的例子，大數學家尤拉（Euler）至死都還認為 $\frac{2}{0}$ 是 $\frac{1}{0}$ 的兩倍。

數學家們的後背涼颼颼的，再不去補算術基礎，他們所創造的一切成果都要失去合法的地位，這是一千多年逐漸成長起來的數學的精確主義所不能容忍的。於是，實數系，特別是無理數的定義與構造就變得刻不容緩。無理數的出現事實上就是純粹數學發展的必然要求。

那無理數的出現為何會令數學家們感到恐慌和不可思議呢？

這裡需要講解多一點數學知識，我們從自然數集合的算術結構說起。

自然數集合中的 1，2，3，4，……計數數是從具體實物中抽象出來的數字符號，理解起來沒有任何困難，我們幾乎是從幼兒時期開始就被這種實物與數字的聯想訓練數學思維和感覺。而自然數集合上有兩種最基本的運算，也是從一開始就進入到我們的視野，一種是加法，另一種是乘法。

加法和乘法的運算規律有著完全現實的意義，你無須考慮別的方式給出定義。例如「1 + 1 = 2」和「3 + 5 = 8」，你只需要伸出十個手指頭來擺弄一下就能明白「加法」的含義。乘法也一樣，「2×3 = 6」和「5×8 = 40」不過是展現了若干個加法的複合運算。

從結構的角度來說，有一件事情是你應該注意到的，計數數的集合對於加法和乘法這兩種運算都是封閉的。什麼意思呢？就是說不管你對計數數實施了多少次加法或者乘法，最終得到的結果依然在計數數這個集合之內。這種封閉性對於數學法則的歸納和刻劃往往有著非常重要的作用。不僅如此，你還會發現計數數集合中有一個元素「1」，對於乘法運算有著特殊的意義，那就是「1」與所有計數數相乘都等於這個計數數本身，我們給它一個名稱，叫做計數數集合關於乘法運算的「單位元素」。

乘法單位元素在計數數集合中是唯一的，假如還有另外一個計數數 m 具有跟「1」同樣的性質，我們會立即得到 $m = m \times 1 = 1$。這時候，一個有趣的問題就自然產生了：對任何一個計數數 m，是否存在另一個計數數 n 使得 $m \times n = 1$？換句話說，計數數集合中的元素關於乘法是否存在「可逆元素」？可逆元素的存在能夠使很多算術問題得到簡化，所以這個問題很重要，但你的反應猜想跟我一樣：這怎麼可能？除了「1」以外，計數數集合中哪個元素都不會有乘法反元素！

你的判斷是對的，計數數集合已經無法承載乘法可逆元素的存在性要求了，我們必須人為地擴大集合的範圍以便形式上的乘法可逆元素存在。於是，分數出現了，任一個計數數 m 的乘法可逆元素就是 $\dfrac{1}{m}$，而 $\dfrac{n}{m}$ 則可以理解為 $n \times \dfrac{1}{m}$。這些分數在計數數集合的基礎上形成了一個新的數集，可以稱為計數分數集，這個集合不僅對乘法封閉 $\dfrac{n}{m} \cdot \dfrac{p}{q} = \dfrac{np}{mq}$，而且每個元素都有乘法反元素。

　　再來看加法，很不走運，計數數集合中並不存在關於加法運算的單位元素，因為任何兩個計數數相加都會得到一個更大的數，$m+n$ 是永遠不會等於 m 或者 n 的。既然加法單位元素不存在，加法可逆元素也就沒有了意義，計數數集合對於加法結構而言實在是貧窮得可憐。那我們能像乘法一樣，擴充計數數的集合使其也包含加法單位元素和可逆元素嗎？

　　你大概已經想到「0」和「負數」了，沒錯，「0」就是計數數的加法單位元素而「負數」就是計數數的加法反元素，因為「0」加上任何計數數 m 等於 m 本身，而對任何一個計數數 m，我們有 $m+(-m)=0$。為了與乘法結構相搭配（都包含單位元素），我們通常把「0」也納入計數數的範圍之內，統稱為自然數，這就是自然數集合也包含「0」的原因。

　　當然，「0」和「負數」的出現比計數數要晚得多，雖然它們的發明者不一定會從算術結構上考慮問題，但「0」和「負數」的出現在根本上也是一種必然。

　　現在讓我們來整理一下從計數數集合衍生出來的新數種：自然數 —— 計數數加上「0」；整數 —— 自然數加上「負數」；有理數 —— 整數加上乘法反元素。計數數上的加法和乘法可以順利地推廣到這些新數種之上，唯一不平凡的是如何定義加法反元素的乘法和乘法反元素的加法。

　　這時我們需要遵循兩條基本的原則：一是「0」與任何數相乘都等於「0」；二是計數數上加法和乘法滿足的交換律、結合律和分配律（$m+n$) $\cdot k = m \cdot k + n \times k$ 在新數種上也應該得到滿足。相信這兩條原則你應該不會有什麼意見，在它們的保證下，加法反元素的乘法和乘法反元素的加法沒有別的選擇，分別定義為 $(-m) \times (-n) = mn$ 和 $\frac{1}{m} + \frac{1}{n} = \frac{n+m}{mn}$。

至於為什麼會這樣？大家不妨動動腦筋嘗試一下自行推導，你將充分領略到數學邏輯的神奇和美妙[021]。

從算術結構的角度看，我們最終得到的有理數集合已經相當完整了，因為全體有理數對於有限次的加、減、乘、除四則運算都是封閉的，如果不是出於公度單位正方形對角線的需求，恐怕無理數壓根就沒有出現的必要了。

你也許會問：加入一種新的運算如何，比如開平方？畢竟 $\sqrt{2}$ 就是整數 2 開平方開出來的嘛。

對此我的回答是：想法很豐滿，現實很骨感，有理數經過有限次的加、減、乘、除加上開平方運算並不能生成所有的無理數，甚至都不能生成所有的代數數（稍後會看到），所以從這個角度來解讀無理數的誕生並不恰當。那無理數究竟會如何產生，人們又為何要對此感到恐慌和不可思議呢？

數學家大概是這個星球上最擅長開腦洞的人群，他們一不小心，把「有理數集對有限次的加、減、乘、除四則運算都封閉」裡的「有限」改成了「無窮」。

這一改，天下大亂。

3.7 腦洞

第一個開此腦洞的人已經很難具體考證，但給數學界帶來了深刻影響的，是法國數學家韋達（Viète）。這個人充分地值得大家拜一拜，因為他

---

[021] 答案參見附錄。

的名字還有一個拉丁文版本：Vieta，描述多項式方程式的根與係數關係的
韋達定理就出自他的手筆。

韋達於西元 1593 年發現了一個非常神奇的公式

$$\frac{2}{\pi} = \frac{\sqrt{2}}{2} \times \frac{\sqrt{2+\sqrt{2}}}{2} \times \frac{\sqrt{2+\sqrt{2+\sqrt{2}}}}{2} \times \cdots$$

第一次看到這個公式時我差點驚成雙下巴，我的天，他是怎麼想到
的？想必在當時，大多數人都跟我有同樣的想法。韋達的公式就如同一枚
水中引爆的核彈，在數學界掀起了滔天巨浪，因為它是歷史上第一個計算
圓周率的精確表示式，如果你高興的話，用不著學習什麼「割圓術」，現
在就可以拿起計算機來試一試 [022]。

韋達發現的這個公式既美妙又神奇，它真正神奇的地方不在於整個公
式中只出現了 π 和整數 2，而在於末尾那個招人嫌棄的省略號。它的意思
是：雖然我是個明明白白計算 π 的公式，但你就是不可能在有限步之內完
成計算，無論你多麼努力，你的女神依然是個看得見摸不到的東西……

想想真是一副欠打的表情。

嫌棄歸嫌棄，我們還是要對這個公式頂禮膜拜，因為對於計算 π 的精
確值，這種方法具有理論上的開創意義。然而這也並非我舉這個例子的真
正原因，真正的原因在於我們從有理數（整數 2）出發，透過無限次的加、
減、乘、除和開平方運算得到了一個無理數（圓周率 π）。在這裡，「無窮」
這個幽靈又出現了，有理數集合被它撕開了一道大口子，再也無法保持自
身的封閉性。

當然，你肯定會質疑，撕開口子的事，開平方運算已經做了，跟「無

---

[022]　這個公式的推導事實上也來自「窮竭法」。

窮」沒什麼關係，$\sqrt{2}$ 本身就是一個無理數。

非常好，這個質疑很有力量，準確地說，韋達的公式並不是打破有理數集四則運算封閉性的絕佳例子，下面這個才是：

$$\frac{\pi}{2} = \frac{2 \times 2}{1 \times 3} \times \frac{4 \times 4}{3 \times 5} \times \frac{6 \times 6}{5 \times 7} \times \cdots$$

怎麼樣，是不是張大了嘴巴再次大吃一驚？這些數學家的腦子簡直是太神奇了。此公式於西元 1650 年由英國數學家沃利斯（Wallis）發現，它的表示式中已經沒有了開平方運算，「無窮」次運算會打破有理數集四則運算的封閉性成為一個不爭的事實。

順便提一句，現在數學界通用的「無窮」符號「∞」就是這個沃利斯發明的。

當然，不光是 π，其他無理數也可以透過有理數的無窮次加、減、乘、除運算來表達，比較出名的有

$$\frac{\sqrt{5}-1}{2} = \cfrac{1}{1+\cfrac{1}{1+\cfrac{1}{1+\ddots}}}$$

和

$$\sqrt{2} = 1 + \cfrac{1}{2+\cfrac{1}{2+\cfrac{1}{2+\cfrac{1}{2+\ddots}}}}$$

這裡的 $\frac{\sqrt{5}-1}{2}$ 就是我們通常說的黃金分割率，它是邊長為 1 的正五邊形對角線長度的倒數，約等於 0.618。而上面的寫法則是數論研究中一

種非常重要的表示數的方法，江湖人稱連分數。

如果你對無窮乘積不太感興趣的話，僅用有理數的加法運算（無窮求和）也可以構造無理數。

西元 1671 年，蘇格蘭人格雷戈里（Gregory）發現了下面這個級數

$$\frac{\pi}{4} = 1 - \frac{1}{3} + \frac{1}{5} - \frac{1}{7} + \cdots$$

比沃利斯的公式更加簡潔，而萊布尼茲（Leibniz）也於西元 1674 年獨立地得到了同樣的結果。此外，尤拉於西元 1748 年發現了關於自然底數 e 的無窮級數

$$e = 1 + \frac{1}{1!} + \frac{1}{2!} + \frac{1}{3!} + \cdots$$

至此，例子已經足夠多了，這些表示式的存在充分說明了我們的結論（重要的事情說三遍）：有理數集合對有限次的加、減、乘、除四則運算封閉，但一旦把「有限」改為「無窮」，我們就將到達另外一片廣闊的天地，無理數因此誕生。

不要以為我只是拿了些特例糊弄你，事實上所有的無理數都可以透過這種方式產生，無一例外。然而在 19 世紀之前，人們對「無窮」概念的理解還處於混沌不清的狀態，計算無窮級數的公式雖然如雨後春筍般層出不窮，但這些公式中等號的含義還是非常粗糙的，甚至還出現過一些相當荒謬的結論，比如

$$1 - 1 + 1 - 1 + 1 - 1 + \cdots = \frac{1}{2}$$

數學家們對此感到恐慌和不安完全可以理解，分析學的嚴密化不能再拖了。

3.8　極限是怎樣煉成的

第一個系統研究無窮級數收斂性問題的數學家是法國人奧古斯丁 - 路易‧柯西（Cauchy），還在念高中的同學對這個名字可能沒什麼印象，但上了大學的朋友對此人就該「恨得牙癢」了，高等數學裡充斥著大量以柯西命名的公式、定理和方法，有人開玩笑說：應該把柯西的畫像裱起來掛在牆上，每次高數考試前上香拜一拜，可以永保安康！

柯西的數學天賦毋庸置疑，據說法國數學名家拉格朗日（Lagrange，出生於義大利杜林）曾經告誡柯西的父親，17 歲之前不要讓他讀任何數學書籍，以免扼殺了這個小男孩的天才……這句話讓我立刻想起了一個武俠小說裡經常出現的場景，武林高手遇到一個骨骼精奇、天賦異稟的兒童，力勸他不要過早接觸武功招式，以免耽誤了上乘內功心法的修煉。

當然，這種想法純屬個人臆測，另有說法認為拉格朗日看到年少的小柯西身材單薄，營養不良，怕他用腦過度，提前掛了，所以才不讓他學數學……不管怎樣，拉格朗日非常愛才惜才，聯想到我們現在的數學教育是幼兒園學小學內容，小學學國中內容，高中還是學高中內容（一切為了大學入學考），不知道有多少對數學敏感的小天才活生生地被現實磨成了平庸之人。

柯西是幸運的，他沒有辜負拉格朗日的期待，終於成長為數學上的一代大家。他的學術生涯創作才能極為充沛，是史上最多產的幾位數學家之一，相傳法國科學院的院刊為了替柯西的工作騰地方，規定其他學者提交論文的篇幅不能超過 4 頁。這倒不是科學院故意打壓其他人，而是因為柯西實在太猛了。難得的是柯西並非隨意灌水，他的幾乎每一篇文章都充滿

了技巧和新意，不知道其他數學家有沒有一種生不逢時的感覺。

有意思的是，這個無厘頭的規定直到現在還依然被保留，不少數學家有了不錯的研究成果後都先在這個刊物上發表一個概要，篇幅較長的完整版再投給別的雜誌。搞得我剛剛進入學術圈的時候非常困惑，為什麼描述同一個結果的論文可以投給不同的雜誌還都同時計入 SCI 論文篇數呢？原來「罪魁禍首」就是柯西啊。

柯西的大部分工作都相當深刻，但我認為影響最大的依然是他對分析學嚴密化所做的貢獻，儘管他的許多定義和論證喜歡用文字的方式來描述（猜想也是沒有辦法），而嚴格的數學表達要歸功於現代分析學之父魏爾施特拉斯，但大家依然注意到了柯西的工作，事實上已經清楚地顯示出他對於收斂與極限問題的處理方式具有了魏爾施特拉斯工作的雛形。

現在，讓我們再次請出阿基里斯和烏龜，看看那個令無限可分派歡欣鼓舞的無窮級數

$$10 + 1 + \frac{1}{10} + \frac{1}{10^2} + \cdots + \frac{1}{10^n} + \cdots = \frac{100}{9}$$

究竟隱藏了怎樣的祕密。阿基里斯不要鬱悶啦，馬上就來幫你平反。

如果從來沒有接受過高等數學的訓練，面對一個無窮級數我們最先想到的問題會是什麼？我想無外乎兩個：一是無窮多個數相加是什麼意思？二是無窮級數等於一個數應該如何理解？在數學上，第一個問題的答案叫「收斂」，第二個問題的答案叫「極限」。

最霸氣的想法就是：把所有的數都加在一塊……聽著好有道理，但數學家很快發現這句話說了跟沒說一樣，因為它既不具備現實的可操作性又沒有數學上的明確含義，即使我們面對的是「最小」的無窮集合 —— 可數

集,裡面的元素可以一個一個的排列出來以便我們按順序將它們一一相加,這個過程也不會有終點,不管你按了多少次計算機,剩下需要相加的元素依然有無窮多個,從這個角度來說,你甚至都不知道自己是否越來越接近事情的真相。

更可怕的是,這種過於霸氣的想法會導致人們對無窮級數施行種種想當然的非法操作,例如

$$1 - 1 + 1 - 1 + 1 - 1 + \cdots$$

既可以等於

$$(1 - 1) + (1 - 1) + (1 - 1) + \cdots = 0 + 0 + 0 + \cdots = 0,$$

又可以等於

$$1 + (-1 + 1) + (-1 + 1) + \cdots = 1 + 0 + 0 + \cdots = 1,$$

人們在應用無窮級數的運算法則上毫無顧忌,一片混亂。

因此我們必須拋開固有的直覺印象,在數學中尋找無窮級數的精確含義,並賦予它嚴格的數學表達。

數學家邁出的第一步是把無窮級數在每一個加號處截斷,比如對一個無窮級數

$$\sum_{k=0}^{\infty} u_k := u_0 + u_1 + u_2 + \cdots + u_k + \cdots$$

和任意自然數 $n \geq 0$,我們定義前 n 項和為

$$S_n = u_0 + u_1 + u_2 + \cdots + u_{n-1}$$

稱為級數的部分和。

　　級數的部分和是一些明白無誤的數，因為每一個部分和都是由有限個
數相加得來的，而有限個數相加無論在現實操作上還是在數學意義上都十
分明確，沒有問題，問題是如何利用這些部分和的變化趨勢來刻劃整個級
數的運算結果，這是從有限過渡到無窮的關鍵一步。

　　合乎邏輯的想法是當這些部分和 S_n 隨著 n 的增大越來越接近某一個
固定的數 S 時，這個固定的數 S 就可以當成整個無窮求和過程的結果。

　　數學家們一開始也確實是這麼做的，雖然「越來越接近」這樣的表述
依然很不數學，但他們確實走在了正確的道路上，因為部分和 S_n 的明確
提出杜絕了以往人們胡亂合併求和項、胡亂交換求和順序的耍流氓行為，
今後再談論一個無窮級數，順序就是一個不能隨意變更的要素。

　　柯西的工作進一步明確了前輩們口中「越來越接近」的數學含義：對
充分大的 n，$S_n - S$ 的絕對值小於任何指定的量。至於什麼是「充分大的
n」，什麼是「任何指定的量」，柯西在概念的定義上其實也打了馬虎眼，
但這個表述的確向人們提示了一個數學上明確做出判斷的方法，今天數學
界所通行的「收斂」和「極限」概念，就是在這個表述的基礎上精確化而
來的。

　　採用魏爾施特拉斯的語言，柯西的思想可以表述為：對任意實數 $\varepsilon >
0$，存在自然數 N，使得不等式 $|S_n - S| < \varepsilon$ 對一切 $n > N$ 成立。此時 S
就稱為數列 $\{S_n\}$ 的極限，記為 $\lim_{n \to \infty} S_n = S$，而級數 $\sum_{k=0}^{\infty} u_k$ 稱為收斂
級數，其和為 S。若不存在滿足上述條件的 S，則稱 $\sum_{k=0}^{\infty} u_k$ 是一個發散
級數。

　　這就是著名的 $\varepsilon - N$ 語言，引無數學子競折腰啊，作為高等數學開門
第一課就要學習的內容，它在現代數學中的地位毋庸置疑。

回到級數 $10 + 1 + \frac{1}{10} + \frac{1}{10^2} + \cdots + \frac{1}{10^n} + \cdots$ 上，它的部分和 $S_n = 10 + 1 + \frac{1}{10} + \frac{1}{10^2} + \cdots + \frac{1}{10^{n-2}}$。不難發現這是一個等比數列求和問題，是高中數學裡的常客，我們可以立即算出通項

$$S_n = \frac{10 \times (1 - \frac{1}{10^n})}{1 - \frac{1}{10}} = \frac{100}{9} \times (1 - \frac{1}{10^n})$$

當 $n \to \infty$ 時，它的極限就是 $\frac{100}{9}$，因為 $|S_n - S| = \frac{100}{9} \times \frac{1}{10^n}$，對任意的實數 $\varepsilon > 0$，只要取定 N 為一個大於 $\log_{10} \frac{100}{9\varepsilon}$ 的自然數，就知道當 $n > N$ 時，

$$|S_n - S| = \frac{100}{9} \times \frac{1}{10^n} < \frac{100}{9} \times \frac{1}{10^N} < \frac{100}{9} \times \frac{9\varepsilon}{100} = \varepsilon$$

根據定義我們就證明了 $\{S_n\}$ 以 S 為極限。

一般而言，N 的選取依賴給定的實數 $\varepsilon > 0$，ε 越小，N 就必須越大，這很符合人們思考極限問題的最初想法：要想越接近無窮求和的最終結果，就必須計算足夠多的求和項。

但值得一提的是，數列 $\{S_n\}$ 以 S 為極限並不意味著 $|S_n - S|$ 隨著 n 的增大單調遞減，這是初學者常常產生誤會的地方。舉個例子，數列 $\left\{ S_n = \frac{1}{n+1} \sin\left[(n+1) \frac{\pi}{2} \right] \right\}$ 以 0 為極限，但 $|S_n|$ 就不是單調遞減的，因為

$$|S_n| = \begin{cases} \frac{1}{n+1}, & n \text{ 為偶數} \\ 0, & n \text{ 為奇數} \end{cases}$$

隨著 n 的增大，$|S_n|$ 中將交替出現 0 和越來越小的正數。柯西和魏爾施特拉斯的工作為澄清極限問題設計了精準的數學表達，此後人們在處理分析學問題時就有了堅實的邏輯基礎，阿基里斯也可以安心比賽，再也不用感到困惑了。

由等比數列構造的無窮級數在數學上十分常見，它們有一個專屬的名稱，叫做幾何級數。幾何級數的一般形式為 $\sum_{k=0}^{\infty} a\,q^k$，其中 a 為首項，q 為公比。其實人們很早就知道它的形式和為 $\dfrac{a}{1-q}$，只不過沒有明確它的適用範圍 $-1 < q < 1$，當 $|q| \geq 1$ 且 $a \neq 0$ 時，幾何級數 $\sum_{k=0}^{\infty} a\,q^k$ 事實上是一個發散級數，和是不存在的。

當然在柯西和魏爾施特拉斯之前，人們並不清楚這一點，就連號稱分析學化身的尤拉也鬧過笑話，他一直以為級數 $1-1+1-1+1-1+\cdots$ 的和是 $\dfrac{1}{2}$，因為這是一個首項為 1，公比為 -1 的幾何級數（這種事情尤拉做得不少……）。

柯西和魏爾施特拉斯對於「級數收斂」的定義澄清了這些似是而非的概念和結論。但是，他們所選擇的表達方式也並非包打天下、完美無缺，在邏輯上，他們的收斂定義有一個小小的「瑕疵」：你不能在不知道極限是什麼的情況下判斷級數收斂。

這句話有點繞，大意就是你能用 $\varepsilon - N$ 語言證明一個數 S「是」或者「不是」某個級數 $\sum_{k=0}^{\infty} u_k$ 的和，但你不能脫離了 S 單獨討論 $\sum_{k=0}^{\infty} u_k$ 的收斂性。在把一個無窮級數的和真正求出來之前，你大多時候無法確定這個級數是否收斂。這實在是一個極大的不便，而更為嚴重的是，它有可能讓你在試圖構造實數系時陷入一個循環定義的尷尬境地（下一節會看到）。

所以，下面這個由柯西提出來的「收斂準則」就像救命稻草一般重要了。

柯西收斂準則：無窮級數 $\sum_{k=0}^{\infty} u_k$ 收斂，當且僅當，對任意 $\varepsilon > 0$，存在自然數 N，使得不等式

$$|S_m - S_n| < \varepsilon$$

對一切 $m > n > N$ 成立。

這個結論說明我們在判斷一個無窮級數是否收斂時可以僅僅依賴級數本身，而不再需要去尋找一個潛在的極限，這讓人們心裡的一塊大石頭落了地。但頗為搞笑的是，柯西只證明了「準則」的必要性，充分性他證明不了，因為對於實數系的某些性質柯西自己也不是很清楚。

真是尷尬啊，這個 bug 又要留給後人來修補了……

3.9　實數軸的重生

現在，我們終於回到了康托爾的桌前，他凝視著柯西的文稿，不由自主地思索著：確保分析學的嚴密性已經成為共識，實數軸的算術基礎非補不可，但究竟該如何刻劃實數系的精細結構呢？在康托爾看來，從畢達哥拉斯時代開始發展起來的有理數理論早已經完備了，構造實數系的難點無疑在於無理數的定義。

這方面走在前列的數學家有法國人梅雷（Méray），此人是法國數學界擁護數學算術化的改革先鋒，他於西元 1869 年給出了無理數的一個算術理論，可惜當時法國的主流數學家對這一套不感興趣。緊接著在西元 1871 年，德國人戴德金給出了一種不同的處理方法，這種方法的思想最早可以

追溯到歐幾里得的《幾何原本》，現在已經被普遍接受為實數系構造的經典方式，名曰戴德金分割，相信大多數的數學教材在附錄中都會提到。

康托爾被柯西的工作深深吸引，他希望在此基礎上給出另一種無理數的定義方式。這種方式以收斂數列本身代替極限，更加具有普遍推廣的意義，後來的數學發展證明了這一點，具有「度量」結構的拓撲空間基本上都可以採用這套方法來進行完備化。但仔細想來，康托爾的理論也沒有什麼玄妙之處，它幾乎是分析學從開創、發展、繁榮到嚴密化程序一路走來所必然要發生的事情，用一句俗氣的話來說：康托爾是站在了巨人的肩膀上。

傳承，也許不是一個特別貼切的用詞，但任何科學的發展都是這個樣子。

為了理解康托爾的理論，我們先把無窮級數的「收斂」概念翻譯成數列的「收斂」概念。

其實無窮級數和數列之間可以相互轉化，我們在上一節裡已經看到了其中的一個方向：任給一個無窮級數 $\sum_{k=0}^{\infty} u_k$，它的部分和構成了一個數列 $\{S_n\}$。反過來，任給一個數列 $\{a_n\}$，定義 $u_0 = a_0$，$u_1 = a_1 - a_0$，…，$u_k = a_k - a_{k-1}$，…，我們就得到了一個無窮級數 $\sum_{k=0}^{\infty} u_k$，它的部分和恰好為 $S_n = a_n$。於是數列收斂的概念可以按照如下的方式給出定義：

若對任意 $\varepsilon > 0$，存在自然數 N，使得不等式 $|a_n - a| < \varepsilon$ 對一切 $n > N$ 成立，則稱數列 $\{a_n\}$ 以 a 為極限，或稱當 $n \to \infty$ 時，數列 $\{a_n\}$ 收斂到 a，記為 $\lim_{n\to\infty} a_n = a$。

事實上，以我們一貫推崇的觀點來看，我們是在全體無窮級陣列成的

集合與全體數列組成的集合之間建構了一個一一映射，這個一一映射使得我們可以不加區別地談論兩個不同集合上的收斂概念。

在有了極限概念之後，所有引進無理數的人無不採用這樣一種表述：無理數是一個以有理數為項（但不收斂到有理數）的無窮序列的極限。然而，正如我們在上一節所預告的那樣，他們不小心掉進一個循環定義的陷阱，一個以有理數為項的數列的極限，假如是個無理數的話，在邏輯上是不存在的，因為無理數此時還沒有定義。

因此，康托爾在定義無理數時，採用了數列版本的柯西收斂準則，這使得他可以脫離具體的極限來談論數列的收斂性質。康托爾從有理數集出發，定義了一種「基本序列」，每一個「基本序列」$\{a_n\}$ 都由有理數構成，並且滿足條件：對任意有理數 $\varepsilon > 0$，存在自然數 N，使得不等式

$$|a_m - a_n| < \varepsilon$$

對一切 $m > n > N$ 成立。這樣的「基本序列」當然很多，它們構成了一個集合，記為 Λ。

要想最終構造實數系，光有集合 Λ 還不夠，還需要考慮 Λ 上的等價關係。

等價關係在數學中的應用非常廣泛，在許多重要的概念裡都會出現它的身影。粗略地講，等價關係提供了「物以類聚，人以群分」的法則。由於相互等價的數學對象可以被當成同一個東西來處理，數學家們更關心的其實是數學物件按照某種等價關係劃分之後的世界，這在數學裡被稱為分類問題，純粹數學中大多數領域內的核心問題都是分類問題。

那究竟什麼是等價關係呢？很簡單，它是集合 S 上的一個二元關係～，滿足下面三個條件：

（1）反身性（reflexivity）：集合 S 中的每一個元素 a 都與其自身等價，即 $a \sim a$。

（2）對稱性（symmetry）：若集合 S 中的元素 a 與 b 等價，則 b 與 a 等價，即 $a \sim b \Rightarrow b \sim a$。

（3）傳遞性（transitivity）：若 $a \sim b$ 且 $b \sim c$，則 $a \sim c$。

根據這三個性質，當你在某個集合裡引入一個等價關係之後，這個集合中的元素會自動抱團，分化成許多個互不相交的子集，每一個子集稱為一個等價類，整個集合就是所有等價類的無交併。

第一次接觸這種抽象結構，如果不舉例子，恐怕你很難消化。不妨想像一下，在你們班上所有男生組成的集合裡引入一個叫做「情敵」的等價關係：男生 A 與男生 B 等價，如果他們都喜歡同一個女生。這是一個嚴格意義上的等價關係，你可以證明它滿足上面列出的三個條件，比如傳遞性，張三和李四如果喜歡同一個女孩，李四又和王二麻子喜歡同一個女孩，那張三喜歡的和王二麻子喜歡的自然是同一個女孩。如此一來，你們班所有男生立刻在這個等價關係的引導下劃分成若干個陣營，每個陣營裡的男生都有一個共同的女神。在這種劃分之下，不同陣營裡的男生尚可以稱兄道弟，同一個陣營裡的男生就要相互對立了。

怎麼？你問我一個男生同時喜歡兩個女生怎麼辦？

……拖出去！

現在，考慮所有「基本序列」構成的集合 Λ，康托爾引進了一個等價關係 $\sim$，兩個基本序列 $\{a_n\}$ 與 $\{b_n\}$ 等價，當且僅當數列 $\{a_n - b_n\}$ 收斂到 0。大家不妨驗證一下這確實滿足上面提到的三個性質（證明傳遞性用到三角不等式 $a_n - c_n = a_n - b_n + b_n - c_n \leq a_n - b_n + b_n - c_n$），於是整個 Λ 分

成了很多個等價類，這些等價類組成了一個新的集合 $\frac{\Lambda}{\sim}$（稱為商集），康托爾定義實數集 $\mathbb{R}$ 就等於商集 $\frac{\Lambda}{\sim}$。至於為什麼這樣定義，大家也很容易想明白，兩個不同的基本序列若是收斂到同一個極限，它們代表的其實就是同一個實數。

接下來，有理數集 $\mathbb{Q}$ 到實數集 $\mathbb{R}$ 有一個自然的單射，此映射把任一個有理數 a 映到數列 $\{a_n\}$，其中 $\{a_n\}$ 裡的每一項都等於 a。於是有理數集 $\mathbb{Q}$ 可以看成新的數種實數集 $\mathbb{R}$ 的一部分，剩下的那些不以有理數為極限的「基本序列」所在的等價類就被定義成無理數。比如說，根據無窮級數或是連分數的表示式，你能夠很容易看出 π 實際上就是基本序列 $\left\{4, \frac{8}{3}, \frac{52}{15}, \frac{304}{105}, \cdots\right\}$ 所在的等價類，而 $\sqrt{2}$ 就是基本序列 $\left\{1, \frac{3}{2}, \frac{7}{5}, \frac{17}{12}, \cdots\right\}$ 所在的等價類。

這樣定義出來的實數集合滿足我們認知中所有實數應該具有的性質，任意兩個實數不僅可以比較大小，還可以定義加、減、乘、除四則運算。當然，其中不少細節需要嚴格地表述，我把它們留給讀者，因為這是一道很好的思考題。

到目前為止，完善實數軸的算術基礎還差最後一步，那就是在數軸與實數集 $\mathbb{R}$ 之間建立一一對應，一旦完成了這個步驟，分析學的基礎就真正牢固了。

首先，我們取定一個單位長度，將所有整數在數軸上標注出來。整數的位置確定後，有理數在數軸上的位置也可以確定，因為每一個有理數都是某兩個整數的商。接下來，利用有理數在數軸上的稠密性，把數軸上的每一點用一個有理數集中的基本序列來表示，這樣我們就建構了一個從數軸到實數集 $\mathbb{R}$ 的映射 ø。容易證明，ø 是一個單射，任何兩個不同的點所對應的有

理數基本序列一定不等價，但 ø 是滿射就有點奇怪了，它看起來是那麼的明顯，卻在已知的數學框架內說不出個所以然（尷尬中⋯⋯）。不過不用擔心，對付這種怪咖，數學家也有辦法，他們把它當成公理，不證自明。

對每一個有理數集中的基本序列，數軸上都有一個點與之對應，康托爾是把它作為一條公理提出來的，意為實數集是一個連續統。因而這條公理又被稱為康托爾公理，有了它的保證，ø 就是一個一一映射，於是數軸與實數集 $\mathbb{R}$ 之間就有了一一對應。

數學家們偷偷抹了把汗：真是不容易啊，以後終於可以放心大膽地使用實數軸的概念了。

這可真是一個想像一下都會令人發笑的場景，可是誰又曾想到，要理解我們在孩提時期就被灌輸的這樣一個小小的實數軸概念，數學家們居然經歷了如此多的困難和波折。科學永遠不像我們想像的那樣天生麗質，只有勇於探索的科學精神才真正完美無瑕。

至此，無窮集合與構造實數系的故事就要告一段落了。花了好長的篇幅，費了好大的勁，我們似乎在說一件沒那麼要緊的事，因為如果你不是恰好進入到大學裡的數學系，這些內容書本裡不會強調，課堂上不會關心，考試中也不曾展現。但對於一個真正試圖理解數學的人，這段故事所帶來的啟示是無可比擬的。

有不少人相信：數學是一套神祕的自然法則，之所以難以理解，是因為上帝用最艱深、晦澀的語言將它刻在了堅硬的石頭縫隙之中。但事實並非如此，數學不是一個高傲冷酷的女神，靜靜地待在角落，等待著你去發現，它是由一群有著熱血、理想和智慧的人，所共同打造出的精神家園。

因此，數學充滿了生命的力量，它歷久彌新，長盛不衰。

第4章
魔法傳奇

4.1 進擊的函數

完善分析學的算術基礎有一個最大的好處：我們終於可以理直氣壯地談論「函數」這個概念了。

這句話聽起來有點好笑，但卻是一句不折不扣的大實話。因為如果沒有收斂和極限的概念，即使對於非常簡單的函數，人們也未必能夠說清楚它在每一點處的取值。比如 $f(x) = 2^x$，你可以很快畫出它的圖形，但我要問：$f(\pi)$ 等於多少？恐怕你還得好好想上一陣。這樣的例子比比皆是，寫出了函數關係，畫出了函數圖形，卻算不出函數的值，你說你虛不虛？

分析學的算術基礎為我們提供了完美的解決方案，我們可以取一個收斂到 π 的有理數列 $\{x_n\}$（比如 $\{3，3.1，3.14，\cdots\cdots\}$），然後對每一個 x_n 計算出 2^{x_n}，數列 $\{2^{x_n}\}$ 隨著 n 趨向於無窮大時的極限就是 2^x 在 π 處的取值。然而，並不是所有的「函數」都吃這一套，分析學的發展還給我們帶來了新的麻煩。

長久以來，人們一提到「函數」這個概念，首先想到的就是一個隨著變數不斷變動而連續變化的量。確切地說，人們腦海中的函數是從一個變數出發，經過一系列的代數運算或者超越運算而得到的新的量。這裡的代數運算包括加、減、乘、除和開方，超越運算則是指 $\sin x$

和 a^x 這種無法用代數運算所表達的變數之間的依賴關係。不管是哪種運算，早期的「函數」一定會對應一個清楚的表示式，因而人們通常就把它當成平面上的曲線來加以研究。但隨著分析學的發展，這種狹窄的定義很快就不夠用了，實踐中出現了許多「似是而非」的函數，例如 $f(x) = \sum_{n=0}^{\infty} (-1)^n \frac{1}{n+1} \sin[(n+1)x]$，這是一個由無窮多個函數累加而成的函數項無窮級數。

在數項級數已經成為家常便飯的 19 世紀，函數項級數理所當然地成為數學家們的座上賓，但它的脾氣可沒你想像中的那麼好，當你隨意選取一個趨向於 x_0 的點列 $\{x_n\}$ 時，數列 $\{f(x_n)\}$ 的極限並不總是等於 $f(x_0)$。換句話說，$f(x)$ 的圖形並不總是連續變化的，而是可能存在著間歇性的跳躍。在本書的第六章（見圖 6-15），你會看到 $f(x) = \sum_{n=0}^{\infty} (-1)^n \frac{1}{n+1} \sin[(n+1)x]$ 的圖形就是如此，對任一個從 x 軸正向趨近於 π 的點列 $\{x_n\}$，數列 $\{f(x_n)\}$ 總是收斂到 $\frac{\pi}{2}$，然而 $f(\pi)$ 的取值卻是明白無誤的 0。

在德國數學家狄利克雷（就是接替高斯出任哥廷根大學數學教授的那位）給出現代意義上的「函數」概念之後，這種情況就變得更加普遍了。狄利克雷的「函數」是指：從實數軸 $\mathbb{R}$ 的一個子集 D 到實數軸 $\mathbb{R}$ 的一個映射，這裡的子集 D 稱為函數的定義域（domain），D 在 $\mathbb{R}$ 中的像集稱為函數的值域。

這個定義完全不顧映射具體的構造方式，顯然是為了納入盡可能多的研究物件。它的出現打破了函數必須具有解析表示式的限制，不僅清楚明晰而且貼合實際，立刻使得分析學的世界變得精彩紛呈。在狄利克雷之前，數學家們眼中的函數幾乎「天然」地具有連續性的特質，但在狄利克雷之後，函數的連續性不再是理所當然的選項。事實上狄利克雷自己就曾給出過一個非常出名的函數例子：

$$f(x) = \begin{cases} 1, & x \text{ 是有理數;} \\ 0, & x \text{ 是無理數,} \end{cases}$$

此函數在整個實數軸上處處不連續[023]，雖然是個週期函數但是沒有最小正週期並且壓根不可積，這在微積分學的快速發展時期簡直就是個無賴一般的存在，偏偏它在分析學上還特別有用，可以很方便地構造反例幫助我們推翻許多想當然的結論。

時針一直走到 19 世紀，數學上的「函數」概念才有了一個清楚的定義，這距離蘇格蘭人格雷戈里第一次想到要替「函數」下個定義僅僅過去了一百多年的時間。情況有些令人意外，難道之前的數學家從來不考慮變數之間的變化關係？

這當然不符合事實，要知道從古希臘時期就進入到人們視野的割圓曲線和阿基米德螺線就是透過運動隨時間的變化而定義的。之後到了文藝復興時期，從天體運行、砲彈發射等物理現象中歸納出數學關係更是占據著人們工作的中心。這時沒有產生數學上抽象的函數概念只能再次說明數學概念與現實世界的配合從來就沒默契，數學的發展也許會受到人類生產實踐的直接影響，但根本上還是依賴自身的基因。

圖 4-1 為大家展示了割圓曲線的構造方法。從一個邊長為 1 的單位正方形開始，假設頂邊 AB 向下方勻速運動，而點 D' 從 A 出發沿著四分之一圓弧 AD 向 D 勻速運動並且與點 B 同時到達 D 點。那麼 AB 的運動軌跡和 CD' 的運動軌跡除了最後一刻重合之外，始終相交於一點，這些交點就構成了一條割圓曲線。比如當 AB 移動到圖中的 $A'\,B'$ 位置時，CD' 恰好旋轉了 α 角度，此時 $A'\,B'$ 與 CD' 的交點 E 就是這條割圓曲線上的一個點。

---

[023] 因為有理數集和無理數集均在實數集中稠密。

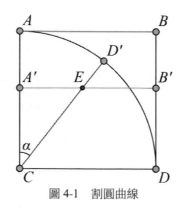

圖 4-1　割圓曲線

割圓曲線的構造方式非常特別，但它的（隱函數）方程式是很容易求出來的。根據我們對兩個運動過程的假設，$\frac{\alpha}{\pi/2} = \frac{t}{1}$，其中 t 代表了線段 AA' 的長度。於是直線 $A'B'$ 的方程式為 $y = 1 - t$，而直線 CD' 的方程式為 $y = \tan\left(\frac{\pi}{2} - \alpha\right) \cdot x$，將 $\alpha = \frac{\pi}{2} \cdot t$ 代入後即得 $y = \tan\left[\frac{\pi}{2}(1 - t)\right] \cdot x$。這個方程式與直線 $A'B'$ 的方程式聯立解得圖 4-1 所描述割圓曲線的（隱函數）方程式為：$y = \tan\left(\frac{\pi}{2} \cdot y\right) \cdot x$。

另一個以運動來刻劃的著名函數是阿基米德螺線，假設一個質點 a 從 x 軸上的某一點出發沿 x 軸正向勻速運動，同時 x 軸沿逆時針方向勻速轉動，點 a 的運動軌跡就形成了一條阿基米德螺線（見圖 4-2）。阿基米德螺線的方程式在直角坐標系下不會太簡便，但用極坐標來刻劃則一目瞭然，方程式為：$\rho = a + b \cdot \theta$，其中 θ 為輻角，ρ 為模長。從坐標平面的上方看過去，阿基米德螺線的圖形從原點附近開始一圈一圈向外旋轉延伸，如同一枚螺絲的紋路。

割圓曲線和阿基米德螺線在我們之後的故事中還要出場，這裡先讓它們亮個相，大家認識一下。接下來請它們回到後臺，我們將開始一段很長的篇幅，講述數學自身的基因如何與人類的生產實踐活動產生糾葛，並演

化出若干類最重要的函數。這些函數都有著明確的解析表示式，在整個函數論中扮演著極為重要的角色，處於特殊的理論地位，我們稱呼這些函數為基本初等函數。

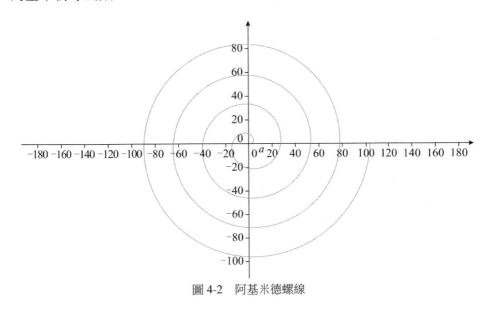

圖 4-2　阿基米德螺線

4.2　冪與方程式

人類歷史上最早接觸到的函數原型是什麼。

你猜？

有心的同學不難猜到答案。我們提到過在自然陣列成的集合之上有兩種最基本的運算：一種是加法；另一種是乘法。這兩種運算直接源自於現實生活，當我們的祖先還在使用「屈指計數法」計量物品時就已經不自覺地使用過加法運算，而到了古巴比倫時期，乘法運算也已經相當普及了，巴比倫人對「60」這個數字特別偏愛，「60」的倍數經常出現在各種傳說故

事和文獻資料當中，甚至於巴比倫人的計數法採用的也是 60 進位制。

可以說，人類算術的早期發展史就是一部加法與乘法的歷史，從若干個變數出發經過有限次的加法和乘法運算得到的表示式大量地出現在那個時候的數學研究中。以我們今天的數學語言來說，n 個未知量經過有限次的加法和乘法運算複合而得的表示式稱為一個整係數的 n 元多項式，所有這樣的 n 元多項式組成一個集合，記為 $\mathbb{Z}\,[x_1，x_2，\cdots\cdots，x_n]$。例如 $x_1^2 + x_2^2 - x_3^2$ 就是一個簡單的三元多項式。

但請注意在早期人們研究的多項式中是不會出現負號的，畢竟當時還沒有出現零和負數的概念。出於描述方便的考慮，我們還是把多項式的係數擴充到了整個整數集合之上，這麼做並不會對巴比倫人帶來特別的困擾，因為求方程式 $x_1^2 + x_2^2 - x_3^2 = 0$ 的整數解跟求方程式 $x_1^2 + x_2^2 = x_3^2$ 的整數解本質上是同一回事。

對於一個給定的 n 元多項式 $f \in \mathbb{Z}\,[x_1，x_2，\cdots\cdots，x_n]$，我們可以用 n 個數依次代入到變元 $x_1，x_2，\cdots\cdots，x_n$ 中，然後執行由 f 所定義的一系列運算步驟，如此得到一個新的數。這個過程毫無疑問滿足我們對於函數的定義，因而我們可以把每個多項式都看成是一個函數，稱為多項式函數。

多項式函數就是人類最早接觸到的函數原型。如果把多項式函數拆分成更為基本的單元 x^m，就得到了我們今天所說的冪函數。

雖然當時還不可能出現函數的概念，但人類在古代文明中展現出來的智慧比我們想像中的還要高等許多。在對多項式的研究中，巴比倫人並不滿足於從事「代入 —— 計算」這樣搬磚似的重複勞動，他們思考一個更為深刻的反問題：一個多項式什麼時候可以代表一個（整）數？

用大家都聽得懂的話來說就是：怎麼解方程式？

這裡的方程式指的是形如 $f = 0$ 的等式，其中 f 是一個 n 個變元的整係數多項式。由於我們的多項式中允許常數項的出現，任何一個研究多項式表示整數的方程式事實上都可以劃歸到這個形式。例如巴比倫人曾經思考過這樣一個基本問題：什麼樣的數與它的倒數之和是一個固定的數 b？這其實就是求方程式組

$$\begin{cases} x_1 \cdot x_2 = 1 \\ x_1 + x_2 = b \end{cases}$$

的解，用一個二次方程式來表示就是 $x^2 - bx + 1 = 0$。這樣的方程式稱為多項式方程式，或者代數方程式，它是整個代數學發展的源頭。

　　首先會被我們想起的多項式方程式就是描述畢達哥拉斯定理的三元方程式 $x^2 + y^2 = z^2$。

　　與證明畢達哥拉斯定理不一樣，尋找這個方程式的（正）整數解看起來要更加麻煩，因為在試圖求解任何一個方程式時，你面臨的實際上是三個問題：①這個方程式有沒有解？②有解的話有多少解？③有無窮多組解時，解的一般公式是什麼？這三個問題環環相扣，具有邏輯上的遞進關係，但對於大部分的多項式方程式，第一個問題就足以難倒一票高人。

　　至於方程式 $x^2 + y^2 = z^2$，據說畢達哥拉斯曾經使用代數方法構造出了一般解。然而巴比倫人很早就已經知道了這個方程式的十五個正整數解，其中還包括像 $x = 12{,}709$，$y = 13{,}500$，$z = 18{,}541$ 這樣難以驗證的超大陣列，要說他們不知道解的一般公式，我反正是不信。考慮到畢達哥拉斯的足跡曾經遍及巴比倫和埃及，很多人（包括我在內）都認為畢達哥拉斯是跟他的巴比倫前輩們學習了這個方程式的解法並最終將它帶回了希臘。

當然，這種說法只能稱為猜測，真正在歷史上留下證據的還是希臘數學集大成者歐幾里得。歐幾里得在他的《幾何原本》中對數論作了三篇專門的討論，在這三篇裡，歐幾里得提出了算術基本定理並考察了質數及一系列與整數相除有關的性質，這些性質事實上給出了方程式 $x^2 + y^2 = z^2$ 的全部正整數解 $x = 2amn$，$y = a(m^2 - n^2)$，$z = a(m^2 + n^2)$，其中 a，m，n 是三個正整數，滿足 $m > n$。

怎麼樣，結果是不是既簡潔又漂亮？如果把 a，m，n 都看成自變數的話，這組公式解事實上也是一組多項式函數，任意給出一組數 (a, m, n)，就可以生成一組解 (x, y, z)。

歐幾里得在《幾何原本》中還證明了畢達哥拉斯定理的逆定理：若一個三角形的三邊長 a，b，c 滿足關係式 $a^2 + b^2 = c^2$，則此三角形必為直角三角形。於是方程式 $x^2 + y^2 = z^2$ 有無窮多組正整數解意味著存在著無窮多個直角三角形其三邊長為正整數，而根據我們之後的詳解，你甚至可以要求這無窮多個直角三角形都具有兩兩互質的邊長 [024]。

如果把 x^2 看成邊長為 x 的正方形的面積，這個結論還有一個等價的說法：存在著無窮多對由單位方格所組成的正方形，每一對正方形都可以透過打亂方格的排列方式組成一個更大的正方形（見圖 4-3）。

然而詭異的是，這樣的事情在立方體身上卻再也不會發生了，你永遠無法找到兩個由單位立方格組成的立方體，能夠透過打亂方格的排列方式組成一個更大的立方體。

還真是個有趣的結論啊！有一次我興奮地向某個朋友的小孩解釋這個現象，小朋友聽完之後一臉茫然地望著我：「又怎麼樣呢？」那一瞬間，我

---

[024]　此時的 (a, b, c) 稱為方程式 $x^2 + y^2 = z^2$ 的一組本原解。

就好像被人澆了一盆冷水，竟然無言以對……很多時候，數學就是處於這樣令人尷尬的境地，如同畢達哥拉斯三元組的無限性，很多數學結論在現實生活中沒有半毛錢的意義。但在數學家的眼中，這些結論卻有著神聖的美感，脫離了功利性的好奇心是純粹數學超然物外的核心價值和象徵。

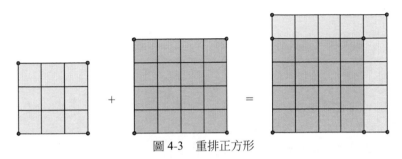

圖 4-3　重排正方形

寫到這裡，想起一位菲爾茲獎得主法國人托姆（Thom）的故事：有一次托姆和兩位古人類學家共同接受記者的採訪，談到遠古人類為什麼要保留火種，一位人類學家稱是為了取暖禦寒，另一位人類學家稱是為了烹飪鮮美的食物，只有托姆說道，在夜幕降臨之際，火光搖曳嫵媚、燦爛多姿，是最美最美的……

你看，在數學家的眼中，以數學之美為信仰的世界才是最好的。

還別說，歷史上當真有過這樣的時代。在哲學和數學當道的古希臘就曾經發生過一次神祕事件，這次神祕事件引發了一個延續千年的數學大問題 —— 倍立方體，後來被柏拉圖當作範例，糊弄了一大批不明真相的群眾對幾何學保持足夠的敬畏。

在介紹這個著名的大問題之前，讓我們先回到畢達哥拉斯方程式的公式解。解這個方程式用到了一把利器，叫做算術基本定理，它的內容可以表述為：任一正整數 a 可以唯一地寫成有限個質數的乘積

$a = p_1{}^{r_1} \, p_2{}^{r_2} \cdots p_m{}^{r_m}$，其中 p_1，p_2，……，p_m 為 m 個不同的質數，而 r_1，r_2，……，r_m 為 m 個正整數。這個定理很不簡單，它明確了質數在全體整數的乘法關係中猶如基本粒子一般的特殊地位，堪稱數論中的基石。作為它的一個推論，歐幾里得用反證法證明了質數有無窮多個。現在讓我們來看看如何利用算術基本定理求出方程式 $x^2 + y^2 = z^2$ 的全部正整數解。

首先，我們可以假設 $(x，y，z)$ 是一組本原解，意思是 x，y，z 這三個整數兩兩互質。這個條件看起來比要求 x，y，z 的最大公因數是 1 來得更強，但其實在這種情況下兩者是等價的，因為等式 $x^2 + y^2 = z^2$ 及算術基本定理保證了若一個質數整除 x，y，z 這三個數當中的任意兩個，它一定也可以整除第三個。於是我們在求出方程式 $x^2 + y^2 = z^2$ 的所有本原解之後同時乘以任一個正整數，就得到了方程式的全部解，這就是為什麼在我們給出的一般公式解中會出現一個公因數 a 的原因。

其次，一個平方數要麼是 4 的倍數，要麼是 4 的倍數加 1，前者是一個偶數的平方，後者是一個奇數的平方。因此 z 必定是一個奇數而 x 與 y 一奇一偶，否則 x，y，z 全都是偶數，與它們兩兩互質矛盾。不妨假設 y 是奇數而 x 是偶數，改寫方程式為

$$x^2 = z^2 - y^2 = (z + y)(z - y)，$$

我們有 $\left(\dfrac{x}{2}\right)^2 = \dfrac{(z - y)}{2} \cdot \dfrac{(z + y)}{2}$，其中 $\dfrac{x}{2}$，$\dfrac{(z - y)}{2}$ 和 $\dfrac{(z + y)}{2}$ 都是正整數。

利用反證法不難發現，$\dfrac{(z - y)}{2}$ 和 $\dfrac{(z + y)}{2}$ 必定互質，因為若存在一個質數 p 既整除 $\dfrac{(z - y)}{2}$ 又整除 $\dfrac{(z + y)}{2}$，則由算術基本定理推出 p^2 整除 $\left(\dfrac{x}{2}\right)^2$，從而 $2p$ 整除 x。然而 $2p$ 整除 $(z - y)$ 和 $(z + y)$，於是 $2p$ 整除 $(z -$

y) + ($z + y$) = $2z$，即 p 整除 z。同理，p 也整除 y，這是一個矛盾，因為我們一開始就假定 x，y，z 是兩兩互質的。

現在，$\frac{(z-y)}{2}$ 和 $\frac{(z+y)}{2}$ 是兩個互質的正整數並且它們的乘積是一個平方數，根據算術基本定理 $\frac{(z-y)}{2}$ 和 $\frac{(z+y)}{2}$ 各自都必須是平方數。於是存在正整數 $m > n$ 使得

$$\frac{(z+y)}{2} = m^2 , \frac{(z-y)}{2} = n^2 。$$

因此，$z = m^2 + n^2$，$y = m^2 - n^2$ 而 $x = 2mn$。

這樣我們就求出了畢達哥拉斯方程式 $x^2 + y^2 = z^2$ 的全部正整數解。

雖然這個從《幾何原本》衍生出來的解法是完全代數的，但並不意味著「代數」這個分支已經在數學研究中孕育而生了，當時的數學家對方程式問題的思考還都是從幾何觀點出發的，比如說你在文獻資料中就無法找到三次以上的多項式方程式，因為二次方程式代表面積，三次方程式代表體積，三次以上的方程式沒有幾何直覺嘛，沒有了幾何直覺，希臘人都懶得去研究。

真正把方程式從幾何中解放出來的是希臘亞歷山卓的數學家丟番圖（Diophantus）。對於此人，小學生可能比高中生更加熟悉。我現在依然記得小學奧數課上有一個十分經典的解方程式問題：求某個數學家的年齡，而這個問題的原型就來自丟番圖。這位老先生在自己的墓碑上萌出了新高度，他要求死後在上面鐫刻自己的生平：

上帝恩賜他生命的六分之一為童年；再過生命的十二分之一，他的雙頰長出了鬍子；再過七分之一之後他舉行了婚禮；婚後五年他有了一個兒子。

唉，不幸的孩子，只活了他父親整個生命的一半年紀，便被冷酷的死神帶走。他以研究數論寄託他的哀思，四年之後也離開了人世。

作為一道數學應用題，丟番圖的墓碑之謎對現在的小學生而言簡直就是小菜一碟，稍微用一點解方程式的知識就能求出丟番圖享壽 84 歲。但這道題目依然讓我留下了十分深刻的印象，因為我從這塊獨一無二的墓碑上讀出了丟番圖先生對數學的誠摯與熱愛。

丟番圖的學術生涯成果豐富，他寫過一本名為《算術》(Arithmetica) 的數論專著，是他流傳於世的最大成就。這本書收集了一百多個數論問題，大部分展現了丟番圖對於多項式方程式的研究成果。他不僅求解確定的方程式，還研究係數也是變數的不定方程式，這在當時開創了一個全新的局面並對後世產生了深遠的影響，尋找不定方程式的整數解現今依然被稱為丟番圖問題，是數論研究中的重要課題。

與古希臘的其他數學著作相比，丟番圖的《算術》有兩個重大的突破，其一是完全脫離了幾何直覺討論代數問題，破天荒地出現了自變數的高次冪；其二是結束了以文字描述代數方程式的歷史，首創了以字母和符號表達自變數及方程式的方法。當然，丟番圖是用希臘字母來表示自變數的，用來表示加、減、乘、除等代數運算的符號也十分詭異，例如丟番圖把多項式 $x^6 - 5x^4 + x^2 - 3x - 2$ 寫成了下面這個樣子：

$$\mathrm{K}^Y \kappa \,\bar{\alpha}\, \Delta^Y \,\bar{\alpha}\, \uparrow \, \Delta^Y \Delta \,\bar{\epsilon}\, \zeta \,\bar{\gamma}\, \dot{M} \,\bar{\beta},$$

若是現代人讀來，真是一本令人不解的天書啊。

雖然丟番圖對於代數學的建立和發展做出了十分重要的貢獻，但這門數學中最重要的分支之一卻並沒有以他的工作來命名。「代數」這個詞的英文為「Algebra」，源自於西元 9 世紀的阿拉伯數學家花剌子米 (Muhammad al-Khwarizmi）的著作《代數學》（*The Compendious Book on Calculation by Completing and Balancing*），原文書名直譯為《完成和平衡計算法概要》，根據上下文的意思是說方程式的兩邊可以透過左右移項保持平衡，而方程式本身也可以透過合併同類項進行化簡。此後在翻譯的過程中「al-jabr」一詞逐漸演化成了「algebra」，中國清代數學家李善蘭於西元 1859 年首次將其譯為「代數」，取「以文字符號代替數字的數學方法」之意，非常準確地提煉出了這門學科的本質。

現如今代數學早已成為基礎數學的三大支柱之一，它的內容也已經變得十分豐富，但求解多項式方程式依然是數學家們努力的主要方向，它雖然古老但卻不斷激發出最時髦的研究方法和思路，滋養出了數學史上一顆又一顆亮眼的明珠。

4.3　智力界的奧林匹克

西元前 400 年，希臘，在一個名叫提洛島的地方，一種恐慌的情緒正在島內的居民中蔓延，就在不久前，爆發了一場恐怖的瘟疫，並且在很短的時間內已經奪走了許多人和牲畜的生命。

對於瘟疫這種流行病所引發的社會動盪，希臘人當然是無法理解的，在他們的意識中，一定是因為自己的不當行為褻瀆了神靈，招致懲罰，才引來了災禍，所以他們唯一能做的只有透過祭祀上天的方式洗滌自己的「罪孽」，祈求得到神靈的寬恕。希臘人的祭祀非常講究，參祭者必須沐浴更衣、頭戴花環、身著盛裝，圍繞神廟外廣場上的祭壇舉行各種儀式。他們所採用的祭壇具有嚴格的標準，通常為圓形或者方形，因為這兩種形狀

在希臘人的眼中具有至高無上的美感，能夠幫助他們在凡人與神靈間建立起一種交流。

這一次的瘟疫事件也不例外，提洛島的居民們舉行了盛大的「滌罪」儀式，儀式結束之後由負責主祭的祭司宣達神的旨意。在我們的想像中，一般神的回覆無外乎殺幾隻羊，宰幾頭牛，大家開心高興，完事收工。但不知道那天負責主祭的祭司哪根筋搭錯了，他向眾人宣布的可當真是個「神回覆」，他提出了一個數學問題，而且這個數學問題非常不幸地 —— 無解。

這就有點麻煩了，大家還指望著這次祭祀能夠扭轉乾坤呢，哪知道卻領到一個根本無法完成的任務！如果不是信口胡謅的話，猜想這位祭司平時也是個數學愛好者，經常沒事就思考思考數學問題，有一道題目百思不得其解，就藉著祭祀神靈的重要場合提出來，相當於對所有人進行一個挑戰，然而他低估了自己的想像力，一不小心就提出了一個千古難題。

提洛島的居民們當然不知道問題的難度，傻呼呼地就去思考解決之道了，結果事與願違，瘟疫非但沒有停止，反而愈演愈烈。

祭司提出的這個數學難題就是歷史上著名的倍立方體問題，他宣稱要使瘟疫結束，必須把神廟廣場上的立方體祭壇變為原來的兩倍。用幾何學的觀點來看，這個問題的實質是給定單位長度 1 後，如何做出一個體積為 2 的立方體？

初看起來，這並非一個無法完成的任務，提洛島的居民們首先想到的是把立方體祭壇的邊長增加為原來的兩倍，但不少擅長幾何學的人很快指出了錯誤：邊長增加一倍，立方體的體積事實上變為原來的八倍。居民們無奈了，有人偷偷在神廟外的廣場上擺了兩個一樣的立方體祭壇，此種

「偷奸耍滑」的行為當然遭到了明令禁止，祭司重申：新造的祭壇必須也是立方體，體積為單位祭壇的兩倍！

難死眾人啊……提洛島的居民們想破腦袋也無法完成神靈下達的任務，只能眼睜睜地看著瘟疫肆虐。這時候你會問了，這個作圖問題到底難在哪裡，它竟然在數學上無解？

要回答這個問題，我們得從希臘人的作圖方式說起，古希臘當時並沒有幾何畫板這種電腦軟體，幾何作圖全靠手畫，難度很高。輔助畫圖的機械工具不是沒有，只不過希臘人認為這些工具過於依賴感官上的直覺而不太依賴思想上的真理，使用起來總有點在神靈面前作弊的感覺，因此不太瞧得上。

希臘人所有合法的作圖工具加在一起只有兩個：直尺和圓規，因為在他們看來，直線和圓是最基本的幾何圖形。這裡的直尺跟我們印象中的直尺還不太一樣，它沒有刻度，只能進行過平面上兩個點作一條直線這樣的基本操作。

希臘人的作圖方法又稱為尺規作圖法，在西元前的幾個世紀逐漸成為解答幾何作圖問題的標準法則，任何使用了多餘工具的幾何作圖都被認為是非法而不純粹的，而在擴建祭壇這種嚴肅的事情上就更被認為是對神靈的不敬。現在，你能明白祭司的意思了：在給定單位長度 1 的前提下，只使用直尺和圓規，作出一個體積為 2 的立方體的邊長。

包括祭司在內，提洛島的居民們對這個問題都表示無能為力，他們只能求助於當時希臘最具智慧的人 —— 柏拉圖。

嚴格來講，柏拉圖並非一個數學家，他自己並沒有解決什麼數學問題，但他對數學尤其是幾何學非常推崇，有個著名的段子是說柏拉圖在自

己創立的高等學府 —— 柏拉圖學園的門上刻了一句話：不懂幾何者莫入，這句話充分展現了柏拉圖在哲學和數學上的主張。從學術脈絡上看，柏拉圖和他的門徒們繼承了畢達哥拉斯學派的思想，他們深信數學對於理解哲學和宇宙萬物的重要作用，並且更加重視數學的抽象化，西元前 4 世紀時古希臘幾乎所有重要的數學成果都來自柏拉圖的朋友和學生所做的工作。

所以，提洛島的居民們雖找對了人，因為沒有人比柏拉圖更有資格解答他們的疑惑了。但可惜他們拿錯了題目，窮盡當時所有人的智慧，恐怕也想不到二倍立方體是根本無法用尺規作圖辦到的。柏拉圖弄了很久也沒弄出個所以然，最後惱羞成怒，對著來訪的提洛群眾吼道：看吧！這就是你們不好好學習幾何學的後果！

還真是會倒打一耙啊，您會您倒是上啊……柏拉圖把皮球又踢回給提洛島人，讓他們回去好好學一學數學教育。這可苦了一幫不明真相的群眾，在瘟疫和數學問題的恐嚇下忍受著肉體和精神上的雙重折磨。

倍立方體，希臘人終究沒有做出來，祭司的問題也只能不了了之。當時做不出來的作圖問題還有很多，比如「化圓為方」，意思是用尺規作圖作出一個正方形，其面積與給定的圓面積相等。還有「三等分角」：給定任意一個角，用尺規作圖把它三等分。由於角平分線是很容易透過尺規作圖作出來的，人們很自然地就去考慮三等分角，哪知道一腳踩進去，也是個沒底的坑。

「倍立方體」、「化圓為方」和「三等分角」並稱為古希臘三大幾何作圖難題，一直困擾著古希臘的幾何學家。其實不只古希臘，歷史上其他一些優秀文明也曾經出現過類似的問題，比如代表了古印度數學輝煌成就的《繩法經》(*IAST*：*śulbasûtra*) 就記載過「化圓為方」，相傳也是某個祭司（封

建迷信害死人啊……）要求人們把圓形的祭壇改成方形的，但是面積要保持不變。

許多優秀的數學家都曾為三大幾何作圖難題奉獻過珍貴的腦細胞，但直到兩千多年後的 19 世紀，這三個問題的答案才陸續浮出水面：如果限於尺規作圖的辦法，倍立方體、化圓為方和三等分角全都是辦不到的。

不只一個人問過我，數學家是不是有病啊，為什麼一定要限制尺規作圖的辦法呢？用刻度尺和量角器不就好了！對於此類問題，我通常不直接回答，而是向他們講個笑話，他們立刻就明白了。20 世紀有位老將軍受邀觀看一場籃球比賽，比賽精彩又激烈，中場休息時老將軍做出指示，孩子們汗流浹背，很有拚勁，但是十個人搶一個球像什麼話，我們有那麼窮嗎？去，每人發一個球，讓他們玩得開心！

第一次看到這個笑話時，我很不厚道地笑了，但我很快意識到，在對待許多數學問題的挑戰上，大多數人犯了同樣的錯誤。

其實跟籃球比賽一樣，尺規作圖也是一場在特定規則下的比拚和較量，在古人立下了只能使用直尺和圓規的規矩之後，幾何作圖問題就變成了一種對人類智力的挑戰，在沒有任何人能夠證明尺規作圖無法辦到之前，「倍立方體」、「化圓為方」和「三等分角」等問題都是開放的，就像一場智力界的奧林匹克，誰先做出來，誰就能問鼎冠軍，享受名垂青史的榮耀。增加作圖工具不是不行，只是原有的遊戲規則會被弱化，獲得的成果必然要打一個折扣。

但話又說回來，一旦有人證明了尺規作圖無法做到「倍立方體」、「化圓為方」和「三等分角」，退而求其次地放寬工具使用的限制就變得有了意義，誰能用最少和最基本的作圖工具解決「倍立方體」、「化圓為方」和「三

等分角」等問題，誰就獲得了世界領先的成果，這不僅是數學發展的必然，也是科學研究的正確態度。當然，這些新的成果已經與我們所特指的「倍立方體」、「化圓為方」和「三等分角」無關了，解答這三個問題的功勞不屬於那些明知不可為而為之的人，而是會永遠記在那些證明了它們「不可為」的數學家名下。

　　除開這些內容，歷史上試圖從正面解決問題的努力儘管是徒勞的，倒也產生了不少有趣的結果。在上一節當中出場的割圓曲線可以說就是為了「化圓為方」和「三等分角」而生的，它的發現者，希臘厄利斯城 (Elis) 的希庇亞 (Hippias) 希望用這種特殊的運動軌跡攻克幾何作圖的著名難題。

　　假如我們已經做出了一條割圓曲線（如圖 4-4 所示的曲線 *AH*），

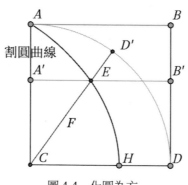

圖 4-4　化圓為方

　　曲線與單位正方形底邊 *CD* 的「交點」*H* 事實上並沒有定義，但是我們能用極限的思想刻劃它。注意到割圓曲線的（隱函數）方程式為 $y = \tan\left(\frac{\pi}{2} \cdot y\right) \cdot x$，也即 $x = \dfrac{y}{\tan(\frac{\pi}{2} \cdot y)}$，因此線段 *CH* 的長度事實上等於一個極限

$$\lim_{y \to 0} \frac{y}{\tan\left(\frac{\pi}{2} \cdot y\right)} = \lim_{y \to 0} \frac{\frac{\pi}{2} \cdot y}{\sin\left(\frac{\pi}{2} \cdot y\right)} \cdot \cos\left(\frac{\pi}{2} \cdot y\right) \cdot \frac{2}{\pi} = \frac{2}{\pi}$$

如此一來，以 $2AC$ 和 CH 為邊長的矩形面積為 $2 \times \frac{2}{\pi} = \frac{4}{\pi}$，等於以 CH 為半徑的圓面積。

在希庇亞看來，在有了單位長度的情況下，「化矩為方」要簡單得多，利用尺規作圖能夠輕易做出一個正方形使其面積等於給定矩形的面積。換句話說，希庇亞實現了一個特殊的「化圓為方」。

至於「三等分角」，就更加簡單。假設我們要將一個給定的銳角 α 三等分，我們使角的頂點和其中一邊與 CD 重合，另一邊交割圓曲線於點 E（見圖 4-5），然後過 E 作平行於 AB 的直線交 BD 於點 B'。

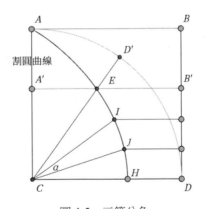

圖 4-5　三等分角

考慮到割圓曲線的構造方式，你只需要將線段 $B'D$ 三等分，然後過分點作平行於 AB 的直線，交割圓曲線於點 I、J 就一切大功告成了，線段 CI 和 CJ 自然地將角 α 分成三等分。

真是可喜可賀啊，人們情不自禁地為希庇亞鼓掌！

　　不過可惜的是，割圓曲線本身是尺規作圖辦不到的，希庇亞犯規了……

　　後來那些聲稱解決了三大幾何作圖難題的人，基本上也都是犯規或者耍賴了。義大利的著名藝術家達文西（da Vinci）在「化圓為方」的問題上耍賴更是耍出了別具一格的風采，他以目標圓為底面，做一個高為底面圓半徑二分之一的圓柱體，然後將此圓柱體在地面上「滾一圈」就算是化圓為方了，因為該圓柱體的側表面積恰好為 π 乘以底面圓半徑的平方。

　　還真是個調皮的藝術家啊……

　　好了，言歸正傳吧，我們的話題將再次從幾何轉向代數，你們很快會發現：「倍立方體」、「化圓為方」和「三等分角」這三大令人痛苦的幾何作圖難題在本質上全都是代數問題。

4.4　探祕者

　　不說清楚，你肯定認為我在誆你。

　　先看「倍立方體」吧。要做一個立方體，本質上是要確定它的邊長。給定了單位長度 1 之後，體積為 2 的立方體邊長為多少？這個問題連高中生都知道：$\sqrt[3]{2}$。所以倍立方體問題的實質是能否用尺規作圖做出長為 $\sqrt[3]{2}$ 的線段？

　　再看「化圓為方」。半徑為 1 的圓，面積為 π，相同面積的正方形邊長為多少？這個更加沒難度，答案是 $\sqrt{\pi}$。所以化圓為方問題的實質是能否用尺規作圖做出長為 $\sqrt{\pi}$ 的線段？

　　最後看「三等分角」，這個問題要複雜一些。首先說明這是一個尋找

反例的問題,「三等分角」是說任何一個角都能用尺規作圖三等分,因此在邏輯上,要想推翻這個命題,你不需要證明所有的角都無法用尺規作圖三等分(事實上你也不可能證明,因為直角就能透過尺規作圖三等分),而只需要找到一個無法用尺規作圖三等分的角就大功告成了。

比方說,數學家們找到了 60° 角,這是等邊三角形的內角,透過尺規作圖很容易做出來。如果任何角都能用尺規作圖三等分的話,60° 角自然也可以,於是我們能用尺規作圖做出 20° 角。這意味著給定單位長度 1 之後,我們能夠用尺規作圖做出斜邊長為 1,其中兩個內角分別為 20° 和 70° 的直角三角形,這個直角三角形較長的那條直角邊長度為 $\cos\dfrac{\pi}{9}$。因此,如果任意角三等分可以透過尺規作圖實現的話,我們就能用尺規作圖做出長為 $\cos\dfrac{\pi}{9}$ 的線段。

這些內容看起來依然有些高深莫測,但我們已經非常接近事情的真相了。與其想破腦袋為什麼尺規作圖不能做出長為 $\sqrt[3]{2}$、$\sqrt{\pi}$ 和 $\cos\dfrac{\pi}{9}$ 的線段,不如反過來想一想:尺規作圖究竟能做什麼?

這樣反過來思考,事情一下子就變得簡單了,尺規作圖只能做到以下 5 件事:

(1) 連接兩點作一條線段或直線。

(2) 以固定點為圓心,固定長為半徑作圓。

(3) 確定直線與直線的交點。

(4) 確定直線與圓的交點。

(5) 確定圓與圓的交點。

當我們確定了原點、數軸和單位長度之後,所有新的點都只能透過後三種操作方式加以確定。所以能否做出一條期望長度的線段,取決於我們

聯立直線或圓方程式時，會解出什麼樣的根。

這些聯立後化簡得來的方程式都是一元二次方程式（直線與直線相交除外），而一元二次方程式

$$ax^2 + bx + c = 0$$

的求根公式

$$x = \frac{-b \pm \sqrt{b^2 - 4ac}}{2a}$$

我們是知道的，因此從單位長度 1 出發，尺規作圖事實上只能做出經過有限次加、減、乘、除和開平方運算所得到的量 [025]。

你看，轉了一圈，幾何作圖竟變成了代數難題。

解決這些難題，一元二次方程式的求根公式只是出發點，讓我們先把它們放到一邊，看看次數更高的一元多項式方程式會發生什麼樣神奇的事情，這裡發生的故事不僅奇妙有趣，還能夠幫助我們理解三大作圖問題的最終答案。

歷史上，人們一直沒有放鬆對一元高次多項式方程式求根公式的追尋，從給定一元高次方程式的係數出發，經過有限次的加、減、乘、除和開平方運算將方程式的根表達出來，不僅是理論上的重要成果，還有著現實上的重大意義。

然而，一直到 16 世紀中葉，人們才發現了一元三次和一元四次方程式的求根公式，至於一元五次或者更高次的方程式，數學家們則一直束手無策。這個問題也逐漸變成了一隻眾人競相追逐的懷著金蛋的母雞，人們幻想著可以像打破奧林匹克紀錄那樣不斷地重新整理高次方程式的求根公

---

[025]　可以參考附錄檢視尺規作圖如何實現乘除法。

式。可是等到母雞下蛋的那一天，大家才真正震驚了，這顆金蛋居然是那麼的與眾不同，與之相比，尋找求根公式這個問題的答案本身反倒顯得有些黯淡無光。由於這顆金蛋創造了嶄新而強大的研究方法和工具，因此在科學史上占據了極其重要的地位，不謙虛地講，可以與微積分的發明相媲美。

現在，讓我們把目光正式聚焦到一元多項式方程式的求根公式上。最簡單的一元二次方程式的求根公式其實在古巴比倫時期就已經為人所知，還記得巴比倫人考慮過聯立方程式

$$\begin{cases} x_1 \bullet x_2 = 1 \\ x_1 + x_2 = b \end{cases}$$

此聯立方程式可以用一個一元二次方程式來代替：$x^2 - bx + 1 = 0$。巴比倫人用來解這個方程式的辦法正是我們今天所熟悉的配方法：方程式兩邊同時加上 $\left(\dfrac{b}{2}\right)^2 - 1$，使方程式變形為

$$\left(x - \frac{b}{2}\right)^2 = \left(\frac{b}{2}\right)^2 - 1$$

然後得到方程式的根 $x = \dfrac{b}{2} \pm \sqrt{\left(\dfrac{b}{2}\right)^2 - 1}$。當然，在古巴比倫時期負數還沒有出現，巴比倫人是不會考慮負根的。

之後，經歷了漫長而黑暗的中世紀，歐洲數學與其他科學、藝術一樣，重新開啟自身前進的步伐。在那時，數學研究主要受制於實際生活和科學實踐的要求，非常強調應用和計算：一方面人類的足跡已經跨越了洲際的限制，迫切需要更加精確的天文和地理資料；另一方面飛速發展的銀行業務和商業活動也要求各類算術問題都能夠求出更加精準的結果。出於對製作三角函數表和計算商業利潤的考慮，求解一元多項式方程式變得非

常有吸引力。

　　本來這也不是一件特別了不起的事情，但在當時卻製造了很多為人津津樂道的話題和懸案，原因就在於當時的數學研究者們有一個共同的毛病 —— 藏私。

　　「藏私」在我們的第一印象裡是個不太好的詞，一個人藏私意味著他自私自利，沒有分享精神，往小處說這是缺乏合作意識，往大處講這會阻礙科學與技術的進步。但在當時的社會背景下，藏私恐怕只是個「不得已而為之」的風潮，因為重大科學問題的突破不僅能為你帶來名聲的暴漲，還能為你帶來龐大的金錢和利益。

　　舉個例子，科學工作者們如何求餘弦 cos20°呢？他們可以利用三角恆等式：

$$\cos3\alpha = \cos(2\alpha + \alpha)$$
$$= \cos2\alpha\cos\alpha - \sin2\alpha\sin\alpha$$
$$= (2\cos^2\alpha - 1)\cos\alpha - 2\sin^2\alpha\cos\alpha$$
$$= 2\cos^3\alpha - \cos\alpha - 2(1 - \cos^2\alpha)\cos\alpha$$
$$= 4\cos^3\alpha - 3\cos\alpha$$

令 $\alpha = 20°$，就有

$$\cos60° = 4(\cos20°)^3 - 3\cos20°$$

再令 $x = \cos20°$，上面的等式就化為一個三次方程式

$$8x^3 - 6x - 1 = 0$$

　　於是求餘弦 cos20°就變成了一個解一元三次多項式方程式的問題。在幾百年前，利用天文觀測發展航海技術還是一種普遍的做法，求三角函數

值是一項必備技能，因此你如果掌握了三次方程式的解法，就相當於掌握了導航領域最新最厲害的尖端技術，可以參加由政府部門或者企業單位舉辦的對相關問題的懸賞徵集，贏取一大筆的獎金。

如果你不想一次變現的話，也可以對外宣稱你掌握了這門技術但不公布細節，這樣別人遇到此類問題又解答不了的時候只能向你尋求幫助，忙當然不白幫，他會向你支付相應的報酬。更厲害的是只要他一天攻克不了這個技術難關，他以後每次碰到類似的問題都得來找你，每次都得向你支付報酬，你只需要躺著數錢就好啦。這是不是很像現在的專利使用費呢？資本家們恨得牙癢也沒辦法，當時對智慧財產權的保護還沒有完善的制度，科學家們只能自己想辦法保障自身的權益。簡單一點的辦法也不是沒有，當時很多的科學名家都被宮廷和貴族們直接包養了。

此外，科學家對自己的學術名聲也看得非常重要，他們常常採用互相挑戰的方式與別人較量：一方面可以讓大家相信你確實掌握了別人沒有掌握的尖端技術；另一方面可以在特定的領域內形成研究壟斷，你持續向前並且隱瞞所有的發現，別人就很難從零開始追上你。不接受挑戰或者在挑戰中敗下陣來不僅會使科學家們臉上無光，還可能使他們失去基金的資助或者大學的教職，因此那些學術領頭羊們會非常認真地對待此類挑戰，一旦擊敗他們，你就一戰成名！

同時，恭喜你，財富和機會也將滾滾而來。

文藝復興時期的科學聖地在義大利，因為義大利擁有眾多的港口，商業發達，人員交流頻繁，思想開放，有一片非常適合孕育學術成就的土壤。當時的波隆納大學有個名叫德爾·費羅（dal Ferro）的數學教授，據說已經掌握了一元三次方程式的解法，但他當然像我們之前所說的那樣，

並沒有公布自己的解法，而是享受保密所帶來的好處。在西元 1510 年左右，費羅把他的解法祕密傳給了一個名叫菲奧爾（Fiore）的學生。菲奧爾這個人比較有野心，在費羅死後，他也想透過解三次方程式出人頭地，於是就準備挑戰一個當時相當有名氣的數學家。

菲奧爾挑來挑去，挑中了一個人 ── 來自布雷西亞的塔爾塔利亞（Tartaglia）。

這個人很有意思，他出身貧寒，自學成才，精通拉丁文和希臘文，同時在數學上也很有造詣，西元 1530 年，他號稱自己發現了三次方程式的解法，在社會上引起了不小的轟動。但此人並非學院派人物，地位比不上大學裡的「學術權威」，甚至他的名字都是一些無聊人士對他的蔑稱，因為「Tartaglia」在義大利語裡是「口吃者」的意思，他本名其實叫做豐坦納（Fontana），小時候被一個法國士兵用馬刀砍傷了臉部從而留下了口吃的後遺症。在義大利，塔爾塔利亞遊走於眾多城市之間，依靠講授科學謀生，累積了很多的受眾和粉絲。

名氣大，地位低，專業還對口，把塔爾塔利亞挑為對手，菲奧爾實在是經過了一番精心的算計。但他千算萬算漏算了一點 ── 此人真的厲害。

菲奧爾對自己掌握的技術是相當有自信的，他向塔爾塔利亞提出的挑戰正是求解一元三次多項式方程式的問題。其實菲奧爾自己也沒有完全掌握三次方程式的解法，他從費羅那裡繼承下來的方法只能解 $x^3 + mx = n$ 型別的三次方程式，但他更不相信塔爾塔利亞會解三次方程式，為了預防塔爾塔利亞「瞎貓碰到死老鼠」，菲奧爾一下子給了他三十個方程式。

無奈塔爾塔利亞是個天才，他不僅把三十個方程式全部解了出來，還

附帶解了 $x^3 + mx^2 = n$ 型別的三次方程式。這就讓菲奧爾很是尷尬，偷雞不成蝕把米，好不容易蹦躂一回卻正好撞到了槍口之上。

經此一役，菲奧爾被徹底地踩到了腳下，塔爾塔利亞則是一飛沖天，名聲大震。就在這個時候，有一個人悄悄地盯上了他。此人名叫卡丹諾（Cardano），是整個文藝復興時期科學界最為有趣的一個奇才！

卡丹諾的一生傳奇勵志，他擁有許多傲人的標籤，比如醫生、數學家、物理學家、社會活動家、賭徒、異教徒、算命先生和風水大師等。

怎麼樣，是不是看花了眼？這位仁兄的博愛已經到了令人嘆為觀止的程度。他的身世不太好，是個私生子，從小就和貧困與歧視打交道。西元 1526 年，25 歲的卡丹諾醫科畢業後成為一名鄉村醫生。他的生活相當拮据，婚後更加入不敷出，於是搬到了米蘭這座大城市想謀求一份穩定的公職。受累於不好的出身，卡丹諾一開始被排除在專業醫生的社交圈外，後來因為醫術水準高而逐漸名聲在外，才被主流醫界所接納。但卡丹諾也不是個循規蹈矩的角色，在醫學之外，他還醉心於數學、物理學、哲學和占星術等雜學的研究，尤其對賭博很有心得，（死後）出版了一本名為《論賭博遊戲》（*The Book on Games of Chance*）的專著，被認為是現代機率論的先驅。

就是這麼個沒背景之人，動得了手術刀，擲得了骰子，做得來發明，還解得了方程式，卡丹諾博聞強識，以一當百。

西元 1570 年後，卡丹諾的興趣徹底轉向了玄學。他替耶穌算命（這個厲害！）激怒了宗教法庭被捕入獄，在向教會宣誓放棄異端學說之後被釋放。搞笑的是，當時的教宗聽說這個人占星術做得不錯，把他請到了羅馬擔任宮廷「風水師」，卡丹諾從此被教宗包養，占卜工作做得有聲有色。

有次他為自己算了一卦，結果有點尷尬，卦上顯示他的死期是西元 1576 年的 9 月 21 日，距離當時也沒剩幾年，卡丹諾對此倒不以為意，依舊以占星術大師自居。等到這一天真正來臨的時候，老爺子身體健康壯如牛，鄰居們看到了，對他冷嘲熱諷：大師啊，您不是算準了今天要掛的嗎？卡丹諾冷眼相向：你們懂個屁！之後走回屋內就自殺，自殺，自殺了⋯⋯

我確信這是人類歷史上把自己死期算得最準的一個人，但方法實在過於凶狠，請看書的朋友千萬不要模仿。

卡丹諾就這麼走了，但他為我們留下了百科全書式的遺產，流傳至今的著作依然有 7,000 多頁，他編寫的兩本書包含了大量自然科學各個門類的知識和技術，在歐洲各國流傳甚廣。當然，這其中的許多內容都難以稱為真正的科學，但卡丹諾想把包含自然與哲學的所有內容一網打盡的雄心是值得欽佩的，雖然他最終落得了一個「科學史怪人」的稱謂。

在數學上，卡丹諾想編寫一本《大術》(*Ars magna*)，總結代數學有史以來的重要進展，解方程式這樣的內容當然必不可少，因此當他聽說塔爾塔利亞贏得了與菲奧爾的對決之後，很快就找上了門。

不知道卡丹諾是否向塔爾塔利亞開出過一個合適的價碼，又或者只是糊弄他參與一項大百科全書的編撰工作而交出自己的心血，反正塔爾塔利亞是堅定回絕了技術轉讓的要求，解三次方程式是自己掌握的核心技術，怎麼可能說給你就給你呢！卡丹諾也不死心，多次去信爭取，塔爾塔利亞的回覆一律只有兩個字 —— 沒門！

沒門？開扇窗戶也行啊。西元 1539 年，卡丹諾再次向塔爾塔利亞寫信求教，並邀請他訪問米蘭。也許是被卡丹諾先生的熱情與執著打動，又或者是實在受不了長時間沒完沒了的糾纏，塔爾塔利亞來到了米蘭，與卡

丹諾進行了當面交流，卡丹諾再三懇求塔爾塔利亞教給他三次方程式的解法，並發誓絕對不會洩露他的祕密。整個會談，卡丹諾言辭懇切，表情動人，差點就要向對方磕頭拜師了，頗有點金庸先生筆下鳩摩智苦求「六脈神劍」的架勢。

當然，這個類比不太恰當，鳩摩智那算死皮賴臉，明爭暗搶，卡丹諾是肯定不願與之為伍的。

最終，塔爾塔利亞還是心軟了，在得到卡丹諾不會公開發表的承諾之後，他準備把自己多年的研究成果交給對面的這個中年人。但他同時也留了個心眼，並沒有將自己的方法直白地寫出，而是寫成了一首晦澀難懂的二十五行詩，潛臺詞就是：兄弟只能幫到這裡啦，看不看得懂，就看你的造化了。不管怎樣，卡丹諾還是如願拿到了這本蘊含了三次方程式求根公式的「武林祕笈」。

要說卡丹諾的智商也不是蓋的，隨後他就開始研究塔爾塔利亞留下的詩句，他很快搞清楚了這些詩句所隱藏的含義，復原了塔爾塔利亞求解一元三次方程式的方法，並經過艱苦的努力給出了自己的證明。這些成果使卡丹諾大為興奮，他非常想把它們公布在自己即將出版的新書裡，但一想到曾經發下的毒誓，卡丹諾猶豫了。

所謂人生在世，信字當頭，誓言還在耳邊，怎麼能說翻臉就翻臉呢！

然而最終，他還是走出了這一步，慾望一旦開了頭，人們就會想出一萬條理由來鎮壓內心的惶恐。

西元 1542 年，卡丹諾訪問波隆納大學，獲得了一條意外的線索，他遇到了數學教授德拉・納福（della Nave），此人是費羅的女婿，也是費羅的學生，並繼承了費羅在大學裡的教職。納福手裡有一本岳父生前留下的

小冊子，裡面記載了各種精巧的數學結果，其中赫然包括了一元三次方程式的求解方法。這樣看來，費羅在三十多年前就已經知道了三次方程式的解法，將之公告天下也算不上什麼背信棄義的做法！卡丹諾像是抓到了救命稻草，下定決心要違背諾言了。

在《大術》這本書的表述中，卡丹諾相信自己還是做到了實事求是的，他在記述三次方程式那一章的開頭寫道：

> 波隆納的費羅大約在 30 年前發現了這一法則並把它傳授給了菲奧爾，後者在與布雷西亞的塔爾塔利亞競賽時使塔爾塔利亞有機會發現了這一法則。塔爾塔利亞在我的懇求下將方法告訴了我，但沒有證明。在這種幫助下，我克服了很大困難找到了各種形式的證明，現陳述如下……

嗯，不錯不錯，有理有據，符合事實，讓你挑不出半點毛病。

但在塔爾塔利亞看來，這簡直就是混淆是非的強盜邏輯！什麼叫「使塔爾塔利亞有機會發現了這一法則」？那意思就是三次方程式解法的優先權在人家費羅手裡，你塔爾塔利亞不過是重新發現了別人的結果，有什麼好得意的；什麼叫「沒有證明」？那意思就是你塔爾塔利亞可能壓根不知道怎麼證明，解法是從別人那裡撿來的，是我幫你給出了證明。

真是殺人誅心啊……塔爾塔利亞氣得七竅生煙，強烈譴責了卡丹諾背信棄義、顛倒黑白的行為，隨後立刻向卡丹諾發起了挑戰，誓要把失去的名聲重新奪回來。

也許是自知理虧，卡丹諾玩起了「躲貓貓」，從此喊話不理，寫信不回，斷了跟塔爾塔利亞的聯絡。但塔爾塔利亞也不是吃素的，直接找上了門，然而卡丹諾還是不見他，最後竟然派出了自己的僕人應戰。

這就太過分了，學術切磋向來講究個「門當戶對」，同級別的大咖間

相互對戰，贏了自然光彩，輸了也不至於太傷面子，你現在弄出個伴讀小書僮是什麼意思？輸給他顏面掃地，贏了他還會被人說欺負小輩，兩頭不是人啊，塔爾塔利亞氣得快要暈過去。

是否有意羞辱塔爾塔利亞我們就不得而知了，但卡丹諾絕非託大，這個應戰的僕人是個如唐伯虎一般的高人。此人名叫費拉里（Ferrari），雖然出身卑賤，但天資聰穎，勤奮好學，早就已經被卡丹諾收作自己的學生，此時的他風華正茂，年輕氣盛，能量不在卡丹諾之下。另一邊的塔爾塔利亞急於求勝，也顧不上那麼多，捲起袖子就上陣了。

開打！

兩人打了一年多的筆仗，互相提了三十多個問題，不是你說我沒做完就是我說你做錯了，誰也不服誰。既然筆仗打得不過癮，那就當面 PK 吧。於是，就有了西元 1548 年 8 月米蘭大教堂那場著名的辯論。

當面辯論這種事，塔爾塔利亞是吃虧的。一來年齡上處於劣勢，體力是個問題；二來口吃的毛病拖了後腿，打嘴仗沒什麼優勢；三來也是最關鍵的一點，費拉里手中握有一項核子武器：一元四次方程式的解法，比三次方程式還高一次。這可就厲害了，不僅在輿論上搶占了制高點，而且一旦在辯論中使出來，塔爾塔利亞只有吃癟的份。

這場辯論從上午一直持續到了晚間，基本上就是一場毫無邏輯的亂戰，雙方本著你來我往、你死我活的精神，甩掉了知識分子的紳士面具，從正常的學術爭論一直演變成骯髒的人身攻擊。圍觀群眾也只有吃瓜的樂趣，根本跟不上兩人的節奏（或許壓根就沒有節奏）。最後，一場鬧劇在嘈雜的爭吵聲中不了了之……

雖然當面辯論難分高下，但由於《大術》這本書的流行和費拉里對求

解四次方程式的貢獻，大家還是把三次方程式的求根公式稱為卡丹諾公式。這個公式本身遠沒有它誕生的故事那樣精彩有趣，我們享受了人類數百年對數學知識的探索和累積，已經對那些艱澀複雜的遠古方法失去了興趣，但是現在我仍然要把它介紹給大家，因為卡丹諾的公式導致數學上一個非常重要的發明，複數誕生了。

4.5　神祕新數種

卡丹諾的出發點是形如 $x^3 + px = q$ 的三次方程式，下面會看到，任何一個一般形式的三次方程式都可以劃歸到這種情形。

卡丹諾令 $x = \sqrt[3]{m} - \sqrt[3]{n}$，於是

$$x^3 = (m^{\frac{1}{3}} - n^{\frac{1}{3}})(m^{\frac{1}{3}} - n^{\frac{1}{3}})^2$$
$$= (m^{\frac{1}{3}} - n^{\frac{1}{3}})(m^{\frac{2}{3}} + n^{\frac{2}{3}} - 2\,m^{\frac{1}{3}}\,n^{\frac{1}{3}})$$
$$= m - n + 3\,m^{\frac{1}{3}}\,n^{\frac{2}{3}} - 3\,m^{\frac{2}{3}}\,n^{\frac{1}{3}}$$
$$= m - n - 3\,(mn)^{\frac{1}{3}}\,x$$

如此，原方程式變成

$$m - n - 3\,(mn)^{\frac{1}{3}}\,x = -\,px + q$$

現在比較方程式兩邊的係數，只要 m 和 n 滿足條件 $m - n = q$、$mn = \dfrac{p^3}{27}$，這個等式就能成立。

於是，採用一種 16 世紀已經非常常見的配方法，卡丹諾得到

$$(m+n)^2 = m^2 + 2mn + n^2$$
$$= m^2 - 2mn + n^2 + 4mn$$
$$= (m-n)^2 + 4mn$$
$$= q^2 + \frac{4\,p^3}{27}$$

從而 $m+n = \sqrt{q^2 + \dfrac{4\,p^3}{27}}$。這個結果與 $m-n=q$ 聯立解得

$$\begin{cases} m = \dfrac{q}{2} + \dfrac{1}{2}\sqrt{q^2 + \dfrac{4\,p^3}{27}} \\[3mm] n = -\dfrac{q}{2} + \dfrac{1}{2}\sqrt{q^2 + \dfrac{4\,p^3}{27}} \end{cases}$$

那麼原三次方程式的最終解可以用係數表達為

$$x = \sqrt[3]{\frac{q}{2} + \frac{1}{2}\sqrt{q^2 + \frac{4\,p^3}{27}}} - \sqrt[3]{-\frac{q}{2} + \frac{1}{2}\sqrt{q^2 + \frac{4\,p^3}{27}}}$$

這就是 $x^3 + px = q$ 型三次方程式的求根公式。

現在看來，把 x 設為 $\sqrt[3]{m} - \sqrt[3]{n}$ 這一步實在非常巧妙，三次方程式一下子就被「降解」了。不過需要注意的是，在卡丹諾處理的方程式中，係數 p 和 q 均為正數，因而在開平方時不會出現被開方數小於 0 的情況。如果把方程式 $x^3 + px = q$ 輕輕地變為

$$x^3 = px + q$$

並且依然假設 $p>0$，$q>0$，卡丹諾就得採用別的方法了。

他模仿解前一個型別的方程式時所採取的步驟，令 $x = \sqrt[3]{m} + \sqrt[3]{n}$，最後解出

$$x = \sqrt[3]{\frac{q}{2} + \frac{1}{2}\sqrt{q^2 - \frac{4}{27}p^3}} + \sqrt[3]{\frac{q}{2} - \frac{1}{2}\sqrt{q^2 - \frac{4}{27}p^3}}$$

一切推導都有據可循，卡丹諾似乎又順利地攻克了一種新型的三次方程式。但此時被開方數 $q^2 - \frac{4}{27}p^3$ 的模樣卻令人感到無比的困惑，如果 p 充分大的話，它應該是一個負數，然而負數在當時是沒有辦法求平方根的。

尤其在卡丹諾知道三次方程式最多只有三個根之後，他就更加鬱悶了。比方說，方程式 $x^3 = 7x + 6$ 的三個根分別為 -2、-1 和 3，但按照卡丹諾的公式，方程式的解應為

$$x = \sqrt[3]{3 + \sqrt{9 - \frac{343}{27}}} + \sqrt[3]{3 - \sqrt{9 - \frac{343}{27}}}$$

如果我們不是故意「眼瞎」的話，它必須等於 -2、-1 和 3 當中的一個，可天知道 $\sqrt{9 - \frac{343}{27}}$ 是個什麼鬼啊！

迫不得已，卡丹諾只好把它稱為一種新型的數，這直接導致了數學中複數的發明。

當然，後世有了棣美弗（de Moivre）定理

$$[\rho\,(\cos\theta + i\sin\theta)]\,^n = \rho^n\,(\cos n\theta + i\sin n\theta)$$

之後，我們就能理解其中發生了怎樣的故事。作為複數，$3 + \sqrt{9 - \frac{343}{27}}$ 和 $3 - \sqrt{9 - \frac{343}{27}}$ 的虛部相差了一個負號，它們一組明顯立方根的虛部也因此相差了一個負號，這組立方根相加之後自然就變成一個實數，事實上，這個實數就是 3。所以，卡丹諾的方法是對的，但若不經由虛數的世界，他就無法得到正確的解（實根）。

這顯示了一個非常有趣的事實：解二次方程式的時候，我們可以因為

方程式沒有實根而迴避對虛數的使用，但在解三次方程式的時候，要想透過卡丹諾公式找到方程式的實根，卻再也繞不開虛數了。

以上就是卡丹諾在《大術》中所記錄的三次方程式的主要解法，較為現代的三次方程式解法出自韋達的總結。

對於任何一個一元三次方程式

$$x^3 + bx^2 + cx + d = 0$$

韋達也像卡丹諾那樣透過變數替換消去方程式的次高項，即平方項。令 $x = y - \dfrac{b}{3}$，代入得到如下形式的三次方程式

$$y^3 + py + q = 0$$

再令 $y = z - \dfrac{p}{3z}$，方程式化為

$$z^3 - \frac{p^3}{27\,z^3} + q = 0$$

作為 z^3 的二次方程式，我們可以輕鬆解出 $z^3 = -\dfrac{q}{2} \pm \sqrt{R}$，其中 $R = \left(\dfrac{p}{3}\right)^3 + \left(\dfrac{q}{2}\right)^2$。接下來，透過開立方運算得到一個值 $z = \alpha$，代回到 y 和 x 的表示式，就得到了原方程式 $x^3 + bx^2 + cx + d = 0$ 的一個實根。

值得說明的是，韋達使用到的 $z = \alpha$ 只是 $z^3 = -\dfrac{q}{2} \pm \sqrt{R}$ 的正立方根（如果有的話），負根總是被他無情地忽略，但事實上這裡總共會出現六個（複）根。若記方程式 $x^3 = 1$ 的三個根為 $\{1, \omega, \omega^2\}$（其中 ω 被稱為本原三次單位根，使它的方冪等於 1 的最小冪次恰為 3），α 為 $z^3 = -\dfrac{q}{2} \pm \sqrt{R}$ 的實立方根，則 $\{\alpha, \omega\alpha, \omega^2\alpha\}$ 給出了 $z^3 = -\dfrac{q}{2} \pm \sqrt{R}$ 的全部三個根。當考慮 $z^3 = -\dfrac{q}{2} \pm \sqrt{R}$ 時，還有另外三個。從三次方程式根的個數可以推知，這六個複根恰好給出了三個 y 值，它們決定了原三次方程式的全部三個解。當然，這些內容韋達是肯定想不到的，雖然卡丹諾已經提出了複數

的概念，但那以後的很長時間裡人們都無法正確地理解，引入本原三次單位根 ω 是尤拉的工作。

解四次方程式的思路是類似的，首先透過變數替換把次高項也就是三次項消去，然後利用配方法將沒有了三次項的四次方程式化為二次多項式的二次方程式來求解。雖然過程更為複雜，中間也用到了三次方程式的解法，但四次方程式的求根公式終究還是被人們得到了。

在那以後，數學家們自然把目光瞄向了五次方程式。但在這裡，人們遇到了意想不到的困難。所有期望中可行的辦法到最後全都失效了，一般的五次方程式看起來根本不可能轉化成低次方程式來求解。格雷戈里與他的合作者花了很長時間來研究這個問題都沒有獲得任何進展，最後乾脆在自己關於積分法的一本著作中猜測：

一般的五次以上方程式不能用代數方法求解！

真不知道該把格雷戈里的猜測稱為神預言還是烏鴉嘴，總之，他猜對了，讓你忍不住捶胸頓足又不得不心悅誠服。

4.6　引路人

所有人在提到五次以上一般方程式沒有求根公式這個結論的時候都不能不提尼爾斯·阿貝爾（Niels Henrik Abel），挪威歷史上最偉大的數學家，沒有之一。儘管他的生命在時間軸上的長度只有短短 27 年，但他留下的思想足夠恩惠世人 500 年 [026]。

雖然發現五次以上一般方程式沒有代數解法是阿貝爾的成名之作 [義

---

[026]　法國數學家埃爾米特（Hermite）的名言。

大利人魯菲尼（Ruffini）也曾獨立地證明了五次以上一般方程式沒有根式解，人們通常稱此結論為阿貝爾－魯菲尼定理]，但他一生中最重要的工作位於橢圓函數領域。這是一種類比於三角函數而得的雙週期超越函數，阿貝爾將其引入，用於研究一類重要的，無法用初等函數表達的不定積分 —— 橢圓積分。我倒是很想向大家解釋這其中所包含的深邃思想，因為它離現在的基礎數學前緣已經非常接近了，但無奈它的內容遠遠超過了本書設定的框架，只能割愛，或許在下一本續集中我們可以聊一聊。

因為內容上的限制，我們無法在這本書裡為阿貝爾置留太多的篇幅，但我必須要強調他的歷史地位。「阿貝爾」這個名字如今被用來修飾數學中的許多概念和定理，它在現代數學論文和書籍中出現的頻率已經不亞於同時代的尤拉、高斯和柯西等人，這當然不是說阿貝爾的學術成就超越了尤拉和高斯，而是指阿貝爾在數學界內擁有不輸於他人的知名度和影響力。2001 年，挪威政府宣布設立一項國際大獎 —— 阿貝爾獎，以紀念阿貝爾 200 週年誕辰，這一獎項具有極高的國際聲譽，被視為數學界的終身成就獎。

阿貝爾在這個世界上停留的時間太短了，完全來不及享受他所應得的榮耀。然而造成這一局面的並非天災，而是人禍，因為阿貝爾生前完全有機會擺脫貧困和疾病。

在阿貝爾所處的那個時代，歐洲大陸的科學研究正處於從私人資助向社會化資助的轉型時期，阿貝爾沒有高斯那樣的好命，有一位能夠長期、無私資助他的公爵。大學畢業之後，他只能每年都向政府申請微薄的津貼以維持生計，這些津貼並不足以支持阿貝爾的研究工作，他甚至沒錢拜訪其他地方的數學家。雖然也有一些來自朋友的幫助，但整體來說仍然是杯水車薪，阿貝爾在完成五次方程式無法根式求解的工作之後曾經出版了一

份研究報告，但為了省錢，他強迫自己把這份研究報告限制在六頁之內。

想想都覺得慘啊……

有沒有辦法改變這種困境呢？有，不過也是一條老路了 —— 獲得學術權威的肯定。

這麼說你可能會有些意外，科學不都是有客觀標準的嗎？科學家的故事不都是百分之一的天賦加上百分之九十九的汗水，歷盡艱難困苦攻克了某個超級難題或者做出了什麼重大發現之後，緊接著鮮花與掌聲自動湧來，大家對他頂禮膜拜，五體投地嗎？

真實的世界並沒有那麼美好，上面那些故事發生的機率實際上是很低的。科學界也不像你所想像的那樣簡單、純粹，並不是誰掌握了真理誰就掌握了話語權。

科學界的事務是由科學家共同體來決定的，這個群體的大家長，叫做學術權威。權威們的認可有著舉足輕重的分量，他們就像一個個擁有超級許可權的管理員，可以輕易地把你拉進社交圈，成為自己人，也可以隨性地把你踢出去，成為可有可無的看客。

在科學界，學術權威們扮演著大法官的角色，但他們也是人，也有自己的審美偏好，會不可避免地拔高或降低某項科學研究成果的真正價值，像克羅內克對康托爾那樣的刻意打壓絕對不是偶爾才會出現的特例，科學史上這樣的事情經常發生。即使學術權威們能夠秉持公允的態度，毫無私心，也不能保證每一項科學研究成果都能夠及時收到符合價值的回報，因為科學價值這個東西本身就是由學術權威所定義的，然而他們的認知和眼界會有局限，在面對超脫時代的新思想和新觀點時難免有失偏頗。然而為了科學的純淨和安全，這種情況看起來很難改變，學術權威們在審視科學

邊界的時候只能謹慎地依賴已經生長成型的科學體系並在此之上添磚加瓦，來自體系之外的奇思異想很難在短時間內贏得尊重。

　　這一規則古今通用，如今的任何一本學術期刊，任何一項科學研究經費的評審，都會有一串編委或者評審名單，他們決定了你的論文是否被錄用，你的經費申請是否被批准。來自哈佛的投稿郵件就是會比來自小學校的更受重視，學術資源也毫無疑問地會向更大規模的研究團隊靠攏，因為他們的導師和朋友掌握了話語權，他們生長於體系之內，被認可為推動科學進步的可靠力量。你並不能說他們的做法毫無道理，畢竟科學的突破往往就是在無數前人努力基礎上的一小步，體系內的科學家在研究工作的傳承上具有先天的優勢。

　　境遇悲慘的阿貝爾顯然不在這個體系之內，至少不在更受重視的那個分支，他曾經把研究五次方程式可解性的成果寫成一篇論文寄給高斯，希望得到他的認可，但是高斯連看都沒看就把論文甩到了一邊，猜想他把阿貝爾當成了一個投機取巧的民間科學家，因為五次方程式的求根公式在當時是一個有著 250 多年歷史懸而未決的難題，一個籍籍無名的年輕小輩怎麼可能解決。

　　阿貝爾沒有死心，又轉戰巴黎，那裡有著更多的學術權威。阿貝爾把自己關於橢圓函數的研究寫成一份報告，寄給了科學院，時任科學院祕書的傅立葉（Fourier）老先生讀了引言之後委託柯西進行審查，但柯西居然把論文給弄丟了，等到論文找到時阿貝爾早就去見了上帝，這種丟三落四的作風實在是害人不淺啊，如果阿貝爾不是個無名小卒，相信柯西肯定不會如此對待他的論文。

　　受到冷落的阿貝爾只好回到了挪威，此時的他欠了一屁股的債，越發窮困。更令人難過的是，他還染上了肺結核，儘管他依然從事著數學研究

並且獲得了極為豐富的成果，但命運已經不可避免地急轉直下。西元 1829 年 4 月 6 日，阿貝爾病逝於挪威，在他死後，人們才意識到他工作的重要性，四位法國科學院院士聯名上書挪威國王，請他為阿貝爾提供合適的科學研究職位，他的朋友也從德國來信告知在柏林一所大學裡幫他找到了一個教授職位，但一切為時已晚，數學界的天才已經看不到這些了。整個故事中唯一溫暖的地方就是阿貝爾收穫了一份純真的愛情，他的未婚妻在他病重期間不離不棄，悉心照料和陪伴他度過了人生中最後的三個月。

每每讀到這種悲慘故事的時候，我們都會忍不住痛斥科學界的冷漠制度，批評那些不負責任的學術權威，但如果你從科學發展的宏觀角度來思考問題，你就會發現這樣的事情幾乎是無法避免的。以學術權威為核心的家長領導制為科學的發展節約了大量的時間成本，如果一百篇標新立異的學術文章中只有一篇是可靠的，為了把那不可靠的九十九篇篩選淘汰，最高效率的辦法就是把這一百篇全部封鎖。這話聽起來很殘酷，但在現代科學龐大的體系之下，恐怕卻是最為恰當的做法。

當然，我們也無須悲觀，科學界自帶修正包，在這裡有一句老話是適用的，叫做「是金子總會發光」，只不過這個修正包的延遲效應通常很明顯。如果滿足兩個條件就可以讓這個延遲效應得到最大程度的減小：第一，你是金子並且純度極高。第二，你的成果貼近核心的研究領域。

同時，也別忘記數學作為語言的特性，缺乏交流性的數學要想獲得承認具有極高的難度。就以數學界最近幾年所發生的重大事件為例，張益唐先生在「孿生質數猜想」上的突破性工作採用的其實是傳統的技巧和方法，但因為一下子戳中了解析數論的盲點，立刻獲得了學者們的認可；裴瑞爾曼（Perelman）解決龐加萊猜想的文章倒是費了人們不少工夫，因為裡面有太多的地方「語焉不詳」，好在他所使用的 Ricci 流是微分幾何學界

非常流行的工具，數學家們也樂意花上大把時間幫他檢查證明；你再看看望月新一（Shinichi Mochizuki）對「abc 猜想」那個幾乎用獨創性語言做出的證明，到目前為止還在艱難地做著「翻譯」的工作，翻譯成數學家們能夠理解的物件和推理過程。要不是望月新一前期的工作背景稱得上專業，人們恐怕根本就不會去嘗試這種「自廢武功」的行為。

回到我們的主角阿貝爾上來，也不知道應該稱為幸運還是不幸，他的工作滿足以上所有條件，所以很快得到了承認，但依然來不及扭轉他的命運。

阿貝爾證明了高次方程式沒有求根公式的猜測，是多項式方程式理論的一個重大突破，但他的證明過程迂迴複雜，並且還留下了一條大尾巴。阿貝爾證明了高於五次的一般多項式方程式沒有一個通行的辦法可以將方程式的根用係數經過有限次的加、減、乘、除和開平方運算表達出來，但某些特殊的方程式是可以的，比如 $x^p = 1$，p 為質數，高斯的一個著名結果指出本原質數次單位根可以用根式求解。

於是，什麼樣的方程式可以用根式求解，什麼樣的方程式不可以，就變成了下一個自然的問題。這條尾巴最終被與阿貝爾同時期的另一位法國數學天才給斬斷了，這位仁兄的故事更加為人所津津樂道，請大家屏住呼吸，數學史上最能喧鬧的一位數學家就要登場了。

4.7 伽羅瓦

數學界進入 19 世紀一下子出現了兩個超級天才，挪威人阿貝爾（Abel）和法國人伽羅瓦（Galois），用一句話來形容他們倆就是：福有雙至，禍不單行。

阿貝爾對數學的貢獻無須多言，伽羅瓦也不遑多讓，他對多項式方程式根式可解性的研究最大的成果是一個大名鼎鼎的副產品 —— 群論。這可是一顆名副其實的金蛋，如今已經滲透到了自然科學各個領域的許多方面，被譽為近代數學和現代數學的分水嶺。

然而伽羅瓦和阿貝爾一樣，都過早地悲劇性地離開了人世，兩人去世時的年齡有一歲算一歲，加起來一共 48。

與阿貝爾的窮困潦倒不同，伽羅瓦是自己弄死的。

伽羅瓦從小生長在一個還算富裕的家庭，父母都是知識分子。在 12 歲進入中學之前，伽羅瓦一直由母親負責教育，與正常孩子沒什麼兩樣，然而伽羅瓦的父親有個不太好的職業 —— 市長。

這麼說你肯定覺得我做作，市長的職業還不好，你想怎樣？但天地良心我沒有撒謊，當時的行政官員就是一個高風險行業。19 世紀初的法國正在經歷一場劇烈的社會動盪，整個國家自上而下，共和派與君主派打得不可開交，面臨無休止的站隊和爭吵，市長真的不是一個好職業。

伽羅瓦的父親是一個溫和的共和派，性格柔軟，為人和藹，擁有著深厚的民意基礎，這招致了很多君主派人士的仇恨與不滿。伽羅瓦耳濡目染兩派之間水深火熱的激烈爭鬥，對政治逐漸變得敏感起來。

可惜數學家一旦扯上了政治，結局多半會以悲劇收場。因為數學家追求篤定的真理，容不得微小的瑕疵，說好聽點叫做理想主義，說難聽點就叫做偏執，而優秀的政治家除了要有堅毅、隱忍的性格，還要懂得妥協的藝術，兩者從根本上就是矛盾的。伽羅瓦 12 歲的時候，入讀一所頗有名望的皇家中學。中學的校長是個君主派，在一次處理具有共和主義傾向的反叛事件中開除了一百多名學生，伽羅瓦因為年紀小沒有被牽連，但他深

深地同情那些被羞辱的同學，心中燃起了一種反抗的慾望。

此時的伽羅瓦還沒有被偏執的精神所控制，直到他遇見了自己的生命不能承受之重 —— 數學。

說來也奇怪，伽羅瓦直到很晚（16 歲）才被允許接觸第一門數學課程，但也許是命中注定，他瘋狂地愛上了這門學科並立刻展現出驚人的天賦。在此之前，伽羅瓦的各科成績可以用「齊頭並進」來形容，但接觸到數學科目之後，就只剩下「一枝獨秀」了，他的老師曾經做過一個非常精準的評價：該生只適合在數學的最高領域工作！

這話說出來都不知道是在誇人還是在損人，但放在伽羅瓦的身上，卻是不折不扣的事實。課本裡的數學知識已經遠遠滿足不了伽羅瓦的需求，他跳過了一切細枝末節，直接自學當時數學大師們的最新成果。伽羅瓦最感興趣的是拉格朗日、高斯、柯西和阿貝爾等人的著作，目光自然而然地轉向了高次多項式方程式的求解，他非常清楚阿貝爾工作中所遺留的問題，並對解答它充滿了雄心壯志。然而留給伽羅瓦的時間已經不多了，從這時算起，還剩四年。

與阿貝爾的想法一樣，伽羅瓦也把目光盯在了多項式方程式自身的根上。這時的數學界，人們已經知道在複數系中，n 次多項式方程式恰好有 n 個根（重根計重數），並且研究整係數的多項式方程式和研究有理係數的多項式方程式在本質上就是同一回事，因為對任何一個有理係數的多項式方程式

$$r_0 \, x^n + r_1 \, x^{n-1} + \cdots + r_{n-1} x + r_n = 0 , r_i \in \mathbb{Q}$$

只要在方程式的兩邊同時乘上 r_i 之分母的最小公倍數，我們就能得到一個整係數的多項式方程式，並且方程式的根不會發生改變。這麼做有個

好處，有理數集 $\mathbb{Q}$ 對有限次的加、減、乘、除四則運算封閉，但整數集 $\mathbb{Z}$ 不是（對除法不封閉），既然求根公式本身就包含四則運算，直接考慮有理係數的多項式方程式就更加順手一些。

對於有理係數的一次方程式 $x - a = 0$，我們沒什麼好做的，它的根 $x = a$ 一目瞭然，本身就是個有理數。真正的挑戰從二次開始，對於一般的二次方程式，它的根已經突破了有理數集的限制，比如二項方程式 $x^2 - 2 = 0$，$\sqrt{2}$ 就不是一個有理數。為了研究它，人們必須擴充有理數的集合。

但究竟把有理數集擴到多大是很有講究的。最安全的做法當然是把整個複數集 $\mathbb{C}$ 一起拿來，所有多項式方程式的根都是複數，並且複數集對加、減、乘、除四則運算封閉，但這個集合對有理數集而言太大了（原因後面會講）。擴展到實數集 $\mathbb{R}$ 也不行，一來還是太大，二來實數集裡並不包含方程式的複根。

數學家們小心翼翼地做著開疆闢土的工作，希望在有理數集 $\mathbb{Q}$ 的基礎上，把 $\sqrt{2}$ 新增到加、減、乘、除運算中，使得新的數集在四則運算下再次保持封閉。

令人欣慰的是，這樣的數集距離有理數集並不太遠。原因十分精巧，$\sqrt{2}$ 與 $\sqrt{2}$ 相乘等於 2，又掉回到了有理數集中。所以形如 $a + b\sqrt{2}$，a，$b \in \mathbb{Q}$ 的陣列成的集合已經足夠使四則運算再次保持封閉，並且這個集合既包含全體有理數（$b = 0$），又包含 $\sqrt{2}$（$a = 0$，$b = 1$）。我們來驗證一下：

$$(a + b\sqrt{2}) + (c + d\sqrt{2}) = (a + c) + (b + d)\sqrt{2} \, ;$$

$$(a + b\sqrt{2})(c + d\sqrt{2}) = (ac + 2bd) + (ad + bc)\sqrt{2} \, ;$$

$$\frac{a + b\sqrt{2}}{c + d\sqrt{2}} = \frac{(a + b\sqrt{2})(c - d\sqrt{2})}{(c + d\sqrt{2})(c - d\sqrt{2})}$$

$$= \frac{(ac - 2bd) + (bc - ad)\sqrt{2}}{c^2 - 2d^2}$$

不難證明，這個數集是包含 $\mathbb{Q}$ 和 $\sqrt{2}$ 使得四則運算保持封閉的最小集合，我們給它一個符號：$\mathbb{Q}(\sqrt{2})$，唸作 $\mathbb{Q}$ 新增上 $\sqrt{2}$。推而廣之，符號 $\mathbb{Q}(\alpha_1, \alpha_2, \cdots, \alpha_n)$ 就是指同時包含 $\mathbb{Q}$ 和 $\alpha_1, \alpha_2, \cdots, \alpha_n$ 並且使四則運算保持封閉的最小集合。

在數學上，一個定義了加法和乘法[027] 並且對四則運算保持封閉的集合被稱為域，$\mathbb{Q}$ 就叫有理數域，$\mathbb{R}$ 是實數域，$\mathbb{C}$ 是複數域。像 $\mathbb{Q}(\sqrt{2})$ 這樣由有限個代數數在有理數集上生成的域被稱為代數數域，它是數學家們重點研究的對象。

兩個域 K 和 L 如果存在著包含關係 $K \subseteq L$，則稱 L 是 K 上的一個域擴張。如此，$\mathbb{R}$、$\mathbb{C}$ 和 $\mathbb{Q}(\sqrt{2})$ 都是有理數域 $\mathbb{Q}$ 上的域擴張。

接下來，我們將把目光聚焦到域擴張上。如果要問一個域擴張 $K \subseteq L$ 有多大，或者形象地說 L 距離 K 有多遠，你會採用什麼樣的辦法來衡量呢？

以被新增數的大小來衡量如何？不好意思，這不是一個可靠的想法。比如 $\mathbb{Q}(\sqrt{2})$ 與 $\mathbb{Q}(\sqrt{3})$，雖然有 $\sqrt{2}$ 小於 $\sqrt{3}$，但 $\mathbb{Q}(\sqrt{2})$ 與 $\mathbb{Q}(\sqrt{3})$ 之間

---

[027] 與我們通常的理解一致，這裡的加法和乘法也要滿足結合律、交換律和分配律，並且存在單位元素。

並沒有直接的包含關係 [028]，我們沒有理由認為$\mathbb{Q}(\sqrt{2})$比$\mathbb{Q}(\sqrt{3})$距離$\mathbb{Q}$更近一些。那比較被新增數的個數呢？在$\mathbb{Q}$的基礎上新增一個數總該比新增兩個數距離$\mathbb{Q}$更近一些吧？事實證明，這種想法更加天真，域擴張的大小與被新增數的個數之間沒有半點關係。比如$\mathbb{Q}(\sqrt[6]{2})$與$\mathbb{Q}(\sqrt{2},\sqrt[3]{2})$，$\mathbb{Q}(\sqrt[6]{2})$在$\mathbb{Q}$的基礎上新增一個數而得，$\mathbb{Q}(\sqrt{2},\sqrt[3]{2})$則新增兩個數。雖然$\mathbb{Q}(\sqrt{2},\sqrt[3]{2})$中被新增的數更多，但不代表得到的集合就更大，注意到$(\sqrt[6]{2})^3=\sqrt{2}$，$(\sqrt[6]{2})^2=\sqrt[3]{2}$，$\mathbb{Q}(\sqrt{2},\sqrt[3]{2})$事實上是包含在$\mathbb{Q}(\sqrt[6]{2})$中的，$\mathbb{Q}(\sqrt[6]{2})$距離$\mathbb{Q}$更近的說法自然不合情理。不僅如此，如果你掌握了更多的域擴張知識，你就會了解到不管在$\mathbb{Q}$上新增多少個代數數得到一個數域L，只要被新增數的個數有限，你都能找到一個單一的代數數α使得$L=\mathbb{Q}(\alpha)$。

　　所以，尋找上述問題的正確答案，不能只局限於域擴張的表面形式，而是要回到被新增數之間的代數關係中來。舉例說明，我們之所以認為$\mathbb{Q}(\sqrt{2})$距離$\mathbb{Q}$比較近是因為$(\sqrt{2})^2=2$，只需要做一個平方運算，$\sqrt{2}$就回到了$\mathbb{Q}$中，這使得$a+b\sqrt{2}$，$a,b\in\mathbb{Q}$足以刻劃$\mathbb{Q}(\sqrt{2})$中的所有元素。換句話說，1 和$\sqrt{2}$兩個數足以在$\mathbb{Q}$上生成整個$\mathbb{Q}(\sqrt{2})$。反觀$\mathbb{Q}(\sqrt[3]{2})$則沒那麼幸運，除了 1 和$\sqrt[3]{2}$以外，你至少還需要$(\sqrt[3]{2})^2$以便將$\mathbb{Q}(\sqrt[3]{2})$中的元素都寫成$a+b(\sqrt[3]{2})^2+c\sqrt[3]{2}$，$a,b,c\in\mathbb{Q}$的形式。從這個角度來講，$\mathbb{Q}(\sqrt{2})$比$\mathbb{Q}(\sqrt[3]{2})$更接近$\mathbb{Q}$是理所當然的。對一個一般的域擴張$K\subseteq L$而言，最小的正整數$n$，使得$L$中存著在$n$個元素$\{\alpha_1，\cdots\cdots，\alpha_n\}$且以如下形式進行組合

$$k_1\alpha_1 + k_2\alpha_2 + \cdots\cdots + k_n\alpha_n，k_i \in K$$

能夠生成L中的所有元素，稱為$K\subseteq L$的擴張次數，它是衡量域擴

---

[028]　證明參見附錄。

張大小的重要指標。

　　這一概念實際上就是大家經常掛在嘴邊的「維數」，如果把坐標平面上的點都看成複數的話，「平面是二維的」這句話意思是指域擴張$\mathbb{R} \subseteq \mathbb{C}$是一個二次擴張，因為每一個複數都可以寫成$a + bi$，$a$，$b \in \mathbb{R}$的形式，1 和 i 足夠在$\mathbb{R}$上生成整個$\mathbb{C}$，此外任何單一的複數都不能做到這一點。按照同樣的標準，$\mathbb{Q}(\sqrt{2})$在$\mathbb{Q}$上的擴張次數也是 2，$\mathbb{Q}(\sqrt[3]{2})$在$\mathbb{Q}$上的擴張次數則是 3。[029]

　　一般地，代數數域都是有理數域上的有限次擴張。

　　相比之下，$\mathbb{R}$和$\mathbb{C}$就大得多了，它們在$\mathbb{Q}$上的擴張次數都是∞（無窮），你找不到任何只包含有限個元素的陣列使得它們在$\mathbb{Q}$上生成整個$\mathbb{R}$或$\mathbb{C}$，這就是數學家們對求解多項式方程式時把有理數集擴充到整個$\mathbb{R}$或$\mathbb{C}$感到不痛快的原因。

　　求域擴張的次數是個技術工作，絕非一目瞭然。比較容易想到的關聯是：新增代數數 α 得到的域$\mathbb{Q}(\alpha)$在$\mathbb{Q}$上的擴張次數與 α 滿足的多項式方程式的次數有關。比如 $\sqrt{2}$ 滿足的方程式是 $x^2 - 2 = 0$，所以$\mathbb{Q}(\sqrt{2})$在$\mathbb{Q}$上的擴張次數為 2。這個直覺是對的，假設代數數 α 滿足一個 n 次的多項式方程式

$$x^n + a_1 x^{n-1} + a_2 x^{n-2} + \cdots\cdots + a_{n-1}x + a_n = 0 \text{，}$$

則關係式

$$\alpha^n = -a_1\alpha^{n-1} - a_2\alpha^{n-2} - \ldots\ldots - a_{n-1}\alpha - a_n$$

保證了陣列 $\{1，\alpha，\alpha^2，\cdots，\alpha^{n-1}\}$ 可以在$\mathbb{Q}$上生成整個$\mathbb{Q}(\alpha)$（想想看

為什麼)。但此時 n 並不一定是 $\mathbb{Q}(\alpha)$ 在 $\mathbb{Q}$ 上的擴張次數,舉個例子,本原三次單位根 ω 滿足方程式 $x^3 - 1 = 0$,然而 $\mathbb{Q}(\omega)$ 在 $\mathbb{Q}$ 上的擴張次數是 2,而不是 3。原因在於,$x^3 - 1$ 可以寫成兩個有理係數多項式的乘積

$$x^3 - 1 = (x - 1)\ (x^2 + x + 1)$$

三次單位根 ω 事實上是方程式 $x^2 + x + 1 = 0$ 的根。$\omega^2 = -1 - \omega$,1 和 ω 已經足夠在 $\mathbb{Q}$ 上生成整個 $\mathbb{Q}(\omega)$ 了。

上面的分析涉及多項式的因數分解,如果一個有理係數的多項式可以寫成兩個有理係數多項式的乘積,則稱此多項式在有理數域 $\mathbb{Q}$ 上是可約的,反之則稱其不可約。例如,$x^3 - 1$ 是有理數域上的可約多項式,$x^2 + x + 1$ 是不可約多項式。任何一個代數數 α 都滿足一個不可約多項式所定義的方程式,這個不可約多項式就是使得 $f(\alpha) = 0$ 成立的次數最小的多項式 f,稱為 α 在 $\mathbb{Q}$ 上的極小多項式,極小多項式在最高次項係數為 1 的前提下是唯一的。我們有一個重要的結論:

代數數 α 在 $\mathbb{Q}$ 上的極小多項式次數與 $\mathbb{Q}(\alpha)$ 在 $\mathbb{Q}$ 上的擴張次數相等。此外,若有域擴張 $K \subseteq F \subseteq L$,則 L 在 K 上的擴張次數等於 L 在 F 上的擴張次數乘以 F 在 K 上的擴張次數。

所以,從 $\mathbb{Q} \subseteq \mathbb{Q}(\sqrt{2}) \subseteq \mathbb{Q}(\sqrt{2}, \sqrt[3]{2})$ 知,$\mathbb{Q}(\sqrt{2}, \sqrt[3]{2})$ 在 $\mathbb{Q}$ 上的擴張次數被 2 整除,從 $\mathbb{Q} \subseteq \mathbb{Q}(\sqrt[3]{2}) \subseteq \mathbb{Q}(\sqrt{2}, \sqrt[3]{2})$ 知,$\mathbb{Q}(\sqrt{2}, \sqrt[3]{2})$ 在 $\mathbb{Q}$ 上的擴張次數被 3 整除。由於 2 與 3 互質,$\mathbb{Q}(\sqrt{2}, \sqrt[3]{2})$ 在 $\mathbb{Q}$ 上的擴張次數就應該被它們的乘積 6 整除,$\mathbb{Q}(\sqrt{2}, \sqrt[3]{2})$ 不僅僅是包含在 $\mathbb{Q}(\sqrt[6]{2})$ 中,而是從根本上就與 $\mathbb{Q}(\sqrt[6]{2})$ 相等。

真是令人大開眼界!

在阿貝爾的工作之後,人們對域擴張和極小多項式的認識大致上就到

這裡了 [030]。而伽羅瓦與阿貝爾相比，一下子走遠了幾條街，他把不可約多項式方程式

$$x^n + a_1 x^{n-1} + a_2 x^{n-2} + \cdots\cdots + a_{n-1} x + a_n = 0$$

的所有根 $\{\alpha_1, \cdots\cdots, \alpha_n\}$ 都新增進來，形成了一個更大的域 $\mathbb{Q}(\alpha_1, \cdots, \alpha_n)$，叫做多項式 $x^n + a_1 x^{n-1} + a_2 x^{n-2} + \cdots\cdots + a_{n-1} x + a_n$ 在 $\mathbb{Q}$ 上的分裂域，相應的域擴張 $\mathbb{Q} \subseteq \mathbb{Q}(\alpha_1, \cdots, \alpha_n)$ 稱為一個伽羅瓦擴張。

伽羅瓦的想法很簡單，域擴張 $\mathbb{Q} \subseteq \mathbb{Q}(\alpha_1, \cdots, \alpha_n)$ 的性質決定了 $\{\alpha_1, \cdots\cdots, \alpha_n\}$ 是否可以根式解出。

他的切入點在一個現在稱為根式擴張的域擴張上。既然求根公式在加、減、乘、除之外只允許開平方運算，伽羅瓦考慮這樣的域擴張 $K \subseteq K(\beta)$，其中 β 的某個 m 次方 $\beta^m \in K$，這種擴張被稱為一個根式擴張。域擴張 $K \subseteq L$ 之間如果可以插入一連串的根式擴張

$$K = K_0 \subseteq K_1 \subseteq \cdots\cdots \subseteq K_t = L，$$

其中 $K_i = K_{i-1}(\beta_i)$，$\beta \beta_i^{m_i} \in K_{i-1}$，則稱 $K \subseteq L$ 是一個根式擴張鏈。顯然，若多項式方程式 $x^n + a_1 x^{n-1} + a_2 x^{n-2} + \cdots\cdots + a_{n-1} x + a_n = 0$ 的根可以透過係數由有限次的加、減、乘、除和開平方運算求得，則它的分裂域 $\mathbb{Q}(\alpha_1, \cdots, \alpha_n)$ 必定包含在一個從 $\mathbb{Q}$ 出發的根式擴張鏈中。

大家不妨把卡丹諾給出的三次方程式求根公式當作一個例子，試著寫出一個包含三次多項式分裂域的根式擴張鏈。

比方說，$x^3 + px = q$ $(p，q > 0)$ 型三次方程式的求根公式為

$$x = \sqrt[3]{\frac{q}{2} + \frac{1}{2}\sqrt{q^2 + \frac{4\,p^3}{27}}} - \sqrt[3]{-\frac{q}{2} + \frac{1}{2}\sqrt{q^2 + \frac{4\,p^3}{27}}}$$

於是 $x^3 + px = q$ 的分裂域包含在如下的一個根式擴張鏈中

$$\mathbb{Q} = K_0 \subseteq K_1 = \mathbb{Q}(\zeta_3) \subseteq K_2 = K_1\left(\sqrt{q^2 + \frac{4\,p^3}{27}}\right) \subseteq K_3$$

$$= K_2\left(\sqrt[3]{\frac{q}{2} + \frac{1}{2}\sqrt{q^2 + \frac{4\,p^3}{27}}}\right)$$

$$\subseteq K_3\left(\sqrt[3]{-\frac{q}{2} + \frac{1}{2}\sqrt{q^2 + \frac{4\,p^3}{27}}}\right) = L$$

其中，ζ_3 代表了一個本原三次單位根，這是本原單位根更為標準的記號。

反過來，如果 $\mathbb{Q}(\alpha_1, \cdots\cdots, \alpha_n)$ 包含於一個從 $\mathbb{Q}$ 出發的根式擴張鏈能夠推出每個 α_i 均可以由 $\mathbb{Q}$ 出發，經過有限次的加、減、稱、除和開平方運算求出來，根式求解的問題不就能轉化成一個域擴張的問題了嗎？

非常幸運，這個結論是對的，多項式方程式

$$x^n + a_1 x^{n-1} + a_2 x^{n-2} + \cdots\cdots + a_{n-1}x + a_n = 0$$

可以根式求解當且僅當它的分裂域 $\mathbb{Q}(\alpha_1, \cdots\cdots, \alpha_n)$ 包含在一個從 $\mathbb{Q}$ 出發的根式擴張鏈中，根式求解的問題成功轉化成為域擴張的問題。

接下來要思考的問題自然就是，一個伽羅瓦擴張什麼時候才會包含在一個根式擴張鏈中？

這就不得不提伽羅瓦手中那個光芒萬丈的金蛋了。

來，讓我們正經八百地認識一下集合上的代數結構 —— 群。

砸金蛋

　　如果要寫一篇科普群論的文章，作者們大體上都會選用同一個思路：拿出一個幾何形狀，比如正方形或者立方體，透過旋轉、翻轉等對稱變換解釋群中元素和群的概念。就好像下面這個被我染了顏色的正方形 *ACDB*，固定其中心，逆時針轉動 90 度，你會發現正方形頂點的位置發生了改變，但正方形的形狀卻並沒有發生變化。如果不是我故意染上顏色並且替正方形的四個頂點都標上字母的話，你恐怕不會發現我偷偷做了這樣一次轉動。這種變換反映了正方形的某種對稱性，因而在數學上，它被稱為一個對稱變換。

　　通俗地講，群就是一些對稱變換所組成的滿足特定條件的集合。

　　這裡所說的「特定條件」，源自於一種變換複合的封閉性，一個由對稱變換所組成的集合 *G* 要想成為一個群，我們首先要求任意兩個 *G* 中的對稱變換 *g* 和 *h* 在施行了一次複合操作 *h · g* 之後（從右至左先執行 *g* 再執行 *h*）得到的對稱變換依然保留在集合 *G* 中。比如圖 4-6 中給出的正方形例子，我們將「逆時針轉動 90 度」這一操作施行一系列的複合（如圖 4-7 所示）之後，將得到下面這個集合：

　　{ 逆時針轉動 90 度、逆時針轉動 180 度、逆時針轉動 270 度、逆時針轉動 360 度＝恆等變換 }。

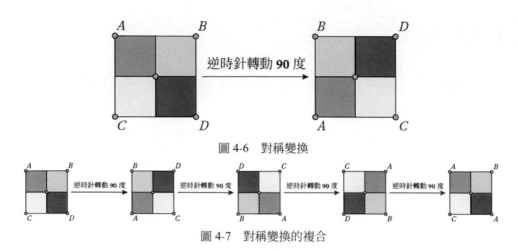

圖 4-6　對稱變換

圖 4-7　對稱變換的複合

　　這個集合就是一個「群」的絕佳範例，它具有某種「結構上的封閉性」。除了對變換複合封閉之外，這個集合還包含了恆等變換這樣的單位元素，任何一個對稱變換與其複合之後保持不變；同時，這個集合中的每一個對稱變換都存在一個複合意義下的反元素，其與反元素複合之後會變成恆等變換，例如「逆時針轉動 90 度」這一變換的反元素就是「逆時針轉動 270 度」。

　　不知道大家在讀這段話的時候是否感到十分熟悉，我們在介紹自然數集合上的加法和乘法運算時就曾對這樣的「封閉性」做出過明確的討論。在那裡，正是為了保證單位元素和反元素的存在，自然數集合才被擴充成為有理數集。事實上，你們馬上會看到，「群」的概念就是對我們所熟知概念的一種抽象和一般化。

　　那麼，引入「群」的概念有什麼好處呢？以現代數學的觀點來看，群及其在集合上的作用為研究數學物件在「變換」下的不變數理論提供了豐富的素材，對數學家們所關心的分類問題大有裨益。

　　這句話當然無法在本書中解釋清楚，但我們可以提供一個微小的例子

來幫助大家建立概念基礎。假設我們手中有一個六面不同色的魔術方塊，要將它放入一個同樣大小的所有頂點都被標注了不同號碼的空盒之中，請問一共有幾種放置方法？

你當然可以真的造出這樣一個空盒子，然後嘗試不同的放法用「數（ㄕㄨˇ）數（ㄕㄨˋ）」的方式來解決問題，但「群的作用」能夠為你提供一個更加快速並且屬於數學的方法。參見圖 4-8，以魔術方塊紅、黃、綠三面之公共頂點（記為 A）所在的體對角線為軸逆時針轉動，我們將會得到一個包含了 3 個元素的群 G：

{逆時針轉動 120 度、逆時針轉動 240 度、逆時針轉動 360 度＝恆等變換}。

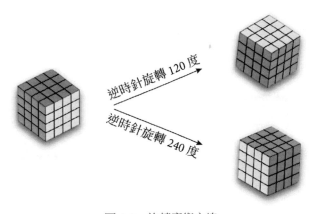

圖 4-8　旋轉魔術方塊

點 A 是魔術方塊在群 G 作用下的一個不動點，因此將魔術方塊放入空盒時你有 3 種不同的放法保證其與空盒中的某個固定頂點對接。然而空盒一共有 8 個不同的頂點，每個頂點與點 A 對接都會產生 3 種不同的放法，所以將魔術方塊放入空盒的不同放法總共有 $8 \times 3 = 24$ 種。

看起來是不是很直覺？

　　以這種方式來講述群論當然是非常好的嘗試，因為研究群論最大的意義就在於理解群的作用。同時，人們有了可供示範的模型，不至於落到憑空想像的境地。但坦率地講，「抽象群」的概念在邏輯上先於「群的作用」，而且這種講法對於空間想像力比較弱的人來說也不見得有多友好（轉兩轉就被轉暈了），還不如直接討論集合上的運算和這種運算結構的封閉性來得更加清爽。

　　正如我們之前所做的許多鋪墊，抽象群的概念其實非常容易理解，它是一個集合 G（有限或無窮），上面定義了一種運算°（複合），對 G 中任意的兩個元素 s 和 t，$s°t \in G$。當運算°滿足下面三個條件時稱 G 為一個群：

　　(1) G 中存在一個單位元素 e，對任意的 $g \in G$ 都有 $g°e = e°g = g$。

　　(2) 運算°滿足結合律，即 $(s°t)°g = s°(t°g)$。

　　(3) 存在反元素，對任意的 $g \in G$，都存在 $g^{-1} \in G$ 使得 $g°g^{-1} = g^{-1}°g = e$。

　　你可以認為這三個條件脫胎於有理數集的構造。事實上，有理數集上定義有兩種運算加法和乘法，有理數集對這兩種運算分別構成一個群，稱為有理數集的加法群（$\mathbb{Q}$，＋）和乘法群（$\mathbb{Q}$，·），實數集上的加法和乘法也是如此。

　　抽象群概念的引入使我們擺脫了幾何變換的限制，這對於理解伽羅瓦理論，是至關重要的一步。

　　不過在正式介入伽羅瓦理論之前，大家還得再熟悉幾個概念，第一個概念是交換群。

　　群 G 上的運算°如果滿足交換律，即對任意 s，$t \in G$，有 $s°t = t°s$，則稱 G 是一個交換群，也稱為阿貝爾群。雖然到目前為止我們見識到的群

都是交換群，但很快就會看到，不交換的群大量存在。

　　除了交換群，我們還需要子群的概念。群 G 的一個子集 H 如果按照 G 上的運算。也構成一個群，則稱 H 是 G 的一個子群，以記號 $H \trianglelefteq G$ 來表示。

　　對於群 G 的任何一個子群 H，我們可以定義集合 G 上的一個等價關係，G 中的兩個元素 s 和 t 等價，如果 $s^{-1} \circ t \in H$。集合 G 按此等價關係分成了若干個等價類，每個等價類具有 $g \circ H$ 的形式，稱為 H 的一個（左）陪集，這些（左）陪集就組成了我們之前所提到過的商集合 G/H。

　　商集合 G/H 上有群結構嗎？

　　一個很自然的想法是把 G 上的群運算「移植」到 G/H 上，定義陪集之間的群運算為 $sH \circ tH = (s \circ t) H$。

　　但很可惜，數學家們馬上意識到這個想法是行不通的，原因在於如果群 G 不是一個交換群的話，對子群 H 中的元素 h，我們無法保證存在 H 中的另一個元素 h' 使得 $h \circ t = t \circ h'$。換句話說，作為集合，$H \circ t \neq t \circ H$，因此 $sH \circ tH = (s \circ t) H$ 不是一個良好的定義。當然，如果子群 H 對 G 中的任何元素 g 均滿足 $H \circ g = g \circ H$，這個定義就可靠了，此時 G 上的群運算就能成功地「移植」到 G/H 上，使得 G/H 也能構成一個群。這個群稱為 G 模 H 的商群，相應的子群 H 稱為 G 的一個正規子群，以記號 $H \triangleleft G$ 來表示。不難看出，交換群的子群都是正規子群。

　　舉個大家容易理解的例子，全體整數列成的集合按照加法運算構成一個交換群 $(\mathbb{Z}, +)$，對任何一個正整數 m，考慮 $\mathbb{Z}$ 中所有被 m 整除的整數，它們構成了 $(\mathbb{Z}, +)$ 的一個正規子群 $m\mathbb{Z}$。商群 $\mathbb{Z}/m\mathbb{Z}$ 稱為模 m 的剩餘類群，它的元素為：

　　{ 被 m 除餘數為 0 的整數 }、{ 被 m 除餘數為 1 的整數 }、……、{ 被 m 除餘數為 $m-1$ 的整數 }。

　　如果不會引發歧義的話，$\mathbb{Z}/m\mathbb{Z}$ 中的元素我們就用 $\{0,1,2,\cdots\cdots,$ $m-1\}$ 來表示，現行中國北京市機動車尾號限行政策使用的就是模 5 的剩餘類群 $\mathbb{Z}/5\mathbb{Z}$。

　　現在，萬事俱備，伽羅瓦揮舞著手中的小錘砸向一枚碩大的金蛋，他構造了一個與伽羅瓦擴張 $\mathbb{Q} \subseteq \mathbb{Q}(\alpha_1,\cdots,\alpha_n)$ 有關的群（現在稱為伽羅瓦群）。

　　與對稱變換群一樣，伽羅瓦群中的元素也可以理解為「對稱變換」，只不過它所變換的對象不是幾何元素而是域擴張。

　　伽羅瓦選取了 $\mathbb{Q}(\alpha_1,\cdots\cdots,\alpha_n)$ 到其自身的一些一一映射，須同時滿足以下兩個條件：

　　(1) 這些映射保持 $\mathbb{Q}(\alpha_1,\cdots\cdots,\alpha_n)$ 的代數結構（在數學上，這樣的映射被稱為域的自同構）。假設 σ 是這樣一個映射，則對任意的 β，$\gamma \in \mathbb{Q}$ $(\alpha_1,\cdots\cdots,\alpha_n)$，我們均有 $\sigma(\beta+\gamma)=\sigma(\beta)+\sigma(\gamma)$ 和 $\sigma(\beta \cdot \gamma)=\sigma(\beta) \cdot \sigma(\gamma)$。

　　(2) σ 限制在 $\mathbb{Q}$ 上是恆等變換，對任意 $r \in \mathbb{Q}$，均有 $\sigma(r)=r$。

　　滿足這些條件的「對稱變換」當然是存在的，例如恆等映射就是如此，它把 $\mathbb{Q}(\alpha_1,\cdots\cdots,\alpha_n)$ 中的每個元素都映到自己。

　　這些「對稱變換」所組成的集合上有一個自然的群結構，對映射 σ 和 τ，$\sigma \circ \tau$ 定義為映射的複合，如今我們把這個群稱為伽羅瓦擴張 $\mathbb{Q}$ $(\alpha_1,\cdots\cdots,\alpha_n)$ 在 $\mathbb{Q}$ 上的伽羅瓦群，記為 $\mathrm{Gal}\,(\mathbb{Q}(\alpha_1,\cdots\cdots,\alpha_n)/\mathbb{Q})$。這個群一般不是交換群，如果一個伽羅瓦群是交換群的話，則相應的伽羅

瓦擴張稱為阿貝爾擴張。

讓我們以 $x^2 - 2 = 0$ 為例來看一個簡單的伽羅瓦群。這個二項方程式的兩個根為 $\sqrt{2}$ 和 $-\sqrt{2}$，因此分裂域為 $\mathbb{Q}(\sqrt{2}, -\sqrt{2})$。由於 $-\sqrt{2}$ 已經包含在 $\mathbb{Q}(\sqrt{2})$ 中，$\mathbb{Q}(\sqrt{2}, -\sqrt{2})$ 事實上就等於 $\mathbb{Q}(\sqrt{2})$，它在 $\mathbb{Q}$ 上是一個二次擴張。

相應的伽羅瓦群 $\mathrm{Gal}(\mathbb{Q}(\sqrt{2})/\mathbb{Q})$ 長什麼樣呢？假設 σ 是一個滿足伽羅瓦條件的自同構映射，它必須保持 $\mathbb{Q}(\sqrt{2})$ 的代數結構，所以 σ 作用於 $\mathbb{Q}(\sqrt{2})$ 中的元素 $x = a + b$ $(a，b \in \sqrt{2}\mathbb{Q})$ 時應有表示式

$$\sigma(x) = \sigma(a) + \sigma(b)\sigma(\sqrt{2})$$

成立。然而 σ 限制在 $\mathbb{Q}$ 上是恆等映射，因此 $\sigma(x)$ 等於 $a + b\sigma(\sqrt{2})$，這說明 σ 在 $\mathbb{Q}(\sqrt{2})$ 上的作用完全由 $\sigma(\sqrt{2})$ 決定。

那我們能為 $\sigma(\sqrt{2})$ 隨便指定一個值嗎？比如我看 $3 + 8\sqrt{2}$ 挺順眼的，讓 $\sigma(\sqrt{2}) = 3 + 8\sqrt{2}$ 行不行？很抱歉，不行，你並沒有太多的選擇，將 σ 作用在恆等式 $(\sqrt{2})^2 - 2 = 0$ 上會得到 $[\sigma(\sqrt{2})]^2 - 2 = 0$，因此 $\sigma(\sqrt{2})$ 也必須是方程式 $x^2 - 2 = 0$ 的根，它要麼等於 $\sqrt{2}$，要麼等於 $-\sqrt{2}$。也因為這個原因，$\mathrm{Gal}(\mathbb{Q}(\sqrt{2})/\mathbb{Q})$ 裡只包含兩個元素：一個是恆等映射；另一個映射是將 $\sqrt{2}$ 映到 $-\sqrt{2}$。

伽羅瓦擴張 $\mathbb{Q} \subseteq \mathbb{Q}(\sqrt{2})$ 的擴張次數與伽羅瓦群 $\mathrm{Gal}(\mathbb{Q}(\sqrt{2})/\mathbb{Q})$ 的元素個數相等！不要認為這只是一個巧合，事實上它反映了一個更為普遍的真理。伽羅瓦理論的核心思想是，伽羅瓦擴張與伽羅瓦群之間有著猶如 DNA 雙螺旋結構一般的完美對應，域擴張的問題可以轉化為群的問題。

很難描述我第一次看到這個結論時的心情，兩個毫不相干領域裡的研究物件竟然產生了如此奇妙的聯結，數學的語言當真是精彩絕倫！

這個精彩的對應可以具體表述如下：

伽羅瓦擴張 $\mathbb{Q} \subseteq \mathbb{Q}(\alpha_1, \cdots, \alpha_n)$ 的中間域與伽羅瓦群 $\mathrm{Gal}[\mathbb{Q}(\alpha_1, \cdots, \alpha_n)/\mathbb{Q}]$ 的子群間存在著一個一一對應。每給 $\mathbb{Q} \subseteq \mathbb{Q}(\alpha_1, \cdots, \alpha_n)$ 的一箇中間域 L，就存在 $\mathrm{Gal}[\mathbb{Q}(\alpha_1, \cdots, \alpha_n)/\mathbb{Q}]$ 的一個子群 $H = \mathrm{Gal}[\mathbb{Q}(\alpha_1, \cdots, \alpha_n)/L]$；反過來，每給 $\mathrm{Gal}[\mathbb{Q}(\alpha_1, \cdots, \alpha_n)/\mathbb{Q}]$ 的一個子群 H，就存在 $\mathbb{Q} \subseteq \mathbb{Q}(\alpha_1, \cdots, \alpha_n)$ 的一個中間域 $L = \{x \in \mathbb{Q}(\alpha_1, \cdots, \alpha_n) \mid \forall \sigma \in H, \sigma(x) = x\}$ 滿足 $H = \mathrm{Gal}[\mathbb{Q}(\alpha_1, \cdots, \alpha_n)/L]$。在上面給出的對應中，域擴張 $\mathbb{Q} \subseteq L$ 是一個伽羅瓦擴張當且僅當 H 是 $G = \mathrm{Gal}[\mathbb{Q}(\alpha_1, \cdots, \alpha_n)/\mathbb{Q}]$ 的正規子群，此時 $\mathrm{Gal}(L/\mathbb{Q})$ 恰好等於商群 G/H。

所以，多項式方程式根式求解的問題再次發生了轉換，伽羅瓦開始研究一個新的問題：伽羅瓦群在滿足什麼樣的條件時相應的伽羅瓦擴張會包含在一個根式擴張鏈中？

這說明「群及其在集合上的作用」成為尋找多項式方程式求根公式的關鍵。

真是天才的奇思妙想啊！

公平地講，群的概念並非是一個在伽羅瓦腦中橫空出世的想法，在他的前輩拉格朗日和柯西等人的著作中，早已出現用群來研究多項式方程式根的案例，只不過誰也沒有如伽羅瓦那樣把群的概念運用得如此精妙和清晰。

拉格朗日等人一直研究的群叫置換群。說來也很簡單，n 個元素的一個置換指的是這 n 個元素排列順序的一個調換。確切地講，一個 n 元置換是集合 $\Omega = \{1, 2, \cdots\cdots, n\}$ 到自身的一個一一映射，我們通常用符號

$$\left(\frac{1, 2, \cdots, n}{\sigma(1), \sigma(2), \cdots, \sigma(n)} \right)$$

來表示一個 n 元置換 σ。用一點排列組合的知識我們可以了解到不同的 n 元置換一共有 n ！個，它們組成一個集合 S_n，映射的複合在 S_n 上定義一個群結構，S_n 稱為 n 元對稱群，置換群一般指的是對稱群的子群。單獨談一個置換並沒有太大的意義，將置換作用在一批物件上才會展現出它的神奇。如同之前所舉的例子，置換群作用在一個幾何形狀的頂點、邊或者面上，若是在某些置換下幾何形狀保持不動，這些置換就會反映出這個幾何形狀自身所蘊含的精妙的對稱資訊。

對多項式方程式的根也一樣。拉格朗日看到，一個 n 元置換 σ 可以作用在一個 n 次多項式的 n 個根 $\{\alpha_1，\cdots\cdots，\alpha_n\}$ 上。單獨看這個作用無外乎是調換了根的順序，但要考慮由 $\{\alpha_1，\cdots\cdots，\alpha_n\}$ 構成的有理函數 [031] ϕ $(\alpha_1，\cdots\cdots，\alpha_n)$，結果就不一樣了，$\sigma$ 作用在 ϕ $(\alpha_1，\cdots\cdots，\alpha_n)$ 上得到了一個新的有理函數 ϕ $(\alpha_{\sigma(1)}，\cdots\cdots，\alpha_{\sigma(n)})$，它可以與原先的有理函數完全不同。

拉格朗日透過研究發現：若保持一個有理函數 ϕ $(\alpha_1，\cdots\cdots，\alpha_n)$ 不變的根的置換都保持另一批有理函數 ψ_i $(\alpha_1，\cdots\cdots，\alpha_n)$ 不變，而保持 ψ_i $(\alpha_1，\cdots\cdots，\alpha_n)$ 不變的根的置換作用在 ϕ $(\alpha_1，\cdots\cdots，\alpha_n)$ 上產生了 r 個不同的值，則這 r 個值是同一個 r 次多項式方程的根，這個多項式可以具體的構造出來，其係數是 ψ_i $(\alpha_1，\cdots\cdots，\alpha_n)$ 的有理函數。若此方程式可以根式求解，我們就解出了有理函數 ϕ $(\alpha_1，\cdots\cdots，\alpha_n)$。

這為拉格朗日提示了一種方法，從一個特殊的，滿足在盡可能多置換作用下保持不變的有理函數出發（比如根的對稱函數），一步一步地把一個最一般的，滿足在極少置換作用下保持不變的有理函數解出來（比如原方程式的根）。這種方法稱為預解式方法，拉格朗日用它分析三次和四次

---

[031] 兩個多項式函數的商。

方程式獲得了極大的成功，這說明方程式根的置換群與方程式是否能夠根式求解密切相關。然而這個方法對五次以上方程式失效了，預解式的次數並不一定會降低，為了求五次方程式的根，拉格朗日不得不先去解一個六次方程式，這把他搞得焦頭爛額，無所適從。

是伽羅瓦，在這團迷霧中看清了方向，他指出了什麼樣的置換才是對最後的問題有幫助的。確切地說，伽羅瓦構造了一個從伽羅瓦群 $\mathrm{Gal}[\mathbb{Q}(\alpha_1, \cdots, \alpha_n)/\mathbb{Q}]$ 到 n 元對稱群 S_n 的一個單射，位於這個單射像集裡的置換才有意義。

伽羅瓦構造的這個映射非常簡單，我們在求 $\mathrm{Gal}[\mathbb{Q}(\sqrt{2})/\mathbb{Q}]$ 時已經看到過，對任意的一個 $\sigma \in \mathrm{Gal}[\mathbb{Q}(\alpha_1, \cdots, \alpha_n)/\mathbb{Q}]$，由於 σ 保持 $\mathbb{Q}$ 不動，所以 $\sigma(\alpha_i)$ 依然是原方程式

$$x^n + a_1 x^{n-1} + a_2 x^{n-2} + \cdots\cdots + a_{n-1}x + a_n = 0$$

的根，這就給出了根集合 $\{\alpha_1, \cdots\cdots, \alpha_n\}$ 上的一個置換。此映射一般不是滿射，S_n 中的一個置換 γ 落入到 $\mathrm{Gal}[\mathbb{Q}(\alpha_1, \cdots, \alpha_n)/\mathbb{Q}]$ 中的充分必要條件是：對任意 n 個變元的有理係數多項式 $g(x_1, x_2, \cdots\cdots, x_n)$，若 $g(\alpha_1, \alpha_2, \cdots\cdots, \alpha_n) = 0$，則必有 $g(\alpha_{\gamma(1)}, \alpha_{\gamma(2)}, \cdots\cdots, \alpha_{\gamma(n)} = 0$。這說明真正要緊的是那些使得 $\{\alpha_1, \cdots\cdots, \alpha_n\}$ 的代數關係總和保持不變的置換。

因為花費了很多精力研讀拉格朗日等人的著作，伽羅瓦對前輩們的工作是非常清楚的，但一位十幾歲的少年在沒有他人的幫助下能從一大批名家的故紙堆中把邏輯主線抽絲剝繭般提煉出來，並且精準地抓到要害，確實很不一般。

藉助域擴張與伽羅瓦群之間的美妙對應，伽羅瓦叩開了通往成功之路的最後一道大門。一個群 G 稱為可解群，如果存在一個正規子群列

$\{e\} \lhd G_1 \lhd G_2 \lhd \cdots\cdots \lhd G$，使得每個商群 G_{i+1}/G_i 都是交換群，例如每個交換群都是可解群。伽羅瓦證明了下面這個終極大殺器：

分裂域 $\mathbb{Q}(\alpha_1,\cdots,\alpha_n)$ 包含在一個從 $\mathbb{Q}$ 出發的根式擴張鏈中當且僅當伽羅瓦群 $\mathrm{Gal}[\,\mathbb{Q}(\alpha_1,\cdots,\alpha_n)\,/\,\mathbb{Q}]$ 是一個可解群。

由於可以在不知道多項式方程式根的情況下計算出多項式的伽羅瓦群，伽羅瓦的定理為我們提供了一個探究方程式是否可以根式求解的有效的工具。

比如，五次以上一般多項式方程式沒有根式解，因為 n 次一般多項式方程式所對應的伽羅瓦群是對稱群 S_n，當 $n \geq 5$ 時，S_n 不是可解群。

又比如，對任意的正整數 n，二項方程式 $x^n - 1 = 0$ 均可以根式求解，因為它所對應的伽羅瓦群是一個交換群，必然是可解群。

數學家發現了如此美妙的關聯，真的是難掩激動！至此，多項式方程式根式求解的理論問題宣告徹底終結。

費羅、塔爾塔利亞、卡丹諾、費拉里；格雷戈里、拉格朗日、魯菲尼、高斯、阿貝爾，世人所有對多項式方程式求根公式的追尋和夢想在這一刻到達了光輝的頂點。

這一年，伽羅瓦 17 歲。

4.9　EQ 很重要

我一直避免過分地吹捧天才，因為那不僅會顯得我們特別地一無是處，也會讓我們在愛智求真的道路上失去信心。

但伽羅瓦是個例外，因為他太年輕了，17 歲的時候我們還在跟各種練

習冊作對呢，他卻已經研究出世界級的學術成果，更何況此時距離他開始學習數學，僅僅過去了一年多的時間。伽羅瓦像是個上帝派來的外星人，普天之下，天賦與才華只此一家，別無分號。由於工作中經常與伽羅瓦這三個字打交道，我曾經不厚道地感慨，幸虧他只活到 21 歲，他要是活到 71 歲，猜想我們就該瘋了……

伽羅瓦的偉大在於他的年輕，但他的死也正是因為他的年輕。因為年輕，他容易衝動；因為年輕，他不懂溝通；因為年輕，他欠缺表達。而我們一開始就強調，數學是一門語言藝術，而對於語言來說最重要的就是表達，你說的話誰也聽不懂，即便再有道理也沒人睬你。

伽羅瓦的表達能力就很有問題，他的思維經常隨意地跳躍，他寫的文章在當時的數學家們看來簡直就是胡鬧。你可千萬不要以為在上兩節中對他成果的描述是伽羅瓦同學的原話，那是另一位數學家萊歐維爾（超越數的發現者）細心整理和完善伽羅瓦的工作之後用現代數學的語言精煉出來的。我們拋棄了一切細枝末節和煩瑣的證明，相信不少讀者依然雲裡霧裡，你指望一個 17 歲剛剛學習數學一年多的小朋友把這件事給講述清楚，怎麼可能？

但你要他不說吧，卻也更加不可能。此時的數學界早已經形成了一股開放、自由的風氣，數學家們對榮譽和名望的追求方式，已經不同於塔爾塔利亞的時代。

伽羅瓦把自己的研究成果寫成兩篇論文提交給了法國科學院，負責審查論文的是我們的老熟人 —— 柯西。性格古怪的柯老頭這次表現出了少見的圓滑，他把論文退回給伽羅瓦，並附贈了一份留言，大意是：你的論文太棒了，完全有資格角逐科學院的數學大獎，但文辭尚缺潤色，所以我

建議你寫成專業的研究報告後再次提交。

　　這段話很有意思，它直接導致數學史上出現一樁非常有名的謎案。一般的數學論文，結論是否正確且有價值，論證是否清晰且有新意是第一位的，審稿人通常會根據這兩點來判斷一篇論文是否應該被錄用，因為文筆不好而將論文退回的情況不是沒有，但發生在大學者柯西的身上就有些奇怪了。幾百年來，人們都在猜測柯西對伽羅瓦論文的真正態度，是欣賞呢？是敷衍呢？還是不以為然？從後來另一位數學名家卜瓦松（Poisson）的表現來看，我猜想柯西當時壓根就沒看懂，可又不太好意思承認，於是找個藉口就把伽羅瓦同學給打發了。

　　不管是不是真的肯定，柯西對伽羅瓦的留言給了他一種莫大的鼓勵。轉眼間伽羅瓦就到了考大學的年齡，他報考的是頂尖的巴黎綜合理工學校（École Polytechnique），那是他夢寐以求的學術殿堂。但在第一次面試中伽羅瓦閃爍的言辭和跳躍的思維給考官帶來了極大的困擾，大家都聽不懂他在說什麼。

　　於是，伽羅瓦同學順理成章地落選了。

　　本著勝不驕、敗不餒的精神，伽羅瓦來年又考了一次，可這一次跟上次沒什麼區別，他空有一腔熱血、奮發向上的熱情，卻沒有循循善誘、娓娓道來的能力，考官們依舊被伽羅瓦回答問題的方式弄得摸不著頭腦。

　　眼看就要被再次刷掉，伽羅瓦又氣又急：你們怎麼就聽不懂呢！

　　他拿起黑板擦，看也沒看，直接就朝考官扔了過去。

　　事實證明，伽羅瓦同學的表達能力很差，但他的動手能力卻很強，這塊黑板擦準確地命中了考官的眉心。在當事人的震驚和憤怒中，伽羅瓦又一次被趕出了面試的小黑屋。

　　頗具諷刺意味的是，當時的考官叫做迪內特（Dinet），因為被伽羅瓦扔了這麼一次黑板擦，竟名留史冊。

　　在被綜合理工無情地拒絕之後，伽羅瓦生活中的悲劇也相繼而來。西元 1829 年，伽羅瓦的父親被對手陷害，羞憤自殺，他的葬禮演變成為一場政治鬧劇，共和派的支持者與君主派的支持者在葬禮上發生了激烈的衝突，伽羅瓦父親的棺木被隨意地丟棄在墓穴中，目睹這一切的伽羅瓦難平心頭之恨，從此毫無保留地倒向了共和主義。

　　參加完父親的葬禮後，伽羅瓦抓緊時間把他的論文改寫成更為詳細的研究報告，趕在參賽報名截止前寄給了科學院，不走運的是負責審查伽羅瓦論文的傅立葉老先生在正式開賽前幾個星期去世了，而伽羅瓦的論文連同摘要一起丟失，這是繼阿貝爾的論文被弄丟後，法國科學院又一次鬼使神差的重大失誤，伽羅瓦同學沒能正式參加角逐就倒在了門外，失去了一戰成名的好機會。

　　此後，伽羅瓦又寫了一篇文章提交給科學院，這次負責審稿的卜瓦松可比柯西耿直多了，他直接以「論證不清」為由拒絕了伽羅瓦的投稿。

　　伽羅瓦崩潰了，他覺得自己遭受到嚴重的不公和政治迫害，很快就要被排擠到當時的數學界外，他甚至覺得當年的柯西也是陰謀的一部分（柯西是個著名的保皇派）。失望的伽羅瓦離開了數學，憤而投入革命的時代浪潮中。

　　在革命界，伽羅瓦也是出了名的能吵鬧，一早就登上了法國政府的黑名單。他先是炮轟自己所在學校 [032] 的校長在君主專制面前表現懦弱而被學校開除，緊接著加入「職業造反者聯盟」國民警衛隊的砲兵部隊但很快

---

[032]　巴黎高等師範學校，法國理論科學家的搖籃，與巴黎綜合理工齊名。

被遣散，隨後又在酒吧裡威脅刺殺國王而被捕（年齡太小被釋放），最後終於在參與了一場動亂遊行後被忍無可忍的當權者關進了監獄。

如果要評選當時法國最激進的共和主義者，伽羅瓦同學絕對名列前茅。

在監獄中，伽羅瓦遇到了一件怪事，一名狙擊手向他所在的牢房開了一槍，擊傷了他的一位獄友。也許是槍者無意，聽者有心，經歷這次事件的伽羅瓦恐慌了，他高度懷疑這一槍本就是朝他開的，他的敵人想要了他的命。在極度的恐懼和無助中，伽羅瓦曾試圖結束自己的生命，但在同伴的勸說下放棄，他的眼神和語氣流露出對父親的無限思念。

這一年，伽羅瓦只有 20 歲。

沒學上，沒錢用，沒事做，出獄之後，伽羅瓦變成了一個徹頭徹尾的三無人員。沒想到此時的他依然很能折騰，表面上遠離了政治，卻又很快捲入到一場桃色新聞。伽羅瓦瘋狂地迷戀上巴黎一位名醫的女兒，卻不料這位小姐已經有了未婚夫。被戴了綠帽子的未婚夫氣急敗壞，立刻要向伽羅瓦發起挑戰。

所謂奪妻之恨，這種挑戰可就不是像解數學題那樣簡單了。當時的法國人有個頗為時尚的傳統，一言不合就公開決鬥，決鬥雙方站在相距一定距離的位置上舉槍互射（手槍，不是紅纓槍），運氣好的人可以全身而退，運氣不好的就只能含恨飲彈了。

伽羅瓦就屬於運氣不好的，而且是很不好，因為他的對手是法國一個非常有名的槍手，國家隊級別，要想戰勝他，伽羅瓦還得回家練幾年。

一般人碰到這種情況，第一認輸，第二道歉，第三有多遠跑多遠，但伽羅瓦不是一般人，他接受了挑戰，而且沒有通知任何一位朋友。

從伽羅瓦生前留下的信件看[033]，他其實並不願與人決鬥，在一切希望和平調解的努力遭到失敗之後，伽羅瓦是被迫參與到這樣一場荒唐的對決之中。也許，他根本就是中了一個精心設計的圈套，勒在他脖子上的是那個最不值錢卻又值得拿生命去捍衛的「尊嚴」。

雖然認死理，但伽羅瓦同學也不是白痴，他深知自己毫無獲勝的希望，搞不好連命都要賠進去，可自己的數學工作至今都沒有得到承認，就是死也死得不甘心。於是，他留下了那封著名的，既令人感動又令人憤恨的手書。

決鬥前夜，伽羅瓦通宵工作，用極為潦草的字跡記述下了他對於多項式方程式根式求解問題的全部想法。這是一份極有價值的數學檔案，濃縮了一位天才數學家一生的思想精華（確實是一生），但在這份手稿中的不只一個地方，我們看到了伽羅瓦聲嘶力竭地呼喊：我沒有時間了，我沒有時間了，我沒有時間了……

憤懣怨恨，卻又心有不甘，伽羅瓦此刻的心焦與無奈大體如此吧。

西元 1832 年 5 月 30 日清晨，伽羅瓦與情敵在約定的郊野舉行決鬥。槍響過後，伽羅瓦腹部中彈，倒在了血泊之中，他的情敵卻轉過身瀟灑地飄然離去。幾個小時之後，聞訊趕來的朋友把伽羅瓦送到了醫院，但終究沒有搶救過來，伽羅瓦第二天在醫院去世，年僅 21 歲。

一代天才就此隕落，令人扼腕，也令人嘆息。太多與數學無關的事情耗盡了他的精力，生命的長度已經不允許伽羅瓦再向世人展現他的才華了。

值得一提的是，伽羅瓦失去參賽機會的那個科學院數學大獎最終頒給

---

[033] 〈1832 年 5 月 29 日致 N.L. 和 V.D.〉，參見達爾馬斯（Dalmas）所著《伽羅瓦傳》附錄，商務印書館 1981 年版。

了已經去世的阿貝爾，科學院的學究們用獎盃彌補了他們對阿貝爾犯下的錯誤，可他們又打算用什麼來彌補失去伽羅瓦的遺憾呢？

伽羅瓦最後的手稿被朋友們按照他的遺願分發給了當時歐洲一些著名的數學家，但直到西元 1843 年在萊歐維爾得到一份伽羅瓦的手稿之前，伽羅瓦的數學研究都沒有引起人們足夠的重視。萊歐維爾被伽羅瓦的天才想法深深地震撼住了，他捕捉到了那些隱藏在混亂和無序後的思想火光。在修補了一些微小的細節之後，萊歐維爾把伽羅瓦的工作發表在了一份非常有影響力的數學雜誌上，即刻引起了重大的轟動，伽羅瓦終於得到了應有的肯定和尊重。

比起生前榮耀，死後光榮更能展現一個人的歷史地位。與阿貝爾一樣，伽羅瓦的頭像也曾上過郵票，全世界風靡，他的名字更是修飾著數學家們每天都要掛在嘴邊的概念和方法，這讓我想起了英國著名數學家哈代（Hardy）的一段名言：

即使艾斯奇勒斯（Aeschylus）[034] 被人們遺忘了，阿基米德仍會被人們記住，因為語言文字會消亡而數學概念卻不會。「不朽」也許是個缺乏理智的用詞，但或許數學家最有機會享用它，無論它意味著什麼。

「不朽」，就讓我們用這個詞來送別伽羅瓦吧。

4.10　最終的答案

如果說群論的發明是近代數學與現代數學的分水嶺，那麼伽羅瓦理論就是抽象代數發展的里程碑了。我上大學時曾遇到過一位孫老師，講授近

---

[034]　古希臘三大悲劇作家之一。

世代數課程，學期結束時授課內容本已講完，但孫老師欲罷不能，一定要講完伽羅瓦理論才心滿意足，足見研究代數的人對此理論的崇拜之情。

遺憾的是，受到授課時間等因素的制約，大部分大學院校的近世代數課程其實都講不到伽羅瓦理論。但在研究所招生考試的面試中，代數（或數論）方向的考官偏偏又特別喜歡問這方面的問題，他們最常問的就是「你知不知道什麼是伽羅瓦理論啊？」沒學過的同學自然不必苛求，但你要是能像模像樣地講出個一二三，我擔保你的面試能拿高分！

當然，前提是你不能拿黑板擦砸老師……

伽羅瓦理論不僅解決了多項式方程式有沒有求根公式的問題，還順便把幾何作圖難題「倍立方體」和「三等分角」問題一併解決了。

相較於根式求解多項式方程式，尺規作圖的要求更加嚴格，求根公式中可以包含任意次的開平方運算，但尺規作圖的結果，只能包含重複的開平方運算。所以，尺規作圖能夠做出長度為 l 的線段，等價於 l 是一個代數數，並且 $\mathbb{Q}(l)$ 包含於某個根式擴張鏈

$$\mathbb{Q} = K_0 \subseteq K_1 = K_0(\beta_1) \subseteq \cdots \subseteq K_t = K_{t-1}\,\mathbb{Q}(\beta_t) = L$$

其中每個域擴張 $K_{i-1} \subseteq K_i$ 的擴張次數都是 2，這意味著 L 在 $\mathbb{Q}$ 上整體擴張次數是 2 的方冪。

你可以了解到，「倍立方體」和「三等分角」都是不可能透過尺規作圖實現的，因為 $\mathbb{Q}(\sqrt[3]{2})$ 和 $\mathbb{Q}(\cos\frac{\pi}{9})$ 在 $\mathbb{Q}$ 上的擴張次數都是 3，而不是 2 的方冪。

事實上 $\sqrt[3]{2}$ 的極小多項式是 $x^3 - 2$，而 $\cos\frac{\pi}{9}$ 的極小多項式我們之前見過，是三次多項式 $8x^3 - 6x - 1$。證明後者是 $\cos\frac{\pi}{9}$ 的極小多項式需要一點點技巧，你需要證明 $8x^3 - 6x - 1$ 在有理數域上不可約，也相當於證

明方程式 $8x^3 - 6x - 1 = 0$ 在有理數域上沒有根,因為一旦 $8x^3 - 6x -$ 1 在有理數域上是可約的,它就至少要分解出一個一次因數,這個一次因數就提供了方程式 $8x^3 - 6x - 1 = 0$ 的一個有理根。而證明方程式 $8x^3 - 6x - 1 = 0$ 在有理數域上沒有根並不困難,有興趣的讀者可以自行推導。

至於「化圓為方」,西元 1882 年,德國數學家林德曼(Lindemann)證明了 π(進而 $\sqrt{\pi}$)是個超越數,從而長度為 $\sqrt{\pi}$ 的線段不可能透過尺規作圖做出。

提洛島的居民們可以安息了,延續了兩千多年的古希臘三大幾何作圖難題被伽羅瓦理論輕描淡寫地逐個擊破。

秒殺,真正的秒殺!

4.11 另一段傳奇

從「尺規作圖」到「求根公式」,從「數域的擴張」到「伽羅瓦理論」,以上種種精彩的故事,其實只能算是簡單的一元多項式函數釀造的開胃小酒,如果把多項式的變元個數放寬一些,你將會領略到更加波瀾壯闊的數學,其中有一個故事是最為街頭巷尾各種熱議,群眾喜聞樂見的。

你一定猜到我要說什麼了 —— 費馬大定理的證明。

我無意在這裡重複那段引人入勝的曲折歷史,倒是想和大家分享一下數學家們對證明費馬大定理所做的努力是如何導致一門新興學科 —— 代數數論的建立的,這是除求解一元多項式方程式以外,現代數論研究的另一個重要源頭。對你而言,「代數數論」也許是個非常陌生的詞彙,但先別忙著恐懼,這裡要出現的內容不會比伽羅瓦的理論更令人頭痛了。

好了，讓我們把歷史的指標再次撥向 17 世紀。或許大家對費馬大定理的由來已經比較熟悉，這裡我再略微地敘述一下此定理形成的過程。

費馬（Pierre de Fermat）先生生活於法國南部城市土魯斯，有著一份穩定而體面的工作 —— 公務員。他的興趣愛好廣泛，尤以研究數論問題見長，被稱為十七世紀歐洲的「業餘數學家之王」。這個稱號當然不是指費馬先生的研究水準很業餘，而是指費馬幾乎從不發表自己的研究成果，據說他不想把時間浪費在回應其他數學家對其成果的挑剔上（水準高的人就是硬氣啊）。

反正也不以解數學題為生，費馬就經常跟大家玩一些捉迷藏的小遊戲，他經常自顧自地宣布一些重要的數學結果並把它們寄給當時歐洲的主流數學家，令人討厭的是，對於他的結果，費馬從不給出任何證明，這些信件就好像一封封張牙舞爪的戰書，使費馬的名望對於 17 世紀的許多數學家而言變成了一種尷尬的存在，他的名望越高，就意味著別的數學家越無能。

費馬尤其喜歡調戲海峽對岸的英國同行，喜歡看他們不得不承認失敗時的沮喪表情，但他玩得最大的一次毫無疑問是一手炮製了費馬大定理，因為這一次，他調戲了全世界。

話說當年費馬得到了一本拉丁文版本的丟番圖的《算術》，他閱讀後對之很感興趣，便開始研究不定方程式的整數解問題。在畢達哥拉斯那個著名的方程式 $x^2 + y^2 = z^2$ 旁邊，他寫下了這麼一段話：

不可能將一個立方數寫成兩個立方數之和；或者將一個四次冪寫成兩個四次冪之和；或者，整體來說，不可能將一個高於二次的冪寫成兩個同樣冪次的和。我這裡有一個對這個問題的十分美妙的證明，但是空白太

小,寫不下。

我確信這是數學史上被玩得最多的梗,無數深藏幽默感的人把最後一句話包裝成了一個個搞笑故事的神結尾。

但對當時的數學家而言,費馬的旁白一點也不好笑,所有被他勾起了求知慾的數學同行都氣得把書給扔了,證明了你就拿出來給大家看看嘛,藏著掖著算什麼!

生氣歸生氣,公平地講,費馬提出的問題非常有價值,他另闢蹊徑,將畢達哥拉斯方程式中出現的冪次作為自變數,考察的是一組同型別的方程式,而結果也令人十分意外,除了畢達哥拉斯方程式以外,所有冪次 n 大於等於 3 的多項式方程式

$$x^n + y^n = z^n$$

都沒有正整數解。從 2 到 2 以上竟然發生了如此翻天覆地的變化,原因到底是什麼?這正是數學令人無限痴迷的地方。

職業數學家們很快就發現,這不是一個容易回答的問題,他們既沒辦法判定費馬的話是對的,也不能舉出任何一個反例來說明費馬不對。於是,大家又乖乖地把書撿起來,開始尋找書中是否有費馬留下的蛛絲馬跡。

很快,他們就找到了一個!費馬曾經寫下過一個證明,用來說明方程式

$$x^4 + y^4 = z^2$$

沒有正整數解,這可以立即推匯出費馬大定理 $n = 4$ 的情形,也即方程式 $x^4 + y^4 = z^4$ 沒有正整數解。

　　費馬的證明確實令人耳目一新，並且擁有極強的生命力，這個被稱為「無窮遞降法」的證明思想如今已經成為研究丟番圖方程整數解問題的首要利器。

　　我們也不賣關子了，來看看這個令人震撼的解題方法。

　　若方程式 $x^4 + y^4 = z^2$ 存在正整數解，則存在解 (x,y,z) 使得 z 最小，此時 x,y,z 兩兩互質（算術基本定理）。

　　將方程式變形為 $(x^2)^2 + (y^2)^2 = z^2$，知 (x^2,y^2,z) 是方程式 $x^2 + y^2 = z^2$ 的一個本原解。於是，存在兩個互質的正整數 $u > v$，使得 $x^2 = 2uv$，$y^2 = u^2 - v^2$，$z = u^2 + v^2$（參見畢達哥拉斯方程式的通解公式）。

　　移項得 $u^2 = y^2 + v^2$，從而 u 是奇數而 v 是偶數，於是存在正整數 s 和 t 使得 $v = 2st$，$y = s^2 - t^2$，$u = s^2 + t^2$（再用一次畢達哥拉斯方程式的通解公式）。這時，$x^2 = 2uv = 4st\,(s^2 + t^2)$。由於 x,y,z 兩兩互質，容易證明 $s,t,s^2 + t^2$ 也兩兩互質，從而算術基本定理保證了它們都是平方數，即 $s = x_1^2, t = y_1^2, s^2 + t^2 = z_1^2$。

　　消去 s 和 t 後得到 $x_1^4 + y_1^4 = z_1^2$，這說明 (x_1,y_1,z_1) 也是方程式 $x^4 + y^4 = z^2$ 的一組解。但 $z_1 < s^2 + t^2 = u < z$，與我們一開始假設 z 最小的說法矛盾，所以 $x^4 + y^4 = z^2$ 不能有正整數解，證畢。

　　這個證明並沒有用到什麼高深的理論，它的核心是給多項式方程式賦予一個衡量解的大小的量（例如，x,y,z 中的 z），然後從一個假定的解出發，透過一系列的變數替換得到一個更「小」的解。理論上，只要存在著一組解，這個過程就可以無限地進行下去，但費馬賦予的衡量解的大小的量是取值在正整數範圍內的，必定會在有限步驟推導之後達到最小的正整數 1，達到之後卻還要再往下降，這已然是個矛盾，因為沒有比 1 更小

的正整數了，因此原方程式的解根本就不存在。

費馬論證可以誘匯出更「小」的解的方法強烈地依賴算術基本定理，這個定理指出任何一個正整數都可以唯一地分解成一系列質數地乘積，這在整數集 $\mathbb{Z}$ 上並不是什麼新鮮事，但在考慮更高次的方程式 $x^n + y^n = z^n$ 時，卻意外地讓數學家們崩潰了。

直到一百多年後，尤拉才利用費馬的「無窮遞降法」證明了費馬大定理 $n = 3$ 的情形，即方程式 $x^3 + y^3 = z^3$ 沒有正整數解。但尤拉的證明多少讓人覺得有些不是那麼有說服力，他先將方程式改寫為 $x^3 = z^3 - y^3$，然後強行因數分解

$$z^3 - y^3 = (z - y)(z - \zeta_3 y)(z - \zeta_3^2 y)，$$

其中 ζ_3 代表了一個本原三次單位根。

與 $\mathbb{Q}(\sqrt{2})$ 類似，尤拉定義了一個新的數集 $\mathbb{Z}[\zeta_3]$，由形如 $a + b\zeta_3$，$a，b \in \mathbb{Z}$ 的陣列成，尤拉證明了 $z - y$，$z - \zeta_3 y$ 和 $z - \zeta_3^2 y$ 在新的數集 $\mathbb{Z}[\zeta_3]$ 中是兩兩「互質」的。因此，由一個幾乎是立即得來的 $\mathbb{Z}[\zeta_3]$ 上的「算術基本定理」，尤拉斷定 $z - y$，$z - \zeta 3y$ 和 $z - \zeta_3^2 y$ 都是 $\mathbb{Z}[\zeta_3]$ 中元素的立方。但他隨後發現，這是不可能的，$z - y$，$z - \zeta 3y$ 和 $z - \zeta_3^2 y$ 要能同時寫成 $a + b\zeta_3$，$a，b \in \mathbb{Z}$ 形數的立方，那一定會導致矛盾。這樣，尤拉就證明了方程式 $x^3 + y^3 = z^3$ 沒有正整數解。

尤拉的證明非常形式化，這讓他犯了一個想當然的錯誤：$\mathbb{Z}[\zeta_3]$ 上憑什麼一定會有「算術基本定理」呢？

如前所述，算術基本定理是歐幾里得關於數論研究的基本成果，它可以描述成某種質因數的唯一分解特性。在整數集 $\mathbb{Z}$ 上，這些質因數通常指質數，但在 $\mathbb{Z}[\zeta_3]$ 上，質因數應該如何定義？有沒有唯一分解特性？還沒

有人給出過明確說法！數學家們隱約覺得這裡有問題，卻不能完全了解其中的祕密。

但他們也管不了那麼多了，尤拉的證明至少在形式上很正確，大家開始沿著費馬設計的「無窮遞降法」路線繼續前進。

由於費馬定理對 n 為質數的情形成立可以推匯出 n 為任意正整數的情形成立，數學家們把精力都放在了形如

$$x^p + y^p = z^p$$

的方程式上，其中 p 是一個質數。

首先做出突破的是狄利克雷和勒壞得（Legendre），他們分別獨立地證明了 $p = 5$ 的情形，但有趣的是，他們的證明避開了使用唯一因數分解特性。

不久，法國數學家拉梅（Lamé）證明了 $p = 7$ 的情形，並且開始嘗試對更大的 p 採取統一的辦法。

為了刺激這一問題獲得進展，法國科學院專門設立了一個數學大獎表彰第一個給出費馬大定理完整證明的人。

西元 1847 年 3 月 1 日，是費馬大定理歷史上一個極富戲劇性的日子。拉梅在這天登上了法國科學院的講臺，向底下一眾數學家宣布他很快就要證明出費馬大定理了，他簡述了自己的辦法並且滿懷信心地告知聽眾過幾個星期他就會在科學院的雜誌上發表一個完整的證明。

拉梅在早些年證明費馬大定理 $p = 7$ 的情形時展現出了高超的數論技巧，由他出馬，看來是八九不離十了。臺下的聽眾興奮地翹首以待，只有一個人除外。

這個人就是無所不在的柯西，作為分析學的大家，連數論也不放過，當真是要橫掃四方嗎？

　　拉梅之後，柯西緊接著也上了講臺，他的發言很明確：他一直用與拉梅類似的方法研究費馬大定理，也快要釋出一個完整的證明了。

　　不得了了，臨門一腳前來個踢館的，拉梅猜想臉都綠了，一場關於費馬大定理證明優先權的爭奪大戰馬上就要爆發。

　　在接下來的幾個月裡，雙方展開了激烈的競賽，他們向科學院的祕書處先後提交了多份資料，這些資料被密封在蓋章的信封裡以備將來查驗眾多工作細節的具體出處。

　　拉梅和柯西都為這場沒有硝煙的戰爭忙碌奮鬥著，然而 5 月時，一封從德國的來信徹底毀滅了他們的夢想。

　　來信者正是康托爾的導師，恩斯特‧庫默爾（Ernst Kummer），在後臺等待了許久之後，他終於再次登場。不謙虛地講，庫默爾是第一個對費馬大定理做出了突破性貢獻的人。

　　不同於以往的數學家，庫默爾不再單獨地處理每一個質數，卓識和遠見使得他發現了一個可以同時處理無窮多個質數的方法，儘管這個方法還不能夠處理所有的質數，但依然在費馬大定理的解決道路上邁出了一大步。

　　庫默爾詳細閱讀了法國科學院出版的一系列通報，他十分清楚拉梅和柯西對費馬大定理的證明早已走進死胡同。像尤拉一樣，他們不約而同地使用了整數集的某個擴充上的唯一因數分解特性，然而對一般的擴充，這種特性並不存在。庫默爾證明了當時最好的結果：

　　對於質數次本原單位根 ζ_p，若數集 $\mathbb{Z}[\zeta_p]$ 滿足唯一因數分解特性，則

費馬大定理對 $n = p$ 成立。然而，存在著大量的質數 p，$\mathbb{Z}[\zeta_p]$ 不滿足唯一因數分解特性。

在收到庫默爾的來信之後，拉梅與柯西的競爭逐漸偃旗息鼓，但現代數論卻因此開啟了一頁全新的篇章。數學家們已經非常清楚地意識到類似 $\mathbb{Z}[\zeta_p]$ 這種數集的重要性，它們在 $\mathbb{Q}(\zeta_p)$ 中的地位就相當於整數集 $\mathbb{Z}$ 在有理數集 $\mathbb{Q}$ 中的地位，但性質與結構卻千差萬別。與之類似的還有 $\mathbb{Z}[\sqrt{2}]$ 和 $\mathbb{Z}[\sqrt[3]{2}]$ 等，這樣的新數種被數學家們稱為代數整數，它是代數數的一部分，每一個代數整數都是一個首項係數為 1 的整係數多項式方程式的根。

以有理數域上的域擴張，以及相應代數整數集為研究對象，伴隨著解決費馬大定理而做出的艱苦努力，一門嶄新的學科 —— 代數數論誕生了。許多年以後，它逐漸成長為基礎數學領域的核心，吸引了眾多優秀數學家為之奮鬥，並在 1995 年英國數學家安德魯·懷爾斯（Andrew Wiles）最終證明費馬大定理時到達了光輝的頂峰。

數學從畢達哥拉斯定理一路走來，砥礪了許多人的青春，成就了無數人的夢想，它所帶來的美麗，一直延續，它所帶來的感動，經久不息。

第 5 章
大時代

5.1　地心說還是日心說

　　15 世紀的歐洲，中世紀的陰霾逐漸散去，「地圓說」慢慢在大眾間有了市場。出於對遠東各類物產資源的嚮往，歐洲各國開啟了一輪爭奪貿易通道的競賽。對當時的歐洲人來講，想要到達遙遠的東方並不是一件容易的事情。除了路途遙遠、耗時漫長，與西歐人向來就處不來的穆斯林也成為了強大的障礙。雄偉的鄂圖曼土耳其帝國此時正橫亙於歐亞大陸之間，借道他們壓根就不是一個可靠的想法，於是歐洲一些國家的王室和貴族逼不得已打起了海上通道的主意。

　　然而這時的海上貿易風險極大。歐洲人的航船遠遠比不上當年鄭和七下西洋的艦隊，船隻簡陋不說，長時間的航行致使食物、淡水和蔬菜的供應都很難得到保證，一次航行下來船員的損失率一度達到百分之四十，誰能玩得起？這還不是最重要的，更重要的是海上環境複雜多變，稍有不慎就會讓船隊付出難以承受的代價，輕則偏離航線，重則全軍覆沒。沒有成熟的航海技術作為保障，遠距離航行猶如痴人說夢。

　　但就是在這樣艱苦的條件下，歷史上那些耳熟能詳的人物仍開闢了西方世界征服海洋的道路。率先出手的葡萄牙政府控制了西歐至非洲南部的航線；隨後哥倫布（Christopher Columbus）在西班牙政府的支持下向西而

行，發現了美洲新大陸；達伽馬（Vasco da Gama）打通了經好望角至印度的航線；最終由麥哲倫（Magellan）的船隊在西元 1521 年完成了人類歷史上第一次全球航行。

茫茫大洋，沒有精密的定位和導航裝置，唯有依賴經驗和日月星辰賜予的自然力量，由此天文學成為了必不可少的知識。當時的歐洲航海界最主要的航海技術都賴於古希臘天文學家托勒密（Ptolemy）的學說，他建構的「同心球」宇宙體系批判地繼承了亞里斯多德刻板僵硬的「地心說」體系，具有積極進步的意義。托勒密的理論認為地球位於宇宙的中心，太陽和其他星體位於不同的球層之上，沿著一個小圓作勻速的圓周運動，其軌道稱為本輪；每個本輪的中心又在各自的球層上繞著地球做勻速的圓周運動，軌道稱為均輪，因此這個天文學系統也被稱為本輪—均輪系統。之後托勒密又將偏心圓模型引入本輪—均輪系統，並假定地球並不恰好位於圓心，而是偏離了一定距離；同時，行星運動的本輪在均輪上也不是圍繞圓心，而是圍繞一個偏心勻速點做勻速運動（如圖 5-1 所示），這些改變主要是為了解釋行星在「視覺」上的非勻速運動，但事實上卻為後世發展起來的行星沿橢圓軌道運動的理論奠定了基礎。

圖 5-1　托勒密本輪—均輪系統

透過適當地調整諸輪的半徑、速度和方向，托勒密的理論很好地模擬了當時所觀測到的天文現象（包括火星逆行等現象），在航海上具有很高的實用價值，在整個歐洲範圍內擁有著廣泛的影響力。

　　為了天文學計算的需求，托勒密在前人的基礎上整理出了一張精度還算不錯的三角函數表（弦表）。當時的三角函數並不是定義成直角三角形對應邊長的比值，而是以圓心角所對的弦長來代替，所謂的三角函數都是限定在一個固定的圓中來討論的。托勒密採用的圓半徑為 60，並且他使用 60 進位制來表示弦值。我們稍後會看到，托勒密這樣做與其求弦值的方法密切相關。

　　此外，托勒密還是一位傑出的地理學家，他的著作《地理學》（*Geography*）提供了最早有數學依據的地圖投影法。雖然依照此法做出的地圖漏洞百出、難稱準確，但仍然有很多的追隨者。據說哥倫布就是受到了這本書的影響，至死都還認為他所發現的美洲大陸是東印度群島。

　　托勒密的天文學理論影響了西方世界 1,300 多年，在此期間，西方世界幾乎所有的星曆表都是基於他的理論繪製出來的。但由於「地心說」本身是一種不符合實際的理論假說，要想更好地解釋真實世界所觀測到的天文現象，就只能對托勒密建構的體系進行不斷地修正，以便將計算結果提升到更高的精度，這使得星體運動軌道的計算和繪製變得越來越煩瑣。比如為了描述月球和地球以外的五大行星的運動軌跡，托勒密的理論用到了 77 個互相巢狀的圓，那張星圖光是看上一眼就讓人頭大。因此天文學在自我迷失的道路上越走越遠了。

　　幸運的是，文藝復興時期最重要的天文學家哥白尼（Copernicus）橫空出世。他的主要功績就是將「日心說」推上了歷史舞臺，推翻了長久以

來基督教教義所崇尚的卻並不符合科學真理的「地心說」理論。但坦白地講，在當時，哥白尼提出「日心說」並不是為了打破這把將宗教套在科學頸上的枷鎖，而僅僅是因為托勒密理論所帶來的計算實在是繁重。

這麼說你可能會覺得有些搞笑，但故事的開始確實跟反抗宗教毫不沾邊，哥白尼甚至算得上一個虔誠的天主教徒。他早年曾經認真研讀過托勒密等天文學家的著作，是一個繁重計算的受害者。他高度懷疑這種依賴不斷修正才能「自圓其說」的理論是否能夠真正描述客觀世界的天文現象。在仔細比較了亞里斯多德和托勒密等人的工作之後，哥白尼吸收了古希臘天文學家阿利斯塔克斯（Aristarchus）的觀點，將太陽擺在了同心球體系的中心。這一改變，使得對於星體運動的考察立刻得到了極大的簡化：托勒密需要 77 個圓才能描述的行星運動軌道，哥白尼用 34 個圓就搞定了。當然，哥白尼也並沒有全盤否定托勒密的天文學原理。他依然以圓作為行星運動的基本曲線，這使得他的學說與真實世界依然有著龐大的差距。

事實上，與當時的天文觀測結果進行對比，哥白尼的理論比起托勒密不斷修改的學說來講也好不了多少，這使他的工作幾乎陷入到了一種兩頭不討好的境地：一方面「日心說」觸動了基督教「人是宇宙萬物中心」的教義，哥白尼在教會面前不得不夾著尾巴做人，其著作直到死前才敢拿出來發表。另一方面後世以第谷·布拉厄（Tycho Brahe）和韋達（Viete）為代表的許多知識分子並不買「日心說」的帳，他們認為哥白尼的理論是並不契合實際的觀測結果，紛紛另起爐灶，或是一頭栽進修補托勒密學說的浪潮中。

只有真正相信數學之美的人才會理解哥白尼，才會堅信宇宙是上帝按照簡潔、和諧的數學方式設計出來的精品，比如約翰尼斯·克卜勒（Johannes Kepler）。

德國人克卜勒是繼哥白尼之後歐洲又一位偉大的數學家、天文學家，他最出名和重要的成就，是其在合作者第谷對天體方位長時間的精確觀測結果中，總結出來的行星運動三定律。因為此三定律，克卜勒享有「太空立法者」的美譽。有趣的是第谷是個反哥白尼論者，而克卜勒則堅定地支持「日心說」，對哥白尼推崇有加。胸懷寬廣的第谷邀請志不同道不合的克卜勒來到自己身邊進行工作，書寫了科學史上一段令後世廣為傳頌的佳話。只不過這段佳話並沒能持續很長時間：克卜勒到來後的第二年，第谷就去世了，他在去世前將自己畢生累積的大量觀測資料留給了克卜勒，並再三做出告誡：一定要尊重觀測事實！

　　作為一位名重天下的科學家，第谷先生的眼光十分獨到：面前的這位克卜勒先生將繼承他的衣缽，將近代天文學理論推升到一個全新的高度。

　　在對「日心說」理論進行打造的過程中，克卜勒比起哥白尼來可要大膽多了，他的行星運動三定律打破了千年來的權威和傳統，第一定律指出行星運動軌道是橢圓而並非正圓，太陽位於橢圓的一個焦點；第二定律則指出行星運動並非勻速，而是與其向徑掃過的面積成正比。克卜勒對自己所獲得的成果歡欣鼓舞，一方面是因為這些成果與第谷的觀測資料高度吻合，另一方面是因為這些成果在數學方面擁有高度的簡潔性，採用克卜勒的「日心說」理論進行計算，天文學家們感受到了前所未有的便捷。

　　此後的故事為大多數人所熟悉，伽利略發明了望遠鏡，進一步的觀測事實支持了「日心說」的論斷，哥白尼的立場終於得到了世人承認。科學史上一場由對計算便利性的追求所引發的革命獲得了重大的勝利。

　　在航海事業的刺激下，16 世紀的天文學理論展開了一輪宏大的自我革新，「地心說」逐漸沒落，「日心說」嶄露鋒芒。克卜勒雄心勃勃地想要繪

製出史上最為詳盡的星表,這對計算技術特別是三角函數的計算提出了更高的要求。加上商品貿易和銀行業蓬勃發展所帶來的需求,人們對現代計算方法的追求成為了兩百年間數學發展的主要風景。

不過,這一切貌似高深的理論你都不需要記住,你只需要記住一點:

——乘法,想說愛你不容易!

5.2　令人無奈的乘法

我並不是在跟你開玩笑,西方國家的數學基礎教育長久以來就沒有總結出什麼便捷的乘法教學方法,像 9×8 這檔事一定要變成（10 － 1）×8 ＝ 10×8 － 1×8 ＝ 80 － 8 才能心安理得地算出答案。然而我們的學生從小學開始就在背九九乘法表了。因為占了語言學上的優勢,我們很難理解西方同行這種近乎腦筋轉不過彎來的執著。

2015 年 2 月,英國前任首相卡麥隆（David Cameron）接受媒體採訪,被「不懷好意」的記者「釣魚」提問,卡麥隆想都沒想就當場拒絕了回答「9 乘以 8 等於多少」這樣的奇特問題,引發了現場一片笑聲。如獲至寶的中國媒體群起而嘲之:英國人的數學基礎教育太落後了!

先不提卡麥隆先生是否因為害怕被記者的提問帶到溝裡而採取了故意迴避的策略,這次英國人的數學教育被嘲是一點脾氣也沒有。非但基礎教育領域的成果趕不上中、美等國,並且高階數學人才的培養也極度停滯和匱乏。牛頓之後,世界數學的中心就再也沒有回到英國,英國的基礎數學研究已經被海峽對岸的法國同行們甩開一大截。

正是在這樣的背景下,英國政府提出了改革數學基礎教育的想法。政

府要求英國的小朋友們在小學畢業之前必須熟練掌握「12 乘以 12 以內的乘法表」，卡麥隆的「尷尬之問」也正是發生在這一政策的新聞發表會上。

不過，英國政府要是想僅僅依靠新增幾張「乘法表」這樣的舉措改善數學教育的面貌，把「英式教育」變成「應試教育」，那可就是在開歷史倒車了。因為從培養獨立思考能力的角度來說，知識和技藝的強制灌輸永遠比不上從邏輯和實踐中的引導更加令人印象深刻。

而在後一方面，英國人其實是有優勢和傳統的。

16 世紀的歐洲，阿拉伯數字和十進位制的使用已經得到了普遍的接受。小數則剛剛發明，雖然符號還很混亂，但數字的四則運算已經具有了現代樣式的雛形。然而乘法卻意想不到地為人們帶來了很大困擾，這種困擾當然不是「9 乘以 8」這樣的算術題所引起的，而是數學家們不得不頻繁地與大數字之間的乘法打交道。數學家們之所以要與大數字的乘法打交道，一方面是源於開平方運算的需求，另一方面是基於構造三角函數表的要求。

當時的開平方運算，過程是很直接的，人們直接用數字的乘法夾逼出方根的近似值。比如計算 14,640 的平方根，人們首先想到的是 120 的平方等於 14,400，比 14,640 略小；故而計算 121 的平方，這個值為 14,641，比 14,640 略大，因此 14,640 的平方根就近似地等於 121。但在計算小數字的方根時這種方法產生了不便，比如計算 $\sqrt{6}$，2 的平方是 4，3 的平方又到了 9，與 6 都有比較大的誤差。於是看起來帶有小數點的乘法運算是不可避免了，但當時小數的記法五花八門、尚未統一，人們對小數的乘法就很不習慣，總是想盡辦法地來規避它。

有一種方法是常用的，大家首先把被開方數 6 放大 10,000 倍，去估算 $\sqrt{60\,000}$ 的值。245 的平方是 60,025 最接近 60,000，於是 $\sqrt{60\,000}$ 近似

地等於 245；再把方根 245 縮小 100 倍，就得到了 $\sqrt{6}$ 的近似值 2.45。這種方法的數學原理很簡單，不需要做過多的說明，當時的數學家們也確實更加喜歡這樣的方法。被開方數放大的倍數越多，最後求得的方根的精度就越高，因此大數字的乘法在數學家們眼中是一項必備的技能。

　　構造三角函數表牽涉到同樣的問題，例如正弦函數 $\sin\theta$。當時的正弦函數值被人們理解為一個在固定圓中，以半徑為斜邊的直角三角形裡，θ 角所對的直角邊的長度（見圖 5-2，當半徑為 1 時，就與我們現在所理解的正弦函數值相等）。

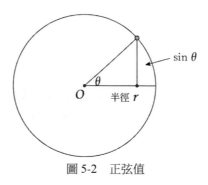

圖 5-2　正弦值

　　當 θ 角很小時，這條直角邊的長度當然很小，這對數學家們的計算來說很不方便。為了提高計算的精度，數學家們採取了與開平方運算相同的策略，把計算三角函數所使用的圓的半徑放大很多倍，然後將新的圓中 θ 角所對直角邊的長度作為相應的正弦值。顯然，半徑放大的倍數越多，θ 角所對直角邊的長度就越長，人們在計算正弦值時就能得到更高的精度，構造正弦表時角度的間隔就能做到更小，之後人們也用相同的方式處理餘弦（或者是相對於 $\frac{\pi}{2}$ 的餘角的正弦）。

　　當時關於三角函數的許多恆等式已經被廣泛使用，特別是和角公式（r 為半徑）：

$$\sin(\alpha + \beta) = \frac{1}{r}(\sin\alpha\cos\beta + \cos\alpha\sin\beta)$$

和半形公式：

$$\sin\frac{\alpha}{2} = \sqrt{\frac{r^2 - \cos\alpha}{2}},$$

它們對計算三角函數值和構造正弦表具有基本的意義。當半徑 r 很大時，$\sin\alpha$ 和 $\cos\beta$ 等都是非常龐大的數字，可見大數字的乘法對於數學家們來說有多麼的重要。

有一種比較容易想到的方法可以將乘法轉化成相對簡單的加法：

$$ab = \frac{1}{4}\left[(a+b)^2 - (a-b)^2\right]。$$

這種方法在 16 世紀的歐洲曾經得到了一定程度的推廣，但它明顯地依賴一張現成的數字平方表，明眼人都看得出要造這樣一張表也是個費心費力的苦差事。據說有個叫安東尼奧·馬吉尼（Giovanni Antonio Magini）的人曾於西元 1592 年發表了這樣一個表，但很遺憾沒有找到關於此表的資料。

總之一句話，大數字乘法運算的簡化是個迫切需要解決的難題。當年最苦惱的人恐怕就是第谷和克卜勒等天文學家了，為了確定天空中各星體的確切位置和運動軌道，天文學家們需要進行大量的三角函數計算，每次都要做大量大數字的乘法，有的甚至還是一長串大數字的連乘。但受制於乘法技術的落後，數學家和天文學家們沒能批次計算出大數字相乘的結果。當時的三角函數表，精度大多不高，湊合湊合也就先用著了。

然而偏偏有人不信邪，摸著石頭過河二十年，終於給出了令人滿意的結果。此人就是西元 1550 年出生於蘇格蘭愛丁堡默奇斯頓小鎮的第八代男爵約翰·納皮爾（John Napier），對數運算的發明人。

5.3 人工計算機

　　納皮爾年輕的時候就不是一盞省油的燈。與當時大多數的貴族兒童一樣，他一直在家接受私人教育，直到 13 歲時才被送到學校進行正規的學習。但納皮爾上學上了沒多久就退學了，跑到歐洲大陸遊學。在這段海外遊學的經歷中，納皮爾受到歐洲宗教改革的影響，逐漸倒向了新教。在他 21 歲回到蘇格蘭的時候，整個蘇格蘭也已經轉向了新教體系，信奉舊教（天主教）的蘇格蘭女王在三年前就因為政變下臺被趕到了英格蘭。納皮爾逐漸成為了蘇格蘭抨擊天主舊教的急先鋒，他於西元 1593 年寫成的一本小冊子《聖約翰啟示錄中的一個平凡發現》（*A Plaine Discovery of the whole Revelation of Saint John*）被其自認為一生中最重要的貢獻。在這本書中，納皮爾用歐幾里得的方式證明了羅馬教宗是個反基督者。這段現在看來頗有點無厘頭式的論證既為他贏得了聲譽，也帶來了不少爭議。

　　納皮爾不僅擅長在數學上開腦洞，做起發明創造來也是一把好手。西元 1588 年，西班牙國王勾結英格蘭天主教勢力發動政變失敗，隨即派遣「無敵艦隊」遠征英格蘭，打了一場著名的「英西大海戰」，意圖推翻伊莉莎白女王（Elizabeth I）的新教政權、鞏固西班牙在大西洋上的霸主地位。聽到消息後，志在報國的納皮爾立刻扔掉了書本，研究起了各種新式兵器，如裝甲馬車（現代坦克的雛形）和潛水艇等新鮮玩意。納皮爾的科技小發明還沒有派上用場，英國人就已經擊敗了遠道而來的對手，但他的英勇行為還是得到了讚揚和肯定。後來英國海軍還有一艘驅逐艦以納皮爾的名字命名。

　　不過跟對數的發明比起來，上面這些就全都是小巫見大巫了。恩格斯曾把笛卡兒的坐標、納皮爾的對數、牛頓和萊布尼茲的微積分並稱為 17

世紀數學界的三大發明。

　　說起對數，或者說對數函數 $y = \log_a x$，我們今天通常是把它當作指數函數 $x = a^y$ 的反函數來理解的，不少剛入行的同學被 $a^{\log_a x} = x$ 和 $\log_a a^y = y$ 這樣的恆等式折磨得精神分裂，死活都理解不了這種互逆的運算到底是怎麼一回事。其實在現實生活中對數函數和指數函數的例子比比皆是，我們舉個例子。

　　一位阿姨走進公園裡的運動場，本來只是想跳個舞，結果被一位基金業務員熱情地拉住雙手：「阿姨，看看我們公司的最新產品吧，保本無風險，年收益 8%，比銀行定期可划算多了！」

　　阿姨微微一怔：「咦，什麼意思？」

　　業務員迅速地從口袋裡掏出一個計算機：「阿姨你看，假如你買十萬塊錢的話，一年之後你將有 $10 \times (1 + 0.08) = 10.8$ 萬元，兩年之後你將有 $10 \times (1 + 0.08)^2 = 11.664$ 萬元，五年之後你就有 $10 \times (1 + 0.08)^5$，將近 15 萬啦！」

　　阿姨的臉上寫滿不信：「真的？我數學不好你可別騙我！」

　　這位業務員並沒有欺騙阿姨，他所使用的正是指數函數 1.08^x，隨著自變數 x 的增大，函數的取值將以一個還算可觀的速度趨向於正無窮。

　　聽不懂？沒關係，阿姨從來不玩虛的：「別說那些沒用的，兩百萬，什麼時候可以翻倍？」

　　業務員一聽，貌似這個月業績有了保障，頓時喜笑顏開，「阿姨別急，我馬上幫您算……」於是計算機上劈里啪啦一通按。答案還不賴，$\log_{1.08} 2 \approx 9$。

　　「阿姨，九年，只需要九年，您的資產就能翻倍！」

「九年？你沒搞錯吧，你知道現在買房有多賺嗎？市區買一間房，兩年翻了四倍！」阿姨頭也不回地步向人群，隨著音樂歡快地舞動起來，只留下一個呆若木雞的基金業務員，傻傻地立在後方……

這是一個令人有點心酸的黑色幽默，現實生活中大部分勤勞努力，對未來充滿期待的年輕人，都在高攀的房價面前陷入了迷茫和困惑，社會的變革讓他們從一開始就背負了許多沉重的壓力。我們必須幫助這樣的年輕人，重塑個人價值與社會價值的走向。

回到正題，那位基金業務員的數學顯然很不錯，他不僅知道對數是利息的逆運算，還知道換底公式：

$$\log_{1.08} 2 = \frac{\log_{10} 2}{\log_{10} 1.08}$$

因為計算機上通常只提供以特定數字為底的 log 運算，不換個底，還真沒辦法下手。現在，我們把基金業務員的計算過程畫成下面這張表：

時間(年)	資產(萬元)
1	1.08
2	$1.08^2 = 1.166\ 4$
3	$1.08^3 = 1.259\ 712$
4	$1.08^4 = 1.360\ 488\ 96$
5	$1.08^5 = 1.469\ 328\ 076\ 8$

這張表的第一列是一個等差數列，第二列是一個等比數列。假如某一天你恰好需要計算 1.1664×1.259712，通常情況下會浪費掉大量的稿紙，但現在你只需要透過以 1.08 為底的對數運算找出相應的指數 2 和 3，求出它們的和 5，再到表中找出對應的數字 1.4693280768，這就是 1.1664×1.259712 的值，千真萬確，如假包換。這個過程清楚地說明了對

數運算是如何把複雜的乘法轉變為簡單的加法的，用一個數學公式來表達就是

$$\log_a (x_1 \cdot x_2) = \log_a x_1 + \log_a x_2$$

　　將等差數列與等比數列進行一一對應的想法，其實早在 1,500 年左右就已經出現了。法國人舒開和德國人史提菲先後指出等比數列各項相乘可以用等差數列與之對應項的加法來代替。但無論是舒開還是史提菲都沒能將這種想法直接應用於大數字乘法的計算，或許他們只是發現了一種簡單的理論現象，並沒有朝實際應用的方向前進。

　　完成這一突破的正是發明小能手納皮爾。他巧妙地採取了一種質點移動的描述方法，成功地建構了史上第一個對數函數的模型。值得一提的是，納皮爾建構對數函數的年代還完全沒有指數函數的概念。他的想法可以說是天馬行空，具有劃時代的意義。

　　如圖 5-3 所示，納皮爾想像兩個質點 P 和 Q 分別沿著兩條平行的直線運動，它們擁有共同的初始速度 v。在納皮爾的對數模型中，v 代表著全正弦 sin90°（也即刻劃正弦函數所使用的圓的半徑），因此通常都取得很大，比如 10^7。納皮爾用線段 AB 的長度來表示 v 的大小，當點 P 在 AB 間運動時，它的速度與其所在位置到 B 點的距離相等。而點 Q 則從 A' 點出發，在直線上做勻速運動。

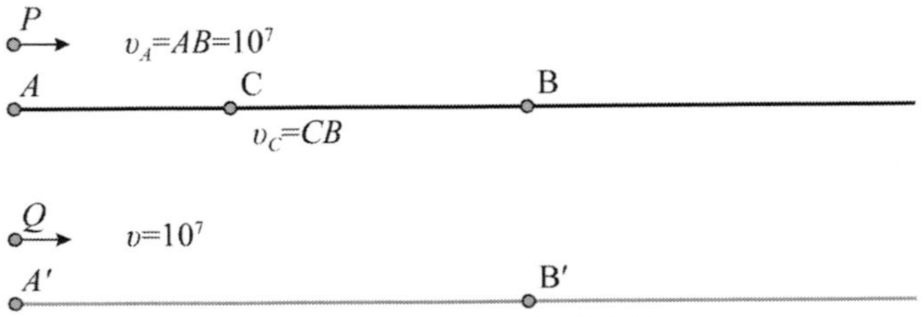

圖 5-3　納皮爾的對數模型

現在，固定一個很小的時間間隔 $\Delta t = \frac{1}{v}$。在第一個時間間隔結束後，點 P 移動了距離 1，此時它的速度變為它所在位置與 B 點的距離：

$$v_1 = v - 1 = v \cdot \left(1 - \frac{1}{v}\right)$$

類似地，第二個時間間隔結束後，點 P 所在的位置與 B 點的距離為：$v_n = v \cdot \left(1 - \frac{1}{v}\right)^n$

$$v_2 = v_1 - v_1 \cdot \frac{1}{v} = v \cdot \left(1 - \frac{1}{v}\right)^2$$

將這個過程進行下去，不難看出：$v_n = v \cdot \left(1 - \frac{1}{v}\right)^n$。

與此同時，點 Q 一直以 v 的速度做勻速直線運動，第 n 個時間間隔結束時，它所處的位置距離 A' 點的長度為 n。

現在，將點 P 在每個時間間隔末到 B 點的距離與點 Q 離開 A' 點的距離相互配對畫成一個表如下所示：

速度	v,	$v \cdot \left(1 - \frac{1}{v}\right)$,	$v \cdot \left(1 - \frac{1}{v}\right)^2$,	$\cdots, v \cdot \left(1 - \frac{1}{v}\right)^n \cdots$
距離	0,	1,	2,	$\cdots, n, \cdots$

則第一行是一個等比數列，第二行是一個等差數列。納皮爾把第一行中的元素稱為數，把第二行裡對應項的元素稱為對數，這就是他所設計的對數運算的模型。如果把納皮爾的對數用函數 N$\log x$ 來表示的話，那麼 N$\log x = y$ 意味著：

$$x = 10^7 \cdot (1 - 10^{-7})^y。$$

因此 $\frac{x}{x'} = (1 - 10^{-7})^{y-y'}$，這說明兩個數 x 和 x' 的對數之差完全由 x 與 x' 的比值決定，正如納皮爾在自己的書中所寫：「按同樣比例增加的一些正

弦，其對數是等差的。」

這一性質完全反映了現代對數函數的實質，與舒開和史提菲的想法比起來，納皮爾的構造甚至展現出了對數函數的連續性[035]。與此同時，納皮爾的方法在實際計算中也非常討巧：透過取很大的 v 值（比如 10^7），公比 $\left(1 - \dfrac{1}{v}\right)$ 將非常接近於 1。按照構造方式，納皮爾可以很方便地用減法依次計算出 $v_n = v \cdot \left(1 - \dfrac{1}{v}\right)^n = v_{n-1} - v_{n-1} \cdot \dfrac{1}{v}$，其中 v 是 10 的冪次，$v_{n-1} \cdot \dfrac{1}{v}$ 不過是移動小數點的位數。因此理論上他可以編製出一張從 v 到 0，間隔足夠緊密的對數表。

當然，要真這麼做的人，不是瘋子就是傻瓜，因為這種方法的計算量將是史無前例的恐怖。感興趣的同學不妨算一下從 10^7 開始，一直降到下一個量級 10^6 總共需要多少步，納皮爾同學就算不吃不喝不睡覺，算上一輩子猜想也看不到勝利的曙光。為了解決這個難題，他採用了一種非常精妙的插值方法，在極大減小了計算量的前提下，計算出了 0° 和 90° 之間相隔為 1′ 的所有角的正弦對數表。

因為以上這些貢獻，納皮爾被公認為對數函數的發明人。

需要說明的是，納皮爾的對數與我們現在使用的對數函數是有區別的：首先 $N\log 10^7 = 0$；其次 $N\log(x \cdot y)$ 並不等於 $N\log x + N\log y$。

納皮爾的這些工作，總結在他寫的兩本書中，第一本《奇妙的對數表的說明》（*Mirifici Logarithmorum Canonis Descriptio*）記載了納皮爾構造的對數表，描述了它的性質以及在各種計算中的實際應用，發表於西元 1614 年；第二本《奇妙的對數表的構造》（*Mirifici Logarithmorum Canonis Constructio*）則做出了對數的計算方法的解釋，在納皮爾死後於西元 1619 年發表。

---

[035] 可以用微積分的知識加以解釋。

從西元 1594 年開始，為了一勞永逸地解決大數字的乘法和三角函數值的計算問題，納皮爾潛心研究二十年，終有所成。然而在對對數運算的探索過程中，納皮爾卻絕不是一個人在戰鬥，同時期還有一位來自瑞士的鐘錶匠，幾乎在做著同樣的事情，他就是約斯特・比爾吉（Joost Bürgi），天文學家克卜勒的「御用精算師」。

5.4 鐘錶匠

生於西元 1552 年的比爾吉並不是一個嚴格意義上的數學家。比起數學來，他可能更喜歡搗鼓一些精密儀器。在比爾吉年輕的時候，他就設計和製造出了不少令人驚豔的天文儀器和計時工具，被譽為同時代最傑出的機械師之一。比爾吉的雇主，黑森－卡塞爾（現位於德國黑森邦北部）伯爵威廉四世曾向第谷寫信稱讚他為第二個阿基米德，足見比爾吉在當時科技界的地位。西元 1603 年，名聲在外的比爾吉接受了神聖羅馬帝國皇帝魯道夫二世（Rudolf II.）的邀請，正式出任布拉格地方的宮廷鐘錶匠，這讓他有機會結識了同為魯道夫二世工作的克卜勒。

與克卜勒的接觸讓比爾吉見識到了許多複雜而精細的天文學計算，當時克卜勒正試圖利用第谷留下的觀測資料計算出行星運動的軌道，繁重的計算令他苦不堪言。作為克卜勒好友的比爾吉仗義出手，決心發展出一套簡化計算的高效率方法。

比爾吉大概不知道千里之外有個叫納皮爾的蘇格蘭人此時正埋首於自家的城堡中做著同樣的事情。他也把眼光瞄向了史提菲等人的思想，目標是造出一張等差數列和等比數列對比的表來。

等差數列：b，$2b$，……，mb，……，nb，……，$(m + n)\ b$，……

等比數列：ar，ar^2，……，ar^m，……，ar^n，……，ar^{m+n}，……

比爾吉與納皮爾具有同樣的設想，如果人們想求出兩個數 x 與 y 的乘積，而這兩個數恰好是等比數列中的某兩項 $x = ar^m$，$y = ar^n$，那麼這兩個數的乘積除以 a，$\dfrac{xy}{a} = ar^{m+n}$ 就將出現在等比數列中的第 $m + n$ 個位置，它所對應的等差數列中的項恰好是 $(m + n)\ b$。如果 a 的取值正好是 10 的冪次，那麼為了得到 xy，只需要將 ar^{m+n} 中的小數點移動相應的位數。透過這種方式，人們方便地將 x 與 y 相乘的問題轉化成了 m 與 n 相加。

在納皮爾的對數表中，$b = 1$，$a = 10^7$，$r = 1 - 10^{-7}$。隨著自變數的增加，它的對數值是遞減的。比爾吉造了一張類似的表，取的是 $b = 10$，$a = 10^8$，$r = 1 + 10^{-4}$。隨著自變數的增加，對數值遞增。比爾吉把他的表格一直計算到了第 23,027 項，因為 $(1 + 10^{-4})^{23027} \approx 10$，這樣他事實上得到了 $10^8 \sim 10^9$ 一個乘法計算的簡化表格，這張表還可以透過移動小數點的位數來涵蓋更大的區間。不過在製表的過程中，比爾吉並沒有採取什麼質點連續運動的模型，他的作品完全是為了計算而生。

據說比爾吉對數表的完成時間比納皮爾的對數表還要早幾年，但不知何故比爾吉一直拖著沒有發表，結果納皮爾的工作率先出版。考慮到納皮爾的工作在理論上的深刻性，將對數發明人的頭銜歸於他是沒有任何疑問的。也許是覺得自己的表格在實際計算中更加稱手，比爾吉最終還是在西元 1620 年將他的方法也公布於世。

有了納皮爾和比爾吉的研究成果，全歐洲的天文學家瞬間計算效率倍增。與比爾吉一起工作的克卜勒尤其興奮，因為他有著豐富的第一手資料，卻苦於計算嚴重地拖慢了研究進度。當時的克卜勒正試圖從各大行星

的繞日公轉週期和到日平均距離中尋找出自然規律，他隱約覺得行星運動的週期和它的軌道大小應該有著「和諧」的數學比例關係。於是他以地球的公轉週期和到日平均距離為標準，列出了下面的表格：

行星	公轉週期（T）	到日距離（R）
水星	0.241	0.387
金星	0.615	0.723
地球	1.000	1.000
火星	1.881	1.524
木星	11.862	5.203
土星	29.457	9.539

（注：資料引自 NASA 網站）

　　按照克卜勒的設想，這張表中每一行的兩個數字都應該滿足一個共同的數學關係，但在開始的時候，找出這樣一個數學關係完全是一場數字上毫無規律的猜謎遊戲。數學關係何其多啊？要對真理有多大的求知慾，對自己的想像力有多大的自信才有勇氣開啟這樣一項艱苦卓絕的工程。但克卜勒還是義無反顧地開始了。他把這張表格裡的數字顛來倒去，加減乘除，甚至動用了開平方運算，卻一直毫無頭緒，直到他掌握了納皮爾和比爾吉的對數表，克卜勒才終於意識到要在上面的表格中新增進下面的兩列：

行星	公轉週期平方（T^2）	到日距離立方（R^3）
水星	0.058	0.058
金星	0.378	0.378
地球	1.000	1.000
火星	3.540	3.540
木星	140.707	140.852
土星	867.715	867.978

結果一目瞭然，考慮到允許的誤差，克卜勒最終發現了行星運動第三定律：行星公轉週期的平方與其橢圓軌道長半軸的立方成正比！

這是一項劃時代的偉大成就，克卜勒在悟到這一結果時幸福得快要暈過去，他在自己的書中寫道：

「……（這正是）我十六年以前就強烈希望探求的東西。我就是為了它而與第谷合作……現在，我終於揭示出了它的真相。了解到這一真理，超出了我最美好的期望。」

克卜勒在這一發現上前後花了總共十六年的時間，他的欣喜若狂完全可以理解，而他的最佳拍檔就是一張簡化了乘法計算的對數表。事實上，克卜勒要是能夠完全理解現代意義上的對數函數，他將會更加容易地發現 T 與 R 之間那個神祕的數學關係。

讓我們嘗試用以 10 為底的常用對數來作一個說明，將各大行星的公轉週期 T 和到日距離 R 的常用對數排列成下面的表格：

行星	公轉週期對數（$\log_{10} T$）	到日距離對數（$\log_{10} R$）
水星	-0.618	-0.412
金星	-0.211	-0.141
地球	0.000	0.000
火星	0.274	0.183
木星	1.074	0.716
土星	1.469	0.980

0.618 等於 0.206 乘以 3，0.412 等於 0.206 乘以 2；0.211 約等於 0.07 乘以 3，0.141 約等於 0.07 乘以 2……不用嘗試太多的運算組合，你可以立刻像克卜勒那樣總結出 $\log_{10} T : \log_{10} R = 3 : 2$，即 T^2 與 R^3 成正比。

怎麼樣，是不是有一種脫胎換骨的感覺？

當然，克卜勒當時還沒能用上以 10 為底的常用對數表，他的工作基

於納皮爾和比爾吉所構造的對數，發現之旅要更加曲折一些。以 10 為底的常用對數表是英國人布里格斯（Briggs）於西元 1624 年首先公布的，並由荷蘭數學家弗拉克（Vlacq）於西元 1628 年補充完整，這兩人的常用對數表精度之高，足以讓世人使用三百多年而不作改進。

說到底數，無論是納皮爾還是比爾吉的對數表，都可以透過移動小數點的方式變得與現代對數函數更加接近。比如我們將比爾吉對數表中的 b 變為 10^{-4}，a 變為 1，那麼若有

$$x = (1 + 10^{-4})^{n},$$

則比爾吉對數 $\mathrm{Blog}x = 10^{-4} \cdot n$，也即 $10^4 \mathrm{Blog}x = n$。再取 $(1 + 10^{-4})$ 的 n 次冪，我們就有

$$x = (1 + 10^{-4})^{n} = \left[(1 + 10^{-4})^{10^4} \right]^{\mathrm{Blog}x}。$$

如此，記 $\alpha_k = (1 + 10^{-k})^{10^k}$，上面的等式兩邊同時取以 α_4 為底的對數，我們最終得到了關係式：

$$\mathrm{Blog}x = \log_{\alpha_4} x,$$

這說明納皮爾和比爾吉事實上給出了現代意義上的對數函數，只要適當地移動小數點的位數，比爾吉的對數運算就能滿足關係式

$$\mathrm{Blog}\,(x \cdot y) = \mathrm{Blog}x + \mathrm{Blog}y。$$

不要小看了這個恆等式，它意味著對數函數把實數集 $\mathbb{R}$ 的乘法群映到了加法群，並且保持群結構。在現代數學裡，這樣的映射稱為群同態（group homomorphism），是群論裡的基本研究物件和工具。

另外，從實際計算的角度來說，等比數列中的公比應該取得越接近於

1 越好，這樣對數表中的數字間隔就能越緊密。所以 $1 + 10^{-k}$ 中的 k 應該越大越好，比方說我們取 $k = 6$，這時候

$$\alpha_6 = (1 + 10^{-6})^{10^6} \approx 2.718\,28\cdots$$

等等，這個數字好眼熟，

是自然底數 e 對不對？

沒錯，就是它，e 就是來得這麼自然。

5.5　神奇的底數

認真地講，$\alpha_6 = (1 + 10^{-6})^{10^6}$ 並不等於自然底數 e。如果我們繼續提高計算的精度，

$$\alpha_6 = (1 + 10^{-6})^{10^6} = 2.718\,280\,469\,1\cdots$$

而自然底數 e = 2.7182818284590……，從第六位小數開始，α_6 就與 e 不同了。要是你還知道 e 是個無理數（所謂的無限不循環小數），那麼 α_6 無論如何不會與 e 相同。因為不管 α_6 的小數位數有多長，鐵定也是一個有限的長度，不可能與無限世界裡的 e 完全相等。

這樣的分析適用於其他的正整數，不管 k 取得有多大，α_k 都不會等於 e。但如果你真的不辭辛勞一個一個地計算下去，你將會發現一個非常有趣的現象：隨著 k 的增大，α_k 的取值將越來越接近 e。

例如 $k = 7$ 時，

$$\alpha_7 = (1 + 10^{-7})^{10^7} = 2.718\,281\,693\,9\cdots$$

而 $k = 8$ 時，

$$\alpha_8 = \left(1 + 10^{-8}\right)^{10^8} = 2.718\ 281\ 786\ 3\cdots$$

用專門的數學語言來描述，上面的現象可以簡述成一句話：

$$\lim_{k \to \infty} \left(1 + \frac{1}{10^k}\right)^{10^k} = \mathrm{e}$$

或者更加直白一些：

$$\lim_{n \to \infty} \left(1 + \frac{1}{n}\right)^n = \mathrm{e}$$

　　翻開大部分數學課程或者是高等數學的教材，這就是自然底數 e 的明確定義，取極限的過程清楚地向我們展示了這個神奇的自然底數究竟是如何產生的。事實上，西元 1683 年，來自瑞士白努利家族的雅各布・白努利（Jacob Bernoulli）在研究複利計算的問題時首先發現了它。

　　說起這個白努利家族，在整個歐洲數學界，乃至人類科學史上都是一個逆天的存在，一門三代，出了八位赫赫有名的科學家，以至於我們不得不標注上他們的名字加以區分。雅各布・白努利是老白努利〔尼古拉・白努利（Niklaus Bernoulli）〕的長子，他和自己的三弟約翰・白努利（Johann Bernoulli）一起位列 17 世紀歐洲最頂尖的數學家行列。他們在解析幾何、微分方程式和機率論等領域都有著非常大的貢獻，在業界享有極高的聲譽。下面這件流傳甚廣的逸事足以顯示白努利家族在當時歐洲社會的地位。

　　約翰的兒子丹尼爾・白努利（Daniel Bernoulli）也是一位出色的數學家，在一次穿越歐洲的長途旅行中，他謙虛地向對面閒聊的陌生人介紹自己：「你好，我是丹尼爾・白努利。」哪知對方立刻語帶譏諷地回答：「你

是丹尼爾‧白努利？我還是艾薩克‧牛頓（Isaac Newton）呢！」

這真是聽起來最令人開心的譏諷了。丹尼爾此後在許多場合深情地回憶起這件往事，一直都把最後一句話當成是對自己最衷心的讚揚。

值得一提的是，白努利家族的成員們不僅自己厲害，還領著身邊的夥伴共同進步，瑞士的國寶級數學家李昂哈德‧尤拉（Leonhard Euler）就是他們千辛萬苦給挖掘出來的。在專門花一小節介紹這位數學界史詩般的巨人之前，先讓我們來看一看雅各布‧白努利對於複利計算問題的思考，這個過程充分展現了 e 被稱為自然底數的社會學意義。

所謂「複利」，通俗的說法就是「利滾利」，比如你到銀行去存 1 塊錢，假設利息水準達到了年利率 100%，那麼一年之後你的銀行存款將變為 2 塊錢，其中包括一塊錢的本金和一塊錢的利息收入。如果銀行大發善心願意幫你半年計一次息，那麼一年之後你的銀行存款將變為

$$(1 + 1 \times 50\%) + (1 + 1 \times 50\%) \times 50\% = \left(1 + \frac{1}{2}\right)^2 = 2.25$$

這個數字比一年計一次息得到的 2 塊錢要大，是因為前半年 1 塊錢產生的利息計入了後半年起息的本金之中，它被重複計息了。

那要是每個季度計一次息呢？結果將會更好，一年之後你的存款將變為

$$(1 + 1 \times 25\%)^4 = \left(1 + \frac{1}{4}\right)^4 = 2.441\,406\,25$$

資產的增幅比起半年計一次利息又多了將近兩成。

這時候你該會想：計息越頻繁，資產的增幅就越大，那銀行要是每分每秒都計息，我豈不是能用 1 塊錢在一年之內就實現「先賺一個億」的小目標啦，啊⋯⋯哈哈哈⋯⋯

　　這位同學，請先把口水擦乾淨，我不得不嚴肅地提醒你：你想多了。雖然你的直覺是對的，但你的夢想卻絕對無法實現。計息越頻繁，一年之後本息合計的資產總額確實越高。但它有一個無法突破的上限，銀行的工作人員就算幫你計息計到手抽筋也不可能突破它。

　　不信？我算給你看。

　　首先，1 塊錢存到銀行，年利率 100%，如果一年計息 n 次，那麼一年之後本息合計將有 $\left(1+\frac{1}{n}\right)^n$ 元。我們要證明計息越頻繁，資產增幅越大，事實上就要 $a_n = \left(1+\frac{1}{n}\right)^n$ 證明數列是一個嚴格遞增的單調數列。

　　我們用二項式定理直接展開：

$$a_n = \left(1+\frac{1}{n}\right)^n = 1 + C_n^1 \cdot \frac{1}{n} + C_n^2 \cdot \frac{1}{n^2} + \cdots + C_n^n \cdot \frac{1}{n^n}$$

$$= 1 + 1 + \frac{n(n-1)}{2!}\frac{1}{n^2} + \cdots + \frac{1}{n^n}$$

$$= 1 + 1 + \frac{1}{2!}\left(1-\frac{1}{n}\right) + \frac{1}{3!}\left(1-\frac{1}{n}\right)\left(1-\frac{2}{n}\right) + \cdots + \frac{1}{n^n} <$$

$$1 + 1 + \frac{1}{2!}\left(1-\frac{1}{n+1}\right) + \frac{1}{3!}\left(1-\frac{1}{n+1}\right)\left(1-\frac{2}{n+1}\right) + \cdots +$$

$$\frac{1}{n!}\left(1-\frac{1}{n+1}\right)\cdots\left(1-\frac{n-1}{n+1}\right) + \frac{1}{(n+1)^{n+1}}$$

$$= \left(1+\frac{1}{n+1}\right)^{n+1} = a_{n+1}$$

　　這說明數列 $\{a_n\}$ 確實隨著 n 的增大嚴格增長。

　　但不幸的是，不管 n 增到多大，a_n 都無法突破一個固定的上界。也許有些出人意料，這個上界並不太高，因為

$$a_n = \left(1 + \frac{1}{n}\right)^n$$

$$= 1 + 1 + \frac{1}{2!}\left(1 - \frac{1}{n}\right) + \frac{1}{3!}\left(1 - \frac{1}{n}\right)\left(1 - \frac{2}{n}\right) + \cdots + \frac{1}{n^n} <$$

$$1 + 1 + \frac{1}{2!} + \frac{1}{3!} + \cdots + \frac{1}{n!} <$$

$$1 + 1 + \frac{1}{2} + \frac{1}{2^2} + \cdots + \frac{1}{2^{n-1}} < 3$$

看看，費了半天勁，資產的增幅也沒能超過原值的兩倍，所得實在很有限。

在數學上，$a_n = \left(1 + \frac{1}{n}\right)^n$ 被稱為一個有上界的遞增數列。這樣的數列極限是一定存在的，不是別的，正是我們的主角：

$$\lim_{n \to \infty} \left(1 + \frac{1}{n}\right)^n = e = 2.718\,281\,828\,459\,0\cdots$$

所以，幻想著一本萬利的同學還是洗洗睡吧，天底下可沒有那麼便宜的午餐，更何況銀行家們就算集體腦殘也不會如此計息，我們還是祈盼存款利率能夠跑贏通貨膨脹來得更加現實一些。

在實際生活中，100% 的存款利率當然並不現實，在正常的利率水準下，1 元存款的一年期增值上限對我們來說才有意義。這個值也並不難算，假設一年期存款 $\lim_{n \to \infty}\left(1 + \frac{r}{n}\right)^n$ 利率是 r 的話（比如 3%），一年後你的資產上限就是原資產的 $= \lim_{n \to \infty}\left[\left(1 + \frac{r}{n}\right)^{\frac{n}{r}}\right]^r = e^r$ 倍。這個方法同樣適用於計算其他投資的理論報酬，所以在金融數學中經常出現 e^{rt} 這樣的資產增值計算公式，其中的變數 t 代表時間。

儘管 e 起源於複利的計算，並且在經濟生活中遍地開花，但這並非 e 被稱為「自然底數」的全部原因。像 e^n 這樣以 e 為底的指數函數不僅在數

學上展現出了眾多優美的法則，還與大自然間的萬物生長存在著千絲萬縷的連繫。

究竟是怎樣一幅優美的畫面？別著急，讓我們慢慢展開。

5.6 　奇妙的身姿

指數函數 a^x 的建立雖然晚於對數函數，但人類其實很早就已經意識到它的威力了，當底數 $a > 1$ 時，隨著 x 的增長，a^x 的取值將以一個非常快的速度趨向於正無窮。

一個非常有名，以至於被收錄進教科書的故事是這樣說的：古印度的舍罕王準備重賞西洋棋的發明者，王國的宰相西薩・班・達伊爾（Sissa ibn Dahir），聰明的宰相並沒有要求貴重的金銀珠寶或是土地，而是請求國王按照他所發明的棋盤賞賜足夠數量的小麥，規則是在棋盤的第一個格子裡放上一粒麥子，第二個格子裡放上兩粒，第三個格子裡放上四粒，此後每一個格子都放上前一個格子中麥子數量的兩倍，直到 64 個格子全都放滿為止。

就這麼簡單？

沒錯，宰相先生自信地點了點頭。

故事的結果你們都該清楚了，沒啥心眼的舍罕王很快答應了這個看似微不足道的要求。開始的時候填放麥子的速度很快，格子一個一個掠過，國王的臉上甚至浮現出了一絲輕蔑的笑容。但隨著格子數逐漸地增加，國王開始意識到問題的嚴重，他吩咐下人搬來的一袋袋麥子很快用完，甚至後來好幾袋麥子都不夠填放一個格子，局面朝著越來越無法控制的方向發

展，國王為他的決定食言了。

事實上宰相達伊爾所求的賞賜真的是一個天文數字，如果真的如他所願用麥子將整個棋盤填滿，那麥子的總數將是

$$1 + 2 + 2^2 + \cdots + 2^{63} = 2^{64} - 1 = 18,446,744,073,709,551,615$$

大致上相當於人類 2,000 多年來生產的所有小麥的總和 [036]。

什麼叫扮豬吃老虎？這就是活生生的典範啊！

舍罕王的數學的確不太好，他要是算得出來宰相先生的胃口有這麼大，猜想砍了他的心都有。

另一個與棋盤放麥粒相似的問題是一種名為河內塔的小遊戲。也許有不少同學曾經玩過這個益智遊戲，遊戲道具由一個底座和三根豎立在底座上的柱子組成。三根柱子的其中一根套放著從小到大的 7 個圓盤，你需要將這些圓盤整體搬移到另一根柱子之上，但每次只能移動一個圓盤並且在每次移動時必須保證小的圓盤一定位於大的圓盤上方。

使用歸納法可以很容易計算出完成遊戲所需要的移動步數。假設完成 n 個圓盤移動的總步數是 D_n，那麼 D_n 可以分解成先做前 $n-1$ 個圓盤的移動，再花一步將第 n 個圓盤移動到一根空柱子上，最後將前 $n-1$ 個圓盤移動到這第 n 個圓盤之上，因此 D_n 可以寫成

$$D_n = 2D_{n-1} + 1$$

利用這個遞推關係，我們可以歸納出：

$$D_n = 2^{n-1}D_1 + 2^{n-2} + \cdots\cdots + 2 + 1$$
$$= 2^n - 1$$

---

[036] 科普名著《從一到無窮大》。

　　所以完成移動 7 個圓盤的總步數是 $2^7 - 1 = 127$。

　　雖然這個步數並非一個天文數字，但若要認認真真地完成整個遊戲還是需要極大的專注和耐心。

　　這個益智小遊戲脫胎於印度一個關於梵塔的傳說。相傳印度教的主神梵天創造世界的時候在聖廟裡安放了一個佇立著三根寶石針的黃銅板，梵天在其中一根寶石針上從下至上套放了 64 個由大到小的金片，稱為梵塔。值班的僧侶不論白天黑夜移動著梵塔上的金片，移動的規則與河內塔遊戲中移動圓盤的規則一致，當 64 個金片整體地被移動到另一根寶石針上時，世界末日就會來臨，聖廟、梵塔、眾生以及所有的一切都會在一聲霹靂中完全毀滅。

　　主神梵天安排給值班僧侶們的工作實際上就是一個大型的河內塔遊戲。假設僧侶們每秒鐘移動一個金片的話，到世界末日那一天總共需要 $2^{64} - 1 = 18,446,744,073,709,551,615$ 秒，這個數字與達伊爾要求國王賞賜的麥粒數一樣大。然而地球誕生距今大約 46 億年，總計 145,065,600,000,000,000 秒，這樣算起來至今還沒走完保固期的 1% 呢，在聖廟中值班的一代代僧侶們要是一直這麼玩，恐怕會無聊到集體瘋掉。

　　剛才所舉的例子都是以 2 為底的指數函數，區區 64 個方冪就已經令人瞠目結舌，以 e 為底的指數函數 e^x 趨向於無窮的速度就更加生猛無比，它在直角坐標系中的圖形如同一架推力十足的戰鬥機，短暫的爬升之後一飛沖天。

　　然而 e^x 帶給數學家們的震撼卻絕非一飛沖天的函數圖形，而是一個與導函數有關的獨特性質 —— 在相差一個常數倍的意義下，e^x 是實數軸上唯一一個導函數等於其自身的函數。

　　對實屬軸上的一元函數來說，所謂的導函數，不嚴格地講，可以看成

一階微分。函數 $f(x)$ 在其定義域內的某一點 x_0 處稱為可微（或可導）的，如果 $f(x)$ 的圖形在 x_0 處存在一條確定的切線，這條切線的斜率就是 $f(x)$ 在 x_0 處的導數，它決定了 $f(x)$ 的函數值在 x_0 附近的變化程度。如果 $f(x)$ 在其定義域內的每一點都可微，這些導數的取值就定義了一個新的函數，稱為 $f(x)$ 的導函數，記為 $\dfrac{\mathrm{d}f}{\mathrm{d}x}$，或是 $f'(x)$。

按照定義，導函數刻劃了原函數的變化規律，$f'(x)$ 在 x_0 處的取值大於 0，說明 $f(x)$ 在 x_0 的附近是一個增函數，若是小於 0，則是減函數。政府在調控房價時最喜歡引用的一個目標就是：我們要堅決遏制房價的過快上漲。這句話聽起來很振奮，但它的意思卻並非讓房價的走向止漲轉跌，而是別漲得太快，從數學上來理解，就是努力使房價函數的導函數變得更加平緩。

通常情況下，導函數 $f'(x)$ 的圖形與原函數 $f(x)$ 的圖形相比，都大為不同。例如，冪函數 x^n 的導函數是 $n \cdot x^{n-1}$，不僅函數的奇偶性發生了變化，當 x 沿著坐標軸正向趨向於無窮大時，函數值趨向於無窮大的速度也明顯放緩；對數函數 $\ln x$ 的導函數是 $\dfrac{1}{x}$，從一個無界函數變成一個有下界的函數，從一個增函數變成一個減函數。三角函數則是個例外，$\sin x$ 的導函數是 $\cos x$，其圖形為自身函數圖形平移 $\dfrac{\pi}{2}$ 個單位而來，完整地保持了函數圖形原來的形狀。在函數的世界裡，這種情況已經頗為難得，像 e^x 這樣任你千萬次求導，我自巋然不動的函數只能稱為奇葩中的戰鬥葩。

在數學上，如果函數 $f(x)$ 在 x_0 處可導，其導數的計算可以歸結為求一個極限

$$\lim_{\Delta x \to 0} \frac{\left[f(x_0 + \Delta x) - f(x_0)\right]}{\Delta x}$$

其中 Δx 代表了一個可以任意小的改變數。例如，在知道對數函數 $\ln x$ 是一個連續函數的前提下計算它的導函數：

$$\lim_{\Delta x \to 0} \frac{[\ln(x+\Delta x) - \ln(x)]}{\Delta x} = \lim_{\Delta x \to 0} \frac{1}{\Delta x} \ln\left(1 + \frac{\Delta x}{x}\right)$$

$$= \lim_{\Delta x \to 0} \frac{1}{x} \ln\left(1 + \frac{\Delta x}{x}\right)^{\frac{x}{\Delta x}}$$

$$= \frac{1}{x} \ln\left[\lim_{\Delta x \to 0}\left(1 + \frac{\Delta x}{x}\right)^{\frac{x}{\Delta x}}\right]$$

$$= \frac{1}{x} \ln e = \frac{1}{x}$$

再利用複合函數求導法則

$$[f(g(x))]' = f'(g(x)) \cdot g'(x)$$

即有恆等式

$$1 = x' = [\ln(e^x)]' = \frac{1}{e^x} \cdot (e^x)'$$

從而 $\dfrac{\mathrm{d}}{\mathrm{d}x} e^x = e^x$。

看明白了吧，$\dfrac{\mathrm{d}}{\mathrm{d}x}$ 這把微分利器對 e^x 不起任何作用。

在相差一個常數倍的意義下，e^x 是唯一一個具有這種特性的函數。如果還有另外一個函數 $f(x)$ 也滿足

$$f'(x) = f(x)$$

那麼 $\dfrac{f'(x)}{f(x)} = 1$，從而 $\dfrac{f'(x)}{f(x)}$ 的原函數 $\ln f(x)$ 與 1 的原函數 x 只相差一個常數 c，也即

$$\ln f(x) = x + c$$

這說明 $f(x) = e^{x+c} = e^c \cdot e^x$。

大家常把 e^x 的這種特性編撰成各種有趣的幽默故事，其中有一個故事即使連數學家們看到也會忍不住笑出聲來。

話說某精神病院裡有位患有重度妄想症的病人，總是把自己想像成微分運算元 $\dfrac{\mathrm{d}}{\mathrm{d}x}$，而把病友和醫生們想像成各式各樣的可微函數，癥症一旦發作，他就揮舞著手中一把橡膠製成的小牙刷，見人就砍：「我微死你，我微死你！」病友們還好，也就是被他求個微分變變型，但醫生們可就慘了，在他的眼中都是些次數不怎麼高的多項式函數，微個幾次通通都要變成零，尷尬得不行。鑒於此病人的特殊癖好，精神病院的主管們親切地稱呼他為「d 微微」。

為了能降住發起病來沒完沒了的 d 微微，院裡請出了高數滿分的老院長，待到 d 微微再次發病之時，老院長主動迎上前去，大喝一聲：不許動，我是 e^x！

d 微微愕然一怔，隨後就像一個洩了氣的皮球，頹然倒地。在微分運算元面前，e^x 永遠立於不敗之地，老院長的機智實在令眾人折服，d 微微也著實消停了好一陣。

好事者杜撰這個故事是為了博君一笑，但這個笑話的後半部分才是真正的神來之筆。

某日 d 微微再次發病，老院長故技重施：別動，我是 e^x！

哪知 d 微微陰冷一笑：來得正好，我是 $\dfrac{\mathrm{d}}{\mathrm{d}t}$！

……

哈哈哈，真個要仰天長嘆哪，被當成了自變數為 t 的「常值」函數，一下子就給 d 沒了，下場還不如那幫掙扎了幾下才死的「多項式」同事呢。

老院長的內心是崩潰的，人說高手在民間，其實高手們都在精神病院……

e^x 導函數憑其自身的特性在直角坐標系中雖然令人稱奇，卻還算不上十分驚艷，但在另一種常見的坐標系 —— 極坐標系中，e^x 的這種特性將會反映出一個非常重要的性質：等角性。這種等角性使得極坐標下以 e 為底的指數函數的圖形看起來就像一條由內而外不斷旋轉的螺線。

自然界中，到處都能發現它的蹤影。

極坐標系下，平面中的任意一點仍然可以用兩個獨立的坐標來表示，這兩個坐標一個代表著連接極點與此點向量的長度，另一個代表著此向量與極軸的夾角，記為 (r, θ)。極坐標與直角坐標之間的轉換公式為

$$\begin{cases} x = r\cos\theta \\ y = r\sin\theta \end{cases}$$

現在，在極坐標系中，讓我們看看指數函數 $r = ae^{b\theta}$，$(a > 0)$ 的神奇之處吧。把

$$\begin{cases} x = r(\theta)\cos\theta \\ y = r(\theta)\sin\theta \end{cases}$$

看成關於 θ 的引數方程式，它的切線方程式（導函數）由下面的含參導數決定（$\dfrac{\mathrm{d}y}{\mathrm{d}x} = \dfrac{\mathrm{d}y}{\mathrm{d}\theta} \cdot \dfrac{\mathrm{d}\theta}{\mathrm{d}x} = \dfrac{y'}{x'}$）：

$$\begin{cases} x' = r'(\theta)\cos\theta - r(\theta)\sin\theta \\ y' = r'(\theta)\sin\theta + r(\theta)\cos\theta \end{cases}$$

在每一個夾角 θ 處，(x', y') 定義的向量 $\overrightarrow{(x', y')}$ 與原函數 (x, y)

定義的向量 $\overrightarrow{(x,y)}$ 之間的夾角可以透過數量積來進行計算（如圖 5-4 所示）。

設此夾角為 α，則

$$\cos\alpha = \frac{x \cdot x' + y \cdot y'}{\sqrt{x^2 + y^2} \cdot \sqrt{x'^2 + y'^2}}$$

將引數方程式的求導結果代入，我們有

$x \cdot x' + y \cdot y'$

$= r \cdot r' \cos^2\theta - r^2\cos\theta\sin\theta + r \cdot r' \sin^2\theta + r^2\cos\theta\sin\theta$

$= r \cdot r'$

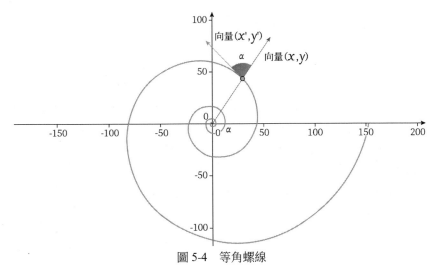

圖 5-4　等角螺線

同時 $\sqrt{x^2 + y^2} = r$，$\sqrt{x'^2 + y'^2} = \sqrt{r^2 + r'^2}$，因此

$$\cos\alpha = \frac{1}{\sqrt{\left(\dfrac{r}{r'}\right)^2 + 1}}$$

注意到 $r(\theta) = ae^{b\theta}$，從而 $r'(\theta) = abe^{b\theta}$。我們最終得到 $\dfrac{r}{r'} = \dfrac{1}{b}$，$\alpha = \dfrac{\arccos \dfrac{1}{\sqrt{\left(\dfrac{1}{b}\right)^2 + 1}}}{}$。

這說明向量 $\overrightarrow{(x',y')}$ 與 $\overrightarrow{(x,y)}$ 之間的夾角是一個只與 b 有關而與 θ 無關的常數，函數 $r = ae^{b\theta}$ 在極坐標下的圖形始終與過極點的射線成固定的夾角，畫出來的效果自然就像一條由內而外不斷旋轉延伸的曲線了。

由於 $r = ae^{b\theta}$ 中出現了由對數運算誘導而來的自然底數 e，它的圖形因此被稱為對數螺線，也稱為等角螺線。

5.7　自然法則

對數螺線因為等角的特性而被大自然特別青睞，許多動植物都以此為標準規劃運動和生活。比如人類的好朋友 —— 蜘蛛（雖然長得嚇人，但人家主要還是吃害蟲的，也算是人類的好朋友）。如果在你的身邊還能找到蜘蛛網的話，不妨去認真地研究一下，蜘蛛網上就存在類似對數螺線的結構。

這是被法國著名的昆蟲學家法布爾（Fabre）先生首先發現的，他對此非常著迷，甚至靈感迸發，專門在其著作中用了整整一章討論對數螺線的數學性質及其與自然界之間的各種關聯，從此對數螺線在更為廣泛的科學界名聲大噪。

聲名最為遠播的「螺線動物」當屬鸚鵡螺了，由於自身特殊的生長機制，鸚鵡螺的螺殼均勻地向外延長，呈現出優美的對數螺線結構，螺殼的外圈始終與以中心為起點的射線成固定的夾角。換句話說，你可以用方程式 $r = ae^{b\theta}$ 來描述鸚鵡螺的生長曲線。

這個方程式不僅在數學上簡潔明瞭，還具有深刻的美學意義。比如你用放大鏡把一隻鸚鵡螺放大一倍，牠的螺線方程式將變為 $r = 2ae^{b\theta}$，令 $\delta = \dfrac{1}{b}\ln2$，那麼 $2 = e^{b\delta}$，也即

$$r = ae^{b(\theta + \delta)}$$

　　這說明放大鏡下鸚鵡螺的每一段螺殼曲線與原螺線多繞 $\dfrac{\delta}{2\pi}$ 圈之後的部分完全一致。由於自變數 $\theta + \delta$ 與 θ 一一對應，從圖形上看，這兩條曲線沒有任何區別。這種特性被稱為自相似性，大自然中還有許多物種都像鸚鵡螺（如圖 5-5 所示）這樣因為均勻生長的需求而具有自我複製的屬性，無論放大或是縮小，你看到的它依然是它（這話好彆扭，大家用心體會……）。

圖 5-5　鸚鵡螺
（資料來源：維基百科，由 Chris73 上傳，
https://commons.wikimedia.org/wiki/File:NautilusCutawayLogarithmicSpiral.jpg，
CreativeCommonsAttribution-ShareAlike3.0UnportedLicense.）

　　很明顯，鸚鵡螺的生長速度與螺線跟極軸所夾固定之角度 α 有關。根據前面的分析，這個角度 α 由方程式 $r = ae^{b\theta}$ 中的 b 唯一決定。科學家們研究了大量鸚鵡螺的例項，發現牠們的 b 值驚人的一致，大約等於

0.3063489。如此，每隔四分之一個圓周（即 $\frac{\pi}{2}$），鸚鵡螺螺殼曲線的增長比值大約為

$$\frac{a\,\mathrm{e}^{b(\theta+\frac{\pi}{2})}}{a\,\mathrm{e}^{b\theta}} = \mathrm{e}^{\frac{\pi}{2}b} \approx 1.618$$

對於這個數字，不知道大家是否眼熟，它的倒數大約是 0.618，人稱黃金分割率。

真是意想不到啊，鸚鵡螺的審美居然如此有品味，不知不覺中也練就了一副完美標緻的好身材。

此後，b 值為 0.3063489 的對數螺線又被稱為「黃金螺線」，從視覺效果上看，它是最具美感的等角螺線。

如果你看書看累了，不妨拿出一張稿紙來，我來教你畫一畫「黃金螺線」。首先在稿紙的中央畫一個邊長為 1 的小正方形，然後在它的下方緊跟著複製一個，這樣你就有了一個長為 1、寬為 2 的小長方形。

以這個長方形的寬為邊，在其右側作一個邊長為 2 的正方形，與原來的兩個單位正方形一起組成了一個長為 3、寬為 2 的長方形。緊跟著這個長方形的上部再做一個邊長為 3 的正方形。

以此類推，按照逆時針的方向依次作邊長為 5、8、13，……的正方形，正方形越來越多，堆積起來的長方形就越來越大。現在，用一條平滑的曲線將這些正方形的對角頂點依次連接起來，你就得到了一條「黃金螺線」（見圖 5-6 中的螺旋狀曲線）。

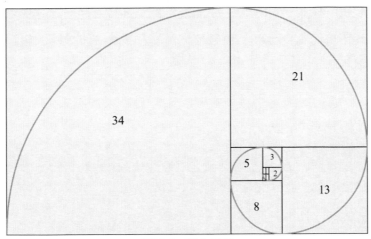

圖 5-6　黃金螺線

　　這是大多數老師在課堂上的教法，但嚴格來講，這並非一條真正的「黃金螺線」，它的學名叫做「斐波那契螺線」，只是黃金螺線的近似。「斐波那契螺線」因其構作方式中出現的小正方形的邊長序列 1，1，2，3，5，8，13……是斐波那契數列而得名，此數列由義大利數學家斐波那契（Fibonacci）在研究「兔子的繁殖」問題時引入，在數論界很有名氣，其中的每一項都是前面兩項數字之和：

$$F_n = F_{n-1} + F_{n-2} \ (n \geq 3)$$

並且後項與前項之比隨著 n 的增大趨向於黃金分割率的倒數：

$$\lim_{n \to \infty} \frac{F_n}{F_{n-1}} = \frac{1}{\Phi} = \frac{\sqrt{5}+1}{2} \approx 1.618$$

　　與黃金分割率的這層關係使得斐波那契數列在自然界中頻繁充當「美」的使者。但極限而已，終非相等，世人將鸚鵡螺螺線，甚至大部分等角螺線都當成「斐波那契螺線」，其實是一種誤讀。

　　除了鸚鵡螺等貝殼類動物以外，鯊魚的背鰭和老鷹的尖嘴也都屬於對

數螺線的形狀。據說老鷹在天空中盤旋的路徑遵循的也是對數螺線，利用熱空氣上升帶來的垂直氣流和雙翼展開特定傾角形成的優雅姿態，省力又瀟灑，聰明不已。

當然，有占便宜的，就有倒楣的。

飛蛾這類昆蟲，就比較倒楣。

關於飛蛾，最有名的當屬成語「飛蛾撲火」了，一批批蛾蟲對著明晃晃的火苗趨之若鶩，前仆後繼。

雖明知向死，卻一往情深……

人們常把這類事件描述成一段段「追求光明」的悲情虐戀（昆蟲有趨光性），弄得好像飛蛾們天生就是無畏和勇敢的化身。但其實牠們也不想這樣，好端端的誰要往火裡衝呢，只不過人家的導航系統本來就是如此，真要算帳也只能算到我們人類的頭上。

這是為何？

一種非常流行的科學猜測認為，在許多許多年的進化過程中，飛蛾們逐漸形成了自己獨特的導航體系：按照與光線成固定夾角的方向飛行。由於太陽和月亮距離地球非常遙遠，自然光可以被近似地當作平行光，與光線成固定夾角飛行保證了飛蛾的行進路線始終是一條直線。然而當蠟燭等人造光源出現後，一切就都改變了，放射光再也無法等效於平行光，只能以光源為中心呈放射狀。苦命的飛蛾們搞不清楚狀況，依然按照原來的方式飛行，結果越飛越離譜，最後飛成了一條等角螺線，直接轉進火裡，壯烈成仁……

珍愛生命，遠離光明啊！

開個玩笑而已，我們沒資格嘲笑飛蛾，因為同樣的錯誤，人類也犯過。

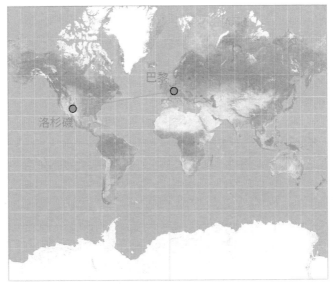

圖 5-7 麥卡托地圖

（資料來源：維基百科英文版詞條：Mercator projection，由 Strebe 上傳，
Creative CommonsAttribution-Share Alike 3.0 UnportedLicense. 圖片有改編）

　　比如你拿出圖 5-7 這張世界地圖，隨便問一個路人甲，洛杉磯和巴黎之間如何飛行最快？來人恐怕十有八九會畫出一條連接兩座城市的線段，然後一臉天真地望著你，這還用問嗎？兩點之間，線段最短啊！

　　很遺憾，還真不是這樣，你拿出的這張地圖叫做麥卡托地圖，非常古老，它最大的特點就是所有的經線反映在地圖上是相互平行的直線，是一幅著名的保角地圖，當你沿著這幅地圖上的直線飛行時，實際航線與所有的經線保持固定的夾角。從地球在平面上的球極投影（如圖 5-8 所示）來看，你事實上飛出了一條美妙的等角螺線（中的一部分），只不過美則美矣，距離卻不是最短的。

　　現代市場上的飛機或郵輪在設計長距離航線時基本上都會遵照球面上兩點間的最短路徑，它是球面上連接這兩點的唯一一個大圓的圓弧。這樣

的路線在數學上有專業的名稱，叫做測地線。

　　除了依賴光線導航的昆蟲以外，植物界同樣受到等角螺線的深刻影響，松果、鳳梨、仙人掌、菊花、向日葵，在眾多人們熟悉的花、葉、種子的排列結構上都能發現等角螺線的身影。

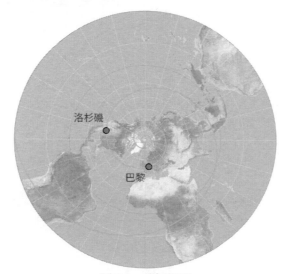

圖 5-8　球極投影

（資料來源：維基百科英文版詞條：Stereographic projection，由 Strebe 上傳，
Creative CommonsAttribution-Share Alike 3.0 UnportedLicense.）

　　產生這種現象的根本原因在於，植物在發芽、生長和結果的過程中，會按照固定角度旋轉展開以保證每一片葉子和種子都能夠盡可能多地享受到陽光和生長激素。按照這樣的生長方式，葉子和種子一層層地向外延長，它們的邊緣連接在一起就自然而然地形成了等角螺線。

　　那麼問題來了，植物們應該如何選擇葉片或者種子之間的間隔角度呢？

　　我們不妨來模擬一下植物的生長過程。假設第一片葉子位於一個確定

的方向上，那麼第二片葉子應該選在哪裡？它當然可以選在同一個方向，位於第一片葉子的正上方，但如此一來，它將會把第一片葉子的陽光完全擋住，同時還要爭搶同一個位置的生長激素，「本是同根生，相煎何太急」，對於植物們來說，這種選法當然是最笨的。

選在第一片葉子的正對面如何？

看起來相當不錯，兩片葉子間隔最遠，互相干擾的可能性被降到最低。但如果真的按照這種選法，兩片葉子間相隔 180 度，那麼第三片葉子又會來到第一片葉子的正上方，第四片葉子來到第二片葉子的正上方，互相干擾的問題依然存在，同時還要浪費大量的空間。

所以對於植物們來說，葉片之間的相隔角度 α 最好不要選得使 $\dfrac{360^{\circ}}{\alpha}$ 成為一個有理數，否則在有限圈之後，葉片們總會重合。

那隨便為 α 選取一個無理數可以嗎？

科學家們仔細研究了大量的例項，發現植物們對此居然達成了驚人的共識，α 並不是一個隨心所欲的無理數。例如向日葵，又稱太陽花，花盤上的種子就按照大約 $\alpha = 222.5^{\circ}$ 的間隔角度層疊排列。1979 年，德國學者沃格爾（Vogel）曾用電腦模擬了角度 α 對太陽花種子分布的影響，發現但凡 α 偏離 222.5° 一點，種子分布就會變得很不經濟，只有恰好大約 222.5° 時，太陽花的花盤才會如大自然所呈現的那樣精妙美麗。

為什麼會是 222.5° 呢？因為

$$\frac{360^{\circ}}{222.5^{\circ}} \approx 1.618$$

是黃金分割率的倒數……

開花都開得這麼有個性，不服不行啊。

在坐標系被引入數學之後，等角螺線由法國數學家笛卡兒（Descartes）首先確定。到了白努利家族的時代，雅各布·白努利對等角螺線進行了更加系統的研究，對於等角螺線所呈現出來的種種令人驚異的性質，雅各布激動不已，以至於他最終決定要將等角螺線刻在自己的墓碑之上，以向世人表明他「縱使改變，依然故我」的心志。

令人啼笑皆非的是，為雅各布鐫刻墓碑的工匠師傅數學水準明顯不過關，硬是把等角螺線 $r = ae^{b\theta}$ 刻成了阿基米德螺線 $r = a\theta$。

若雅各布泉下有知，就算大家都上，棺材板怕是也壓不住了……

到這裡，自然底數 e 的神奇就要暫告一個段落了。從數學上來講，指數函數 e^x 的最佳表達方式應該是

$$e^x = \lim_{n \to \infty} \left(1 + \frac{x}{n} \right)^n$$

因為這種方式用多項式函數去逼近指數函數，遵循的恰是以簡單表示複雜的深刻邏輯，你在數學發展中的每一個角落都能感受到這種原則。

而發明這個寫法的人，正是李昂哈德·尤拉。

尤拉之於數學的貢獻，無須華麗的辭藻來修飾，他雖然沒有開關數學中的任何一個分支，卻將他的心智與才華傾注到了他所能觸碰到的每一個領域。在尤拉的晚年，歐洲幾乎所有的數學家都可以算作他的學生，但相比於「領袖」這個詞，我更喜歡用「巨匠」來形容他。尤拉身上所散發出來的精細感與創造力，影響了無數後輩，代表了一種世代相傳的「工匠精神」。

5.8 工匠精神

這位「數學巨匠」在大學裡的專業是 ── 神學。

呃……有點意外是吧？但這也不能怪別人，因為尤拉的父親就是一位牧師，在那個依然崇尚「子承父業」的年代，龍生龍，鳳生鳳，牧師的兒子不傳道，你還指望他去造宇宙飛船不成？

但尤拉的出生地實在很不簡單，當地有個大家族是一個科學世家，尤拉的命運也因此改變。

西元 1707 年，尤拉出生於瑞士巴塞爾，與歐洲著名的白努利家族生活在同一個地方。尤拉的父親保羅·尤拉（Paul Euler）曾跟雅各布·白努利學習過數學，尤拉自己也跟約翰·白努利的兩個兒子丹尼爾·白努利和小尼古拉·白努利［Nicolaus（II） Bernoulli］相處得很投緣，兩家人的關係可不是普通的老鄉那麼簡單。

儘管年少時期的尤拉已經展現出了極高的數學天賦和熱情（整天跟約翰的兩個兒子相處的結果），但他的父親卻從沒想過要讓尤拉走數學研究的道路。在老尤拉的眼中，自然科學研究者就好像玻璃瓶裡的蝗蟲 ──雖然前途光明，但是出路不大，要想成為白努利兄弟那樣的大家，自己的兒子恐怕不是那塊料，還是老老實實走神學這條正途才比較可靠。

然而約翰·白努利卻非常愛才，自從在家裡見到這位聰明的小男孩之後，他就被尤拉敏捷的思維和驚人的記憶力深深折服。約翰保舉 13 歲的尤拉進入巴塞爾大學念書，並堅持課餘時間親自教導他學習數學。有世界上第一流的數學家一對一輔導，尤拉的數學學習走上了快車道，書本上的知識很快就無法滿足他的求知慾望。

　　所謂天縱英才，很多能力練是練不出來的，據說尤拉的記憶力和運算能力超群，可以記住前 100 個質數的前 6 次方冪，能夠完整背誦羅馬著名詩人維吉爾（Virgil）長達一萬餘行的史詩《艾尼亞斯紀》（Aeneid），還能夠心算許多普通人用紙筆都算不清楚的無窮級數和微分方程式。

　　柯西要是算神童的話，尤拉基本上就是外星人了。

　　約翰・白努利真是越看越歡喜，他要是有個女兒，猜想就不用再挑女婿了。然而老尤拉居然要讓兒子走回自己的老路，白努利家族那些伯樂們是萬萬不能答應的，他們一家老小齊上陣，甚至搬出了已經過世的大哥雅各布，才最終說服老尤拉接受自己的兒子注定要成為一個數學家的事實。

　　在成為一個數學家這件事上，尤拉不需要預熱，也沒有什麼磨合，直接開足了馬力，朝著終點狂奔而去。

　　要把尤拉一路上的光輝事蹟全部描述出來，實在有點費事，1909 年尤拉誕辰兩百零二週年的時候，瑞士自然科學聯合會湊了 8 萬美元（當時是一筆鉅款）想出版一套《尤拉全集》，結果因為尤拉曾經工作過的聖彼得堡科學院意外發現了大量尤拉手稿而不得不宣告破產。已經蒐集到的尤拉論文和著作如果全部集結出版大概需要 84 卷，似乎到現在也沒出完。

　　人們常用「著作等身」來形容一位學者獲得了豐富的研究成果，但這個詞用在尤拉的身上顯然還不足以表達他的多產，即使跟動不動就上科學院雜誌「灌水」的柯西比起來，尤拉也是更勝一籌。

　　除了以每年七、八百頁的速度撰寫研究論文以外，尤拉一生的主要工作可以用兩句話來概括：

　　拿獎拿到手軟，寫書寫到失明。

　　尤拉的第一個獎項收穫於西元 1726 年，那時他才 19 歲，參加巴黎

科學院舉辦的一次有獎徵集，以一篇〈論桅桿配置的船舶問題〉拿下提名獎。雖然首次出師未能一舉奪魁，但此後尤拉總共十二次獲得巴黎科學院的金獎，「拿獎拿到手軟」這句話並非一句虛言。當時歐洲各國的政府和科學院對純粹數學的研究並不重視，他們只關心實際問題的數學解答，就像在第一篇文章中用數學分析船桅的定位問題那樣，尤拉在這些競賽中多次獲獎顯示了他是一位頂級的應用數學家。他處理過天體運行軌道的攝動問題，計算過阻尼介質中的砲彈軌跡，對於航海問題他研究過潮汐理論，甚至透過研究梁的彎曲和柱的安全載荷來確定船舶結構的正確設計。與此同時，尤拉在光學、聲學和熱學方面都有許多奠基性的工作，他贊成光的波動說，第一個用分析方法處理光的振動並推匯出波動方程式，他研究聲的傳播，把熱看成分子振動，一系列精細又有創意的文章為尤拉帶來了強大的影響力和豐厚的收益。

難能可貴的是，尤拉在應用數學和物理方面的研究工作並非停留在「就事論事」的層面，他的每一項工作背後幾乎都能看到完整的理論體系和新穎的處理方法。有了尤拉的工作推動，分析力學和剛體力學從古典力學中脫穎而出，由牛頓和萊布尼茲發展出來的微積分方法才真正大放光彩。

但你要是認為尤拉只是擅長向天文學、力學和地理學中的實際問題提供數學方法那可就大錯特錯了，尤拉作為偉大數學家的名聲千百年流傳，完全是因為他對純粹數學領域做出的重大貢獻。尤拉的這些貢獻總結在他的許多著作中，涉及代數、分析、微分方程式、解析幾何和變分法，其中《代數學入門》、《無窮小分析引論》、《微分學原理》和《積分學原理》堪稱經典，成為此後一、兩百年間數學課程的標準教材。與牛頓等其他數學家不同，尤拉寫的書細節詳盡，語言通俗易懂，對於純粹數學特別是分析學

的推廣和普及裨益良多，法國數學家拉普拉斯（Laplace）曾有一句名言：「讀尤拉，讀尤拉，他是我們所有人的老師！」

由於長時間超負荷地工作，尤拉患上了嚴重的眼疾，特別是在西元1730 年代，為了爭奪巴黎科學院的一項大獎，尤拉連續工作三天三夜，雖然成功解答了問題，卻永遠失去了右眼的視力。所以在很長的一段時間裡，尤拉一直以一個「獨眼龍」的形象示人（參考尤拉畫像）。

此後尤拉的左眼也出現了白內障，加上工作地（俄國）嚴酷寒冷的氣候，尤拉的視力狀況不斷惡化，雖然接受過一次白內障手術，但由於術後感染，尤拉又重入黑暗。

即使在最困難的時期，尤拉也並沒有停下數學研究的腳步，始終高效率地為數學界創造財富。在他完全失明之前的幾年裡，尤拉就已經開始進行一項特殊的訓練，他將公式寫在一塊巨大的石板上，由助手謄寫下來，然後再記錄他對於公式和計算的說明。這些繁複的數學推導，尤拉基本上都是心算的，他就這樣由助手配合著，持續總結著自己的研究工作。事實上，「寫書寫到失明」這句話不僅不過分，還有點「謙虛」了，尤拉的好些著作和四百多篇論文是在完全失明後寫成的。

貝多芬證明了耳朵之於音樂家不是必需的，尤拉證明了眼睛之於數學家不是必需的。是信仰，唯有信仰才能支撐困境中的人們創造奇蹟。

計算是尤拉的信仰，有信仰的人，才是最可怕的！

在尤拉進行過的無數計算中，無窮級數的計算是與我們的主題最為貼近的。一方面，無窮是純粹數學中毫無疑問的象徵性產物；另一方面，研究指數與對數函數等超越函數需要藉助無窮級數的表達。

在尤拉所處的那個時代，分析學剛剛成長起來，涉及無窮的計算經常

向數學家們製造出各式各樣的困難。尤拉雖然已經了解到處理無窮級數時「收斂」的重要性，卻沒能做到從一而終地嚴密與謹慎，但這並不妨礙尤拉在解決此類問題時展現出超凡的技巧和創造力。

例如，尤拉求解著名的巴塞爾問題：自然數倒數的平方和等於多少？

這個問題是數論領域裡出了名的難題，當時得到了很多頂尖數學家們的關注。雅各布‧白努利和約翰‧白努利都在研究，雖然這兩人是親兄弟，但在學術上一直互相挑戰，據說約翰在求解懸鏈線方程式時熬了一晚就搞定了，雅各布做了一年還認為懸鏈線應該是拋物線，實在是很沒面子。在巴塞爾問題上，兩人又展開了競爭，但他們誰也算不出無窮級數

$$\sum_{n=1}^{\infty} \frac{1}{n^2} = 1 + \frac{1}{2^2} + \frac{1}{3^2} + \cdots$$

等於多少。這個問題最終由尤拉於西元 1735 年解決，從某種意義上來說，作為尤拉的老師，約翰又贏了一次。

尤拉解決巴塞爾問題正是依賴用簡單的多項式函數逼近一般函數的方法。這一招其實並不新鮮，早在 17 世紀中葉，我們的老朋友格雷戈里就提出過這種想法，而在西元 1715 年，另一個英國人布魯克‧泰勒（Brook Taylor）正式將它引入：如果一個函數 $f(x)$ 在點 x_0 處可以連續求 n 階導的話，那麼在 x_0 的附近，$f(x)$ 近似地等於

$$f(x_0) + f'(x_0)(x - x_0) + \frac{f''(x_0)}{2!}(x - x_0)^2 + \cdots + \frac{f^{(n)}(x_0)}{n!}(x - x_0)^n$$

這就是著名的泰勒級數，它在高等數學中的地位非常重要。如果你學完了高數卻不知道什麼是泰勒級數的話，那基本上就算是白學了。

例如，指數函數 e^x，我們已經知道它的任意階導數都等於 e^x 本身，於

是我們可以求得它在 $x_0 = 0$ 點附近的泰勒級數為

$$\mathrm{e}^x = 1 + x + \frac{1}{2!}\, x^2 + \frac{1}{3!}\, x^3 + \cdots + \frac{1}{n!}\, x^n + \cdots$$

這樣的無窮級數也被稱為麥克勞林（Maclaurin）級數（代表了某個函數在 $x_0 = 0$ 點附近的泰勒級數）。

本來泰勒級數只在展開點附近才能成立，即使展開式在更大的範圍內有所收斂，也不意味著展開式可以在更大的範圍內逼近原函數。但對於這個特殊的麥克勞林級數 $\sum_{n=0}^{\infty} \frac{1}{n!}\, x^n$，可以證明下面這兩個並不令人意外的性質：

(1) 對任何實數 r，級數 $\sum_{n=0}^{\infty} \frac{1}{n!}\, r^n$ 收斂於 e^r。

(2) 對任何複數 z，級數 $\sum_{n=0}^{\infty} \frac{1}{n!}\, z^n$ 的部分和是一個柯西列。

這兩個性質實在是太關鍵了，它們的證明需要用到一點點高等分析的知識，有興趣的同學可以隨便找一本高等數學的書，翻開函數項級數的部分，就能找到答案。

而這兩個性質之所以關鍵，是因為第一個告訴你：無窮級數 $\sum_{n=0}^{\infty} \frac{1}{n!}\, x^n$ 不僅僅在 $x = 0$ 的區域性而是在整個實數的範圍內逼近 e^x（只不過在不同的點，為了達到相同的逼近精度，你可能需要計算不同項數的部分和）。第二個性質告訴你：級數 $\sum_{n=0}^{\infty} \frac{1}{n!}\, z^n$ 可以當成指數函數 e^x 在整個複數系中的擴充，從此 e 的複數次冪就有了嚴格的數學定義。

比如取 $z = ix$（其中 i 是虛數單位，$i^2 = -1$，x 是任一實數），則有

$$\mathrm{e}^{ix} = 1 + ix - \frac{1}{2!}\, x^2 - \frac{i}{3!}\, x^3 + \frac{1}{4!}\, x^4 + \frac{i}{5!}\, x^5 + \cdots$$

同樣，我們可以求得正弦函數和餘弦函數的麥克勞林級數，並且證明在整個實數範圍內

$$\sin x = x - \frac{1}{3!}\,x^3 + \frac{1}{5!}\,x^5 - \cdots$$

$$\cos x = 1 - \frac{1}{2!}\,x^2 + \frac{1}{4!}\,x^4 - \cdots$$

這兩個麥克勞林級數利用了正弦函數和餘弦函數可以無限次求導的特性，具有基本的重要性。

順便說一句，推導正弦和餘弦函數的導函數需要用到三角函數的和差化積公式。本來這也不是什麼難事，而且是現行高中數學課本裡的知識，但大部分高數老師教到三角函數求導時卻教不下去了，因為絕大多數學生都沒學過三角函數和差化積，問他們原因，答曰：大學入學考不考。

這答案竟讓人無言以對……

好了，就假設大家都學過吧，仔細觀察上面的三個麥克勞林級數你會發現，如果適當地交換無窮級數中的某些求和項，我們恰好有

$$\mathrm{e}^{ix} = \left(1 - \frac{1}{2!}\,x^2 + \frac{1}{4!}\,x^4 - \cdots\right) + i\left(x - \frac{1}{3!}\,x^3 + \frac{1}{5!}\,x^5 - \cdots\right)$$

等式右邊第一個括號裡的無窮級數是什麼？餘弦函數的泰勒級數；第二個呢？正弦函數的泰勒級數，於是

$$\mathrm{e}^{ix} = \cos x + i\sin x$$

三角函數與指數函數連繫起來了！

這就是著名的尤拉公式，它有一個特例尤為出名，取 $x = \pi$ 代入公式之中，即有 $\mathrm{e}^{i\pi} = -1$，也即

$$\mathrm{e}^{i\pi} + 1 = 0$$

稱為尤拉恆等式。

我必須特別說明，一般來講，無窮級數中求和項的順序是不能隨意交換的，除非此無窮級數滿足一個叫做「絕對收斂」的條件。幸運的是，我們要處理的無窮級數恰好滿足這個條件，因而尤拉恆等式確定無疑。

如今這個等式經常出現在各類科普作品之中，它同時包含了數學界最為奇妙的幾個常數：e，i，π，1 和 0，一直以來都被認為是最迷人的數學等式。

值得一提的是，我們今天用來表示虛數單位和自然底數的字母 i 和 e，甚至函數的表達形式 $f(x)$ 都是尤拉確定下來的，尤拉先生對於數學界的影響遠遠超過了我們的想像。

現在，讓我們回到巴塞爾問題，有了函數的泰勒級數，尤拉也就已經握住了解決問題的鑰匙。

記得 $\frac{\sin x}{x} = 1 - \frac{1}{3!}x^2 + \frac{1}{5!}x^4 - \frac{1}{7!}x^6 + \cdots$，尤拉用它除以 x 得到一個新的等式

$$\frac{\sin x}{x} = \left(1 - \frac{x}{\pi}\right)\left(1 + \frac{x}{\pi}\right)\left(1 - \frac{x}{2\pi}\right)\left(1 + \frac{x}{2\pi}\right)\cdots$$

注意到任何一個複係數的多項式在複數域內都可以分解成一次因式的乘積 [037]，每一個因式的常數項是這個多項式的零點。例如 $x^2 - 4$ 的零點為 ± 2，$x^2 - 4$ 就分解為 $(x - 2)(x + 2)$。尤拉匪夷所思地將這件事情搬到了含有無限多個零點的函數之上。

考慮到函數 $\frac{\sin x}{x}$ 的所有零點為 $\pm k\pi$（$k = 1$，2，……），尤拉像多項式因式分解一樣把 $\frac{\sin x}{x}$ 寫成了一個無窮因數的乘積：

---

[037]「代數基本定理」，第一個完整證明由高斯給出。

$$\frac{\sin x}{x} = \left(1 - \frac{x}{\pi}\right)\left(1 + \frac{x}{\pi}\right)\left(1 - \frac{x}{2\pi}\right)\left(1 + \frac{x}{2\pi}\right)\cdots$$

然後比較等式兩邊 x^2 的係數，即有

$$-\frac{1}{3!} = -\frac{1}{\pi^2} - \frac{1}{4\pi^2} - \frac{1}{9\pi^2}\cdots = -\frac{1}{\pi^2}\sum_{n=1}^{\infty}\frac{1}{n^2}$$

於是巴塞爾問題的最終解答為

$$\sum_{n=1}^{\infty}\frac{1}{n^2} = \frac{\pi^2}{6}$$

真是精彩啊！兩個白努利都沒能解決的難題被尤拉利用無窮展開巧妙破解了。

尤拉將 $\frac{\sin x}{x}$ 寫成無窮乘積的形式堪稱神來之筆，雖然他可能並沒有意識到自己的寫法不夠嚴謹，但如此敏銳的直覺還是讓人們留下了深刻的印象。在尤拉的職業生涯中，他已經不只一次展現出這種特殊的嗅覺，還記得尤拉在證明費馬大定理 $n = 3$ 的情形時就採用過非常大膽的手法。

可以說，尤拉在進行數學創造時經常遊走於精巧的構思與冒失的策略之間。

但讓你不得不服的是，尤拉幾乎每次都是對的。所謂藝高人膽大，這就是名人與普通人的區別。

直到 100 年後，等式

$$\frac{\sin x}{x} = \left(1 - \frac{x}{\pi}\right)\left(1 + \frac{x}{\pi}\right)\left(1 - \frac{x}{2\pi}\right)\left(1 + \frac{x}{2\pi}\right)\cdots$$

的正確性才由魏爾施特拉斯給出嚴格的證明，他事實上對複平面上更

一般的全純函數給出了分解定理，是多項式函數代數基本定理在複數域上的推廣。

像巴塞爾問題這樣，由尤拉出面解決的難題還有很多很多，但限於篇幅和主題相關性的要求，我們只能選取既方便講述又極具代表性的兩項工作。大家千萬不要對尤拉的勤奮與天賦有絲毫的懷疑，在數學上，尤拉真正戰鬥到了生命中的最後一刻，據說他臨死之前還在心算天王星的運行軌道⋯⋯

許多書本和文章在介紹尤拉生平的結尾，都會引用數學家兼哲學家孔多塞（Condorcet）侯爵的一句名言。這句名言濃縮了尤拉一生的奮鬥歷程，是這位數學巨匠最明亮的注腳，雖然在這本書中的許多地方我都試圖示新立異，但在這裡，我想我無法免俗。

讓我們雙手合十，向這位數學史上偉大的巨人致以最崇高的敬意。

「他停止了計算，也停止了生命。」

第 6 章
三角術

6.1 亞歷山卓

說起來有些不好意思，三角函數在我們之前的章節中出鏡率已經很高了，而且完全不是路人的角色，求三角函數值不僅是解多項式方程式的重要推手，還是發明對數運算的原動力，但直到此刻，我們才正式介紹這個初等函數大家庭中的重要成員，似乎有些晚了。

但這也不能全怪我們，因為在尤拉之前，三角函數基本上是被當成天文學和大地測量學的附庸而存在，要論歷史地位，三角函數只能往後排一排。

這並不是說三角函數是個年輕的小弟弟，相反，它的資格還是相當老的。據說科學界的鼻祖泰利斯先生曾於西元前 600 年左右利用相似三角形原理測量過金字塔的高度，可見人們很早就已經了解到三角形邊與角的數量關係對於實用幾何學的重要性。

三角學真正發展起來則是在古希臘的亞歷山卓時期。對於這一時期，大家應該並不陌生，之前在墓碑上賣萌的那位丟番圖老先生就是這個時期的著名數學家。

事實上，在西元前後的幾百年間，亞歷山卓湧現出了許多像丟番圖一樣的大學問家，比如阿基米德、歐幾里得、阿波羅尼斯（Apollonius）、阿

里斯塔克斯（Aristarchus）和以求三角形面積聞名的海龍（Heron）等。這一時期可謂百花齊放、大師頻出，毫無爭議地達到了古希臘科學、藝術與文化發展的巔峰。

吃水不忘挖井人，亞歷山卓時期的輝煌與繁榮最應該感謝的就是亞歷山大大帝。這位仁兄於弱冠之年繼承馬其頓帝國皇帝位，以不世出的軍事和政治天才橫掃四方，一手創立了橫跨歐亞非三大陸的超級帝國。

對亞歷山大而言，完成這一壯舉並不容易。他的祖國位於古希臘的東北部，長年偏安一隅，民風彪悍，不僅經濟落後，文化發展也上不了檯面，真正詮釋了什麼叫做「一窮二白」。在希臘城邦雅典人和斯巴達人打得火熱的時候，馬其頓人是被看作野蠻的鄉下人，被排除在希臘本土之外的。可誰也沒有想到，就是這群野蠻的鄉下人一統希臘全境，甚至在亞歷山大的領導下一路高歌猛進，先後征服了包括埃及、波斯和印度大部地區在內的廣袤土地。

當年瞧不起馬其頓那幫鄉下人的城裡人，現在通通被算了總帳。

就在被人抄了老家的希臘和波斯居民在馬其頓人的鐵蹄旁瑟瑟發抖時，他們卻等來了一項意外的法令：通婚！作為外來人口的亞歷山大思想開明、眼界高遠，他沒有犯通常功勳卓著的征服者常常會犯的錯誤，而是堅定不移地推行民族融合政策，不僅帶頭與手下敗將波斯貴族通婚，還將希臘本土發展起來的燦爛文明悉數繼承。這一系列舉措避免了通常緊隨軍事侵略而來的文化清洗。

亞歷山大將希臘文明視若珍寶的行為並不令人感到意外，因為他的老師，正是在這片土地上成長起來的著名哲學家亞里斯多德。

可惜好景不長，亞歷山大在 33 歲的時候染上了嚴重的瘧疾，一命嗚

呼。他的手下也不太厚道，殺了他的家人，分了他的家，僅僅存在十來年的超級帝國就此瓦解。

幸運的是，亞歷山大的繼任者們在文化發展上堅持了同樣的策略，尤其是在大將托勒密（Ptolemy the Savior，此托勒密非天文學家托勒密）控制的埃及地區，統治者們把當時各個文化中心的學者幾乎都請到了亞歷山卓，用國家經費供養起來。這大概是人類歷史上發展科學、技術與藝術最早的舉國體制，一時間詩人、學者和藝術家濟濟一堂，文化發展呈現出一片欣欣向榮的景象。為了更好地進行教學和研究，統治者們專門修建了名為「藝神之宮」（Museum）的學術中心，後來逐漸演變成為今天的博物館。在藝宮的附近，還建成了舉世聞名的亞歷山卓圖書館，全館藏書一度達到 75 萬餘卷，幾乎囊括了當時所能蒐集到的所有科學、哲學和文學著作。

當然，這座象徵著古希臘文明輝煌成就的圖書館也是命運多舛，歷經多次戰爭與劫難，最終焚毀殆盡。

不管怎樣，亞歷山卓是人類歷史上從事學術研究的著名樂園，出於天文學研究的需求，三角學在這個時候正式登上了歷史舞臺。對該理論的奠基與發展產生決定性作用的是以下三個人：天文學家喜帕恰斯（Hipparchus）、天文學家門納勞斯（Menelaus）和天文學家托勒密（Ptolemy）。

三人全掛著天文學家的頭銜，可見三角學理論在一開始還只是數學家們眼中的「非主流」。但我們馬上會看到，要是沒有深厚的數學特別是幾何學功底，玩轉三角學也並非一件易事。

6.2 三個非主流

作為天文學家，喜帕恰斯其實是相當主流的。

他不僅精確地計算出了太陽年和朔望月的時間長度，還編製出了太陽和月球的運動表以預測日食和月食的發生時間。此外，他還製作了西方世界第一張星表，包含至少 850 顆恆星的位置和它們的亮度等級，並發現了「歲差」等天文現象。因為諸多精細的天文觀測，喜帕恰斯被譽為古希臘最偉大的天文學家。

對於我這種連星星都數不清楚的天文學半文盲來說，對喜帕恰斯的景仰只能用滔滔江水來形容。

為了支持自己的天文學計算，喜帕恰斯將圓周分成 360 等分。由於圓周上的每一段弧長由與之相對應的圓心角唯一決定，這種做法相當於將圓周角定義為 360 度，與古巴比倫天文學中採用的表示方法一脈相承。

當時的天文學家已經知道透過測量天體的視差可以確定天體與地球之間的距離。月球是距離地球最近的天體，因此得到了額外的關注，根據現代數學史專家的考證，喜帕恰斯曾利用日食陰影在不同地區的大小差別測量過月球的視差，進而估算出月球到地球的距離，準確度非常之高。

圖 6-1 中的模型向我們展示了喜帕恰斯的方法。他先蒐集了地球表面 A、H 兩點關於同一場日食陰影的觀測資料 [038]，估算出月球的視差角 μ：$= \angle AMH$，然後利用已知角度 δ：$= \angle MOC$ 和 A、H 兩點的緯度 φ_A、φ_H 來近似計算 θ：$= \angle MHA$。

具體的過程可以寫成下面的推導：記 $\alpha = \angle GHM$，$\alpha' = \angle GOM$，由

---

[038] A 為亞歷山卓。

於月球距離地球非常遙遠，這兩個角度被近似地認為相等。注意到 $\alpha' = \varphi_H - \delta$，$\alpha + \theta + \angle AHO = 180°$以及$\angle HOA = \varphi_H - \varphi_A$，於是

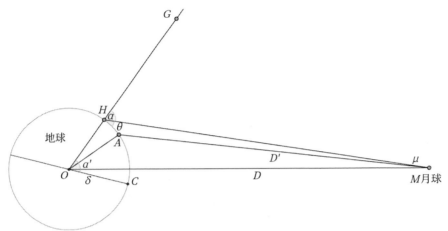

圖 6-1　利用月球視差測量地月距離

$$\theta = 180° - \angle AHO - \alpha$$

$$= 180° - \frac{180° - (\varphi_H - \varphi_A)}{2} - \alpha$$

$$\approx 90° - \frac{1}{2}(\varphi_H + \varphi_A) + \delta$$

接下來，月球到 A 點的距離 D'就隱藏在正弦定理$\dfrac{D'}{\sin\theta} = \dfrac{AH}{\sin\mu}$之中。

但請注意，正弦函數在當時還並沒有被定義，你必須把正弦定理翻譯成喜帕恰斯所使用的語言。在亞歷山卓時期的三角學裡，所謂某個角度的「弦值」，指的其實是一個固定圓中與該角度值相等的圓心角所對的弦長。比如，以地球半徑為固定圓半徑的話，長度 AH 就是圓心角 $\angle HOA$ 的弦值。

因此喜帕恰斯關心的主要問題是：如何確定任意度數的圓心角所對應的弦長？

為此，喜帕恰斯將圓半徑 60 等分，每一分度的圓周和半徑再 60 等分，每一小份再 60 等分（相應的單位稱為「等分」、「分」、「秒」），然後以六十進位制將圓心角對應的弦長表示成最小單位長度的整數倍。

熟悉三角函數的同學應該立刻意識到，這與現代正弦函數的定義是等價的。

例如，在圖 6-2 中，假設圓心角 2α 所對的弦長占了 40 個等分單位，那意味著

$$\sin\alpha = \frac{\frac{1}{2}AB}{OA} = \frac{20}{60} = \frac{1}{3}$$

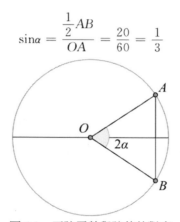

圖 6-2 正弦函數與弦值的對應

反之，如果你知道了 $\sin\alpha = \frac{1}{2}$，那麼圓心角 2α 所對的弦長就是 $2 \times \frac{1}{2} \times 60 = 60$ 個等分單位，從而 ΔAOB 是一個等邊三角形，這與我們熟知的事實 $\alpha = 30°$ 完全一致。

若遵循喜帕恰斯的記號以 chord 來表示「弦值函數」，則求 chord（α）的過程與求 $2\sin\frac{\alpha}{2}$ 的過程等價。喜帕恰斯試圖建立以 0.5° 為間隔的從 0.5° 到 180° 的弦表，事實上就是以 0.25° 為間隔的從 0.25° 到 90° 的正弦函數表。

這張表最終由托勒密編制完成並總結在他的著作《大彙編》（*Al-*

magest）中，是數學歷史上的第一張三角函數表。

　　另一位「非主流」門納勞斯則走了完全不同的道路，他主攻球面三角學，著有《球面學》（*Sphaerica*）一書，具有非常明確地改善天文學計算的目的。

　　如圖 6-3 所示，球面上三段大圓圓弧首尾相接而成的圖形被稱為球面三角形。

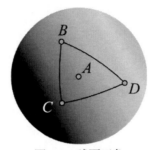

圖 6-3　球面三角

　　我們小時候沒有學過球面三角，看著可能不太習慣，但在把天空想像成一個球體的古希臘時代，在球面上發展三角學理論還是非常必要的。門納勞斯將歐幾里得《幾何原本》中關於平面三角的許多定理搬到了球面之上，比如三角形兩邊之和長於第三邊等；同時他也證明了一些球面三角所獨有的性質，比如三角形內角和大於 180°，這一性質與平面幾何相比呈現出完全不同的現象，反映出了非歐幾何的特徵。

　　此外，門納勞斯還證明了許多精妙的恆等式，其中蘊含了後來射影幾何學中「交比」等概念的原型。在本書中，我們不對這些結果做過多的說明，主要原因是這些關於球面三角的討論偏離了我們的既定航線。雖然作為天文學的輔助學科，在亞歷山卓時期，球面三角的研究是先於平面三角的，但從後來數學發展的歷程看，喜帕恰斯和托勒密的正弦表才是王道。

對於這張正弦表的製作，托勒密的方法用一句話就能概括：確定不同角度的弦長相當於解決如何用圓的半徑長度表示圓內接正多邊形邊長的問題。

看起來很像阿基米德在求圓周率時採用的「窮竭法」是不是？

理論上是的，托勒密在製作正弦表時必然參考了前人的工作，但比起阿基米德，他的想法更加具有創新。

正四邊形和正六邊形的結果是顯然的，托勒密把目光瞄準了正五邊形和正十邊形。要用半徑表示這兩個正多邊形的邊長，托勒密使用了歐幾里得《幾何原本》中的一些定理。如圖 6-4 所示，他首先以線段 AB 為直徑，以點 O 為圓心作一個圓，然後過 O 點作 AB 的垂線交圓於點 C。取 OB 中點，記為 D，並連接 CD，然後以 D 為圓心，CD 為半徑作圓交 OA 於 E，連接 CE。

根據《幾何原本》第二卷命題 6：若一條線段（OB）被平分，在其尾端再增加一條線段（EO），那麼匯流排段（EB）與增加線段所構成的矩形的面積與原線段一半（OD）為邊的正方形面積之和，等於原線段一半加上增加線段（OD + EO = ED）所構成的正方形的面積。因此我們有

$$EB，EO + OD^2 = ED^2 = CD^2$$
$$= OC^2 + OD^2$$
$$= OB^2 + OD^2$$

這說明 $EB \cdot EO = OB^2$。有了這個等式，《幾何原本》第十三卷命題 9 告訴我們 EO 就是圓內接正十邊形的邊長。

《幾何原本》第十三卷命題 9：如果內接於同一個圓的正六邊形的一邊和正十邊形的一邊首尾相接位於同一條直線上，那麼它們相加之後的匯流排段可分成中外比，且大線段是正六邊形的一邊。

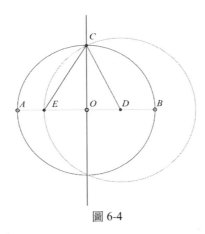

圖 6-4

設圓 ABC 的半徑為 r，EO 為 x，則 $(r + x) x = r^2$，解得 $x = \dfrac{1}{2} r(\sqrt{5} - 1)$。

至於正五邊形，托勒密利用了《幾何原本》第十三卷命題 10：對於同一個圓的內接正多邊形，正五邊形邊長平方等於正六邊形邊長平方與正十邊形邊長平方之和。

於是，若記圓 ABC 內接正五邊形的邊長為 y，則 $y^2 = r^2 + \dfrac{1}{4} r^2 \left(\sqrt{5} - 1\right)^2$，解得 $y = \dfrac{1}{2} r \sqrt{10 - 2\sqrt{5}}$。

將 $r = 60$ 代入並換算成六十進位制，托勒密計算出 36°（正十邊形邊長所對圓心角）和 72°（正五邊形邊長所對圓心角）的弦值分別為 $37^p 4' 55''$（37 等分 4 分 55 秒）和 $70^p 32' 3''$（70 等分 32 分 3 秒）。

更為精彩的是，為了完成整張弦表的編制，托勒密創造性地使用了許多三角恆等式，包括

$$\mathrm{chord}^2\left(\alpha\right) + \mathrm{chord}^2\left(180° - \alpha\right) = 4r^2$$

和（差）角公式以及半形公式等。例如，托勒密用 72° 和 60° 角的弦值計算出了 12° 角（＝ 72°－ 60°）的弦值，然後用半形公式計算出了更小角

度的弦值。這一套方法比起阿基米德的「窮竭法」可是要精細多了。

　　此後三角函數表的編制大致上遵循了同樣的方法，一直到納皮爾和比爾吉發明了對數運算才在精度上有了躍升。只不過數學家們有意無意地忽略了喜帕恰斯和托勒密原始工作中隱藏的弦長與半徑之比的思想，一直都把圓心角所對的弦長當成正弦函數值。這一習慣最後被尤拉給糾正過來，他定義三角函數為直角三角形中相應邊的比值，三角學理論也有了現代意義上的長足發展。

　　這段發展使得三角學理論呈現出了令人驚奇的面貌，全面影響了應用數學和工程學前進的步伐。以三角函數為基底的傅立葉級數和傅立葉變換如今已經成為大學裡絕大多數理工類學生的必修課。要是能夠預見到三角函數會有如此神奇的發展，喜帕恰斯、門納勞斯和托勒密這三個天文學家恐怕要為「三角學之父」的榮譽搶破頭了。

　　在三角學理論深刻地影響應用數學和工程學之前，三角函數曾經經歷過一次重要的變臉。接下來，就讓我們一起來探索這一關鍵的歷史程序，三角函數從角度制轉向弧度制。

6.3　變臉

　　這一次的轉變依然由尤拉完成，他在西元 1748 年寫的《無窮小分析引論》(*Introductio in analysin infinitorum*) 中對三角函數做了系統處理，並首次引入弧度作為三角函數自變數的取值範圍。

　　所謂弧度，即為單位圓中圓心角所對的圓弧長度。由於單位圓的周長為 2π，所以 2π 對應 $360°$，π 對應 $180°$，而 $\dfrac{\pi}{3}$ 對應 $60°$。這種對應方式很

明顯是一種一一對應，如果不局限於一個圓周角 360°的限制並且引入負角度，事實上我們可以在實數軸與全體角度值之間建立一個一一映射：

$$\iota : \mathbb{R} \rightarrow \mathbb{R}^{\circ}$$

此映射將 x 映到了 $\left(\dfrac{x}{2\pi} \cdot 360 \right)^{\circ}$。

在尤拉之前，人們對於三角函數的處理已經相當成熟，數學家們不僅掌握了三角函數包括和（差）角公式和半形公式在內的一般恆等式，還製作出了精密的三角函數表。此時將三角函數的自變數從角度換成弧度多少顯得有些多餘，尤拉這樣做是不是顯得有點畫蛇添足呢？

持有這種觀點的人，不能不說在格局上落了下乘。拋棄角度制擁抱弧度制至少可以帶來兩個方面的好處：

其一，它給了三角函數一張進入實數上分析學的門票。

其二，它打破了三角函數單一依賴角度的定義方式。

第一個好處比較容易理解。在引入弧度制之後，三角函數加入了一元函數這個大家庭，不僅在坐標系中可以畫出它的圖形，還能夠用統一的方法研究週期性、單調性和對稱性等函數性質。除此以外，我們還極大豐富了一元函數的種類，當我們需要構造 $e^{x} \cdot \sin x$ 這樣的函數時就不會害怕被人當作無法理解的怪胎了（這一點很重要，它使得任意函數的三角級數展開成為可能）。

第二個好處就不是那麼容易體會得到了。不管老師們在課堂上把弧度制的引入說得多麼「義正詞嚴」，它的本質只是在實數集 $\mathbb{R}$ 與角度值 $\mathbb{R}^{\circ}$ 間建立起一個一一映射，然後透過這個映射將三角函數的定義域換成整根實軸。老師們在課堂上費力去證明的「弧長與半徑的比值只依賴圓心角大小」之類的結論充其量只說明了引入弧度制時使用單位圓的合理性，並不

能推匯出使用弧度制的必然。所以，不必把弧度制神話到多麼難以捉摸的地步，它的引入正好說明了我們有不只一種方式去理解三角函數。比如，弧度制給出的 $\mathbb{R} \sim \mathbb{R}^{\circ}$ 的一一映射為

$$\iota(x) = \left(\frac{x}{2\pi} \cdot 360 \right)^{\circ}$$

我橫豎看著不順眼，想用別的行不行？

答案是：可以。

前提是你需要給出合理的（幾何）解釋。比如在弧度制下，弧長的正弦值 $\sin\alpha$ 可以解釋為圓弧 2α 所對弦長的一半。你一定要用其他某個奇怪的一一映射去強行定義三角函數也不是不行，但如果沒有清楚的目標和方向，這種率性而為的產物在數學上是注定不會有生命力的。

在這一節裡，我向大家介紹一個有生命力的。我們構造從 $\mathbb{R}$ 到 $\mathbb{R}^{\circ}$ 的一個新的一一映射 $\iota(x) = \left(\frac{x}{2\pi} \cdot 360 \right)^{\circ}$。在這個新的一一對應之下，三角函數用相應的符號在右下角加一個 1 來表示，例如正弦函數為 $\sin_1$，餘弦函數為 $\cos_1$。你可以很容易推算出它們與通常的三角函數之間的關係：$\sin_1\alpha = \sin 2\alpha$，$\cos_1\alpha = \cos 2\alpha$。

映射 ι 與 τ 之間只有細微的差別，與 x 作除法的因數前者是 2π，後者是 π。你要是注意到單位圓的周長是 2π 而面積是 π 就能立刻明白，ι 的幾何解釋是弧長，而 τ 的幾何解釋是圓弧與半徑所圍扇形區域的面積。

在這種解釋之下，$\sin_1\alpha$ 定義為單位圓中以半徑 OA 為邊、面積為 α 之扇形端點 P 的縱坐標，$\cos_1\alpha$ 為 P 的橫坐標（如圖 6-5 所示）。它們在直角坐標系中的圖形是由相應三角函數的圖形以原點為中心壓縮一半而得，週期為 π。

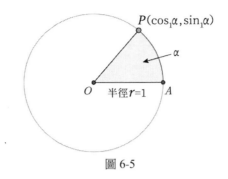

$P(\cos_1\alpha, \sin_1\alpha)$

α

O 半徑$r=1$ A

圖 6-5

反過來講，傳統的正弦函數 $\sin\alpha$ 和餘弦函數 $\cos\alpha$ 可以定義為單位圓中以半徑 OA 為邊、面積為 $\dfrac{\alpha}{2}$ 之扇形端點 P 的坐標。換句話說，我們在用「面積制」代替「弧度制」度量三角函數。

之所以把這種「以面積來度量三角函數」的觀點稱為一個有生命力的觀點，是因為它的出現比尤拉所處的時代還要早，在牛頓、萊布尼茲等人關於微積分的一系列工作中就已經隱藏了這種思想。

我們不去談論微積分的發明，但指出一個也許你已經十分清楚的事實：函數 $f(x)$ 在區間 $[a, b]$ 上的定積分 $\int_a^b f(x)\,\mathrm{d}x$ 等於其圖形與直線 $x = a$，$x = b$ 及 x 軸所圍區域之面積（x 軸下方面積計負值）。

現在，讓我們考慮以下這個單位圓（見圖 6-6），

其中 PC 垂直於 OC。若記 $x = OC = \sin_1\alpha$，則圖中陰影部分扇形 AOP 的面積 $\alpha = \sin_1^{-1}x$，考慮到 $\sin_1$ 與 $\sin$ 之間的關係，這部分面積也等於 $\dfrac{1}{2}\arcsin x$。由於曲邊梯形 $AOCP$ 的面積 $\int_0^x \sqrt{1 - t^2}\,\mathrm{d}t$ 等於三角形 POC 的面積 $\dfrac{1}{2}x\sqrt{1 - x^2}$ 加上扇形 AOP 的面積，我們立即寫出

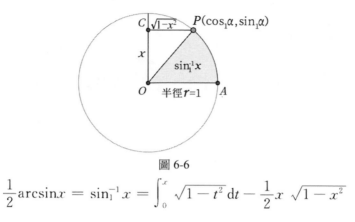

圖 6-6

$$\frac{1}{2}\arcsin x = \sin_1^{-1}x = \int_0^x \sqrt{1-t^2}\,\mathrm{d}t - \frac{1}{2}x\sqrt{1-x^2}$$

透過將 $\sqrt{1-t^2}$ 展開成冪級數並逐項積分，就能得到 arcsin$x$ 的冪級數展開。這實在是一種神奇的思路，牛頓當年就是用這種方法得到了一系列反三角函數的冪級數展開，為此，他感到十分得意。

牛頓完全有自豪的理由。利用定積分的幾何意義，面積更容易與三角函數建立連繫，而更為屬害的是，這種連繫可以使人們立刻將三角函數從單位圓推廣到雙曲線上。

學習過圓錐曲線的同學想必清楚圓和雙曲線本來就是一母同胞的親兄弟。你用一個平面去截一個圓錐，截的角度不同，所得曲線的形狀就不同，除了圓和雙曲線，橢圓和拋物線也可以看成這種操作的產物。

讓我們考慮一條以 x 軸和 y 軸為漸近線的雙曲線 $x \cdot y = \dfrac{1}{2}$。在這條雙曲線上固定一個點 $A\left(\dfrac{1}{\sqrt{2}}, \dfrac{1}{\sqrt{2}}\right)$，然後讓點 P 在曲線上自由移動。我問你一個問題：雙曲線與射線 OA、OP 所圍之陰影部分面積 $S\,(P)$ 等於多少？

呃……有點難是吧？

沒經過特別訓練的同學恐怕還沒有算出陰影部分的面積，心裡就已經有了陰影。沒關係，我們來個簡單點的，過點 A 和點 P 向 x 軸引垂線，分

別交 x 軸於點 A'、P'。請問 $\Delta OAA'$ 的面積是多少？

這個問題就比較簡單了，OA' 的長度由點 A 的橫坐標決定，AA' 的長度由點 A 的縱坐標決定，所以 $\Delta OAA'$ 的面積是 $\dfrac{1}{2} \times \dfrac{1}{\sqrt{2}} \times \dfrac{1}{\sqrt{2}} = \dfrac{1}{4}$。

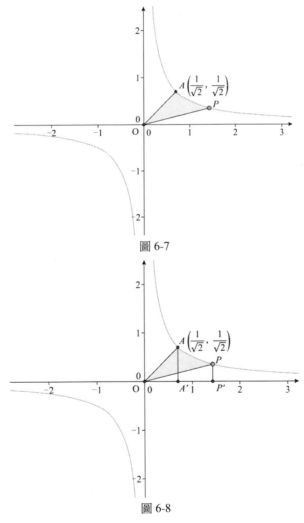

圖 6-7

圖 6-8

那 $\Delta OPP'$ 的面積呢？如法炮製，$\dfrac{1}{2} \cdot x_P \cdot y_P$，也等於 $\dfrac{1}{4}$。

這並非一種巧合，從我們的計算方法可以看出，雙曲線 $x \cdot y = \frac{1}{2}$ 上的每一點向 x 軸引垂線與原點所形成的三角形面積都是 $\frac{1}{4}$。

接下來，讓我們計算曲邊梯形 $AA'P'P$ 的面積。這一次我直接告訴你答案：$\frac{1}{2}\ln\sqrt{2}\,x_P$。你也不要問我是怎麼知道的，反正我不會告訴你這是用牛頓－萊布尼茲公式計算定積分 $\int_{\frac{1}{\sqrt{2}}}^{x_P}\frac{1}{2x}$ 的結果。

現在，距離求出 S (P) 只有一步之遙了。考慮曲邊梯形 $OAPP'$，它有兩種不同的拆分方式：一種是拆成 $\Delta OAA'$ 和曲邊梯形 $AA'P'P$；另一種是拆成 $\Delta OPP'$ 和我們要計算面積的陰影部分，所以

$$S(P)+\frac{1}{4}=\frac{1}{2}\ln\sqrt{2}\,x_P+\frac{1}{4}$$

也即 S (P) 等於 $\frac{1}{2}\ln\sqrt{2}\,x_P$。

如此一來，若是用 α 表示雙曲弧 AP 與射線 OA、OP 所夾區域的面積，那麼點 P 的橫坐標可以表示為 $x_P=\frac{1}{\sqrt{2}}\,\mathrm{e}^{2\alpha}$，點 P 的縱坐標表示為 $y_P=\frac{1}{\sqrt{2}}\,\mathrm{e}^{-2\alpha}$。

有了面積，又有了根據面積變化而變化的坐標，我們能不能仿照單位圓上扇形面積與三角函數的對應關係定義出一種全新的「三角函數」呢？

先別著急，現在雙曲線的形狀看起來與單位圓情形不太相同。在單位圓上，從原點 O 處看去，點 P 是沿著逆時針移動的；而在雙曲線上，則是沿著順時針移動的。沒關係，我們可以將 $x \cdot y = \frac{1}{2}$ 以直線 $x = y$ 為軸作映象翻轉，也即交換點 P 的橫縱坐標

$$x_P=\frac{1}{\sqrt{2}}\,\mathrm{e}^{-2\alpha},y_P=\frac{1}{\sqrt{2}}\,\mathrm{e}^{2\alpha}$$

然後再將新的圖形沿順時針旋轉45°，變成下面這個樣子（見圖6-9）。

這樣就順眼多了。熟悉這個圖形的同學應該清楚，我們是利用坐標變換將雙曲線的方程式化成了標準形式，漸近線變為 $y = x$ 和 $y = -x$。

令坐標變換後點 P 的坐標為 (x, y)，它與變換前的坐標 (x_P, y_P) 是什麼關係呢？如果你不太熟悉旋轉變換的話，可以參考下面的推導找到答案。

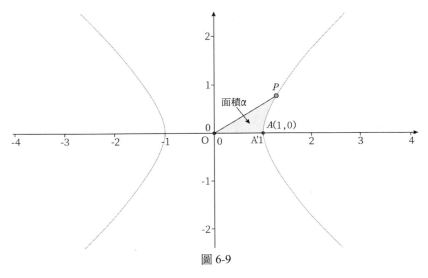

圖 6-9

因為旋轉只改變向量的幅角，不改變向量的模長，因此採用極坐標

$$\begin{cases} x_P = r_P \cos\theta \\ y_P = r_P \sin\theta \end{cases}$$

來描述是最方便的。將曲線沿順時針旋轉 $45°$，新的坐標為

$$\begin{cases} x = r_P \cos\left(\theta - \dfrac{\pi}{4}\right) \\ y = r_P \sin\left(\theta - \dfrac{\pi}{4}\right) \end{cases}$$

用差角公式化簡，

$$\begin{cases} x = r_P \cos\left(\theta - \dfrac{\pi}{4}\right) = \dfrac{1}{\sqrt{2}}\, r_P \cos\theta + \dfrac{1}{\sqrt{2}}\, r_P \sin\theta \\[3mm] y = r_P \sin\left(\theta - \dfrac{\pi}{4}\right) = \dfrac{-1}{\sqrt{2}}\, r_P \cos\theta + \dfrac{1}{\sqrt{2}}\, r_P \sin\theta \end{cases}$$

從而

$$x = \frac{x_P + y_P}{\sqrt{2}}, y = \frac{-x_P + y_P}{\sqrt{2}}$$

它們滿足方程式

$$x^2 - y^2 = 1$$

是一個半軸為 1 的雙曲方程式。

將 x_P、y_P 與面積 α 的關係代入，我們最終得到

$$x = \frac{e^{2\alpha} + e^{-2\alpha}}{2}, y = \frac{e^{2\alpha} - e^{-2\alpha}}{2}$$

接下來，就是見證奇蹟的時刻！

仿照單位圓上利用扇形面積對正弦和餘弦函數給出的解釋，我們定義兩個新的函數 sinh 和 cosh，它們把實值變數 α 分別映到雙曲線 $x^2 - y^2 = 1$ 上雙曲弧 PA 與射線 OP、OA 所夾部分面積為 $\dfrac{\alpha}{2}$ 時端點 P 的縱坐標與橫坐標，也即

$$\sinh\alpha = \frac{e^\alpha - e^{-\alpha}}{2}, \cosh\alpha = \frac{e^\alpha + e^{-\alpha}}{2}$$

這就是著名的雙曲正弦和雙曲餘弦。

可以看到，雙曲正弦和餘弦的定義方式完全就是圓上正弦和餘弦的模擬。這下你明白為什麼它們會被冠以正弦和餘弦函數的頭銜了吧，都是親

戚，就別客氣了。

在數學家們意識到圓弧下面積的積分公式 $\int \sqrt{a^2 - x^2}\, \mathrm{d}x$ 與雙曲弧下面積的積分公式 $\int \sqrt{x^2 - a^2}\, \mathrm{d}x$ 是如此接近之後，雙曲函數的研究就展開了。雖然它們的出現比較晚（18 世紀），但它們在數學特別是應用數學領域中相當出名，許多重要的微分方程式的解析解都不得不依賴雙曲函數的表達。譬如令雅各布・白努利在弟弟面前大丟面子的懸鏈線方程式 $y = \dfrac{\mathrm{e}^{ax} + \mathrm{e}^{-ax}}{2a}$，當 $a = 1$ 時就是雙曲餘弦。

懸鏈線方程式描述了一根兩端固定的繩子在重力的自然作用下所呈現的曲線。從達文西思考女模特兒脖子上懸掛的珍珠項鍊應該具有什麼形狀開始，這個問題就吸引了許多數學家的目光，一直到 170 多年後，才由約翰・白努利給出正確的答案，沒想到這又是一個跟自然底數 e 密切相關的表達。

對於懸鏈線，法布爾在其《昆蟲記》（*Souvenirs entomologiques*）中曾有過一段十分具有美感的描述：

「在一個有霧的早晨，這黏性的線上排了許多小小的露珠。它的重量把蛛網的絲壓得彎下來，於是構成了許多垂曲線，像許多透明的寶石串成的鏈子。太陽一出來，這一串珠子就發出彩虹一般美麗的光彩，好像一串金剛鑽。『e』這個數目，就包蘊在這光明燦爛的鏈子裡。望著這美麗的鏈子，你會發現科學之美、自然之美和探究之美。」

美，成就了數學；數學，也成就了美。

好了，讓我們回到雙曲函數的討論上來。從雙曲正弦和雙曲餘弦的定義來看，雙曲線 $x^2 - y^2 = 1$ 上點 (x, y) 的坐標可以僅僅藉助一個實值函數 e^a 來表達。有鑒於三角函數和雙曲函數「哥倆好」的特殊關係，你當然

可以提出下面的問題：

　　既然單位圓上的三角函數具有同樣的面積解釋，我們是否也能用處理雙曲線時所採用的方法推匯出單位圓上點的坐標可以只用一個函數來表達呢？

　　如果，你能夠容忍這個函數的取值跑出實數域，那麼這一點其實是很容易做到的，答案就藏在尤拉公式之中。

$$e^{ix} = \cos x + i\sin x$$

將自變數 x 用 $-x$ 代替，我們得到

$$e^{-ix} = \cos x - i\sin x$$

於是

$$\cos x = \frac{e^{ix} + e^{-ix}}{2}$$

而

$$\sin x = \frac{e^{ix} - e^{-ix}}{2i}$$

與雙曲函數是不是長得特別像？事實上，

$$\cosh x = \cos ix，$$

$$\sinh x = -i\sin ix$$

　　從坐標變換的角度來看，拉到複數域上，三角函數與雙曲函數的圖形形狀是完全一致的，這時雙曲正弦和雙曲餘弦變成了週期函數，週期是 $2\pi i$。

　　如果你非不走複數域「曲線救國」的道路，也不是完全沒有辦法。三

角函數的「萬能公式」告訴我們正切函數 $\tan\dfrac{x}{2}$ 可以用來表達正弦函數和餘弦函數，只不過表達方式稍顯複雜罷了。

其實我們完全沒必要反對複變函數的介入，許多基本的三角恆等式利用尤拉公式更加容易得到證明。

比如和角公式，

$$
\begin{aligned}
\sin(x+y) &= \frac{e^{i(x+y)} - e^{-i(x+y)}}{2i} \\[2mm]
&= \frac{e^{ix}\,e^{iy} - e^{-ix}\,e^{-iy}}{2i} \\[2mm]
&= \frac{e^{ix} - e^{-ix}}{2i}\cdot\frac{e^{iy} + e^{-iy}}{2} + \frac{e^{iy} - e^{-iy}}{2i}\cdot\frac{e^{ix} + e^{-ix}}{2} \\[2mm]
&= \sin x\cos y + \cos x\sin y
\end{aligned}
$$

比如棣美弗（de Moivre）定理，

$$(\cos x + i\sin x)\cdot(\cos y + i\sin y)$$

$$= e^{ix}\cdot e^{iy}$$

$$= e^{i(x+y)}$$

$$= \cos(x+y) + i\sin(x+y)$$

又比如倍角公式、半形公式、和差化積、積化和差，我們再也不用為教導中學生時遇到複雜的推理過程而感到為難了。

尤拉公式，功在當時，利在千秋啊！

6.4 最小二乘法

　　經常做實驗的同學應該會有這樣的體會，我們時常需要將實驗收集得來的資料標注在同一個坐標平面上，形成一系列離散的點，然後用一條平滑的曲線近似地將這些點連在一起，藉此推測實驗變數之間的函數關係，對實驗結果進行理論分析。這種方法能夠幫助實驗人員用數學語言描述自然現象，廣受歡迎，專業上的說法，稱為「曲線擬合」。

　　「曲線擬合」的結果當然可以五花八門，如圖 6-10 所示的例子讓你說出實驗變數 x 與 y 之間的函數關係，十有八九你會一臉不理解：這是個什麼鬼？你在玩貪吃蛇嗎？

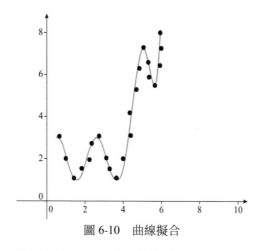

圖 6-10　曲線擬合

　　但若是實驗資料呈現出下面這個形態的分布，你應該就會不假思索地給出答案：這是一條直線！（見圖 6-11）

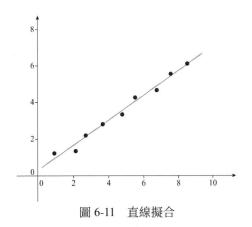

圖 6-11　直線擬合

　　沒錯，考慮到可能的實驗誤差，認定上述變數之間的函數關係滿足一個直線方程式是一件非常可靠的事情，問題是我們應該如何把這條直線給找出來呢？

　　對數學而言，「平面直線千千萬，這條不好你再換」之類的「隨手畫」是沒有絲毫說服力的，你必須建立恰當的模型，並且明確相應的選擇標準。

　　模型我們已經有了 —— 直線：$y = ax + b$，選擇標準也很容易達成共識：實驗採集到的資料與真實值之間的差距盡可能的小。接下來的任務，就是要將直線擬合的過程轉化為一個數學問題的求解。

　　在數學上，「實驗採集到的資料與真實值之間的差距盡可能的小」是透過求解下面這個極值問題來實現的。假設實驗採集到了 n 組數據 (x_1, y_1)，(x_2, y_2)，……，(x_n, y_n)，我們要求方程式係數 a，b 的選取滿足

$$\sum_{i=1}^{n} \left[(a\,x_i + b) - y_i \right]^2$$

的值盡可能的小（最好是 0）。

如何做到呢？看起來有些麻煩，老師沒教過啊……要是變元的個數只有一個就好了，因為我們知道一元函數 $h(x)$ 若在點 x_0 處可微，那麼它在 x_0 處取極值的必要條件就是 $h'(x_0) = 0$。換句話說，只要我們求出了方程式 $h'(x_0) = 0$ 的解，就知道了潛在的極值點。這個結論被稱為微積分學中的費馬定理，從幾何上很好解釋，你在坐標平面中隨便畫一條曲線，如果它在某一點 x_0 處存在切線並且在此點取到極值，那麼這條切線必定是平的（斜率為 0）。

其實多元函數也是如此。

讓我們短暫進入多元微積分的世界。一個多元函數如果在某一點處可微並且在這一點取到極值，那麼它在此點每一個方向上的導數都必須是 0。特別的，此多元函數對各個變元的偏導數為 0。比如我們關心的函數

$$J(a,b) = \sum_{i=1}^{n} \left[(a\,x_i + b) - y_i \right]^2$$

有兩個變元，它取極值的必要條件就是

$$\begin{cases} \dfrac{\partial J}{\partial a} = 2\sum_{i=1}^{n} x_i \left[(a\,x_i + b) - y_i \right] = 0 \\ \dfrac{\partial J}{\partial b} = 2\sum_{i=1}^{n} \left[(a\,x_i + b) - y_i \right] = 0 \end{cases}$$

這是一個關於 $a，b$ 的二元一次線性方程組，可以證明，你能解出唯一的一組 $(a，b)$ 並且它恰好使得函數 $J(a，b)$ 達到極小。

這個方法就是數學中大名鼎鼎的「最小二乘法」，因為求極值的函數 $J(a，b)$ 由誤差的平方累加而得名，法國數學家勒壤得（就是獨立解決費馬大定理 $p = 5$ 情形的那位）最早發明了它。

如果你願意深入思考一下，一定會對建構函數 $J(a,b)$ 時使用誤差的平方累加感到疑惑。雖然直接累加誤差 $J(a,b)=\sum\limits_{i=1}^{n}[(ax_i+b)-y_i]^2$ 肯定不是一個可靠的方式（較大的正負誤差可能相互抵消），但累加誤差的絕對值應該可以吧，為什麼不對 $J(a,b)=\sum_{i=1}^{n}|(ax_i+b)-y_i|$ 求極小來確定 a，b 呢？

　　最現實的原因就是，絕對值函數不是一般的初等函數，極值原理沒法研究啊……

　　我並不是在跟大家開玩笑，利用誤差絕對值進行資料整理的「最小一乘法」甚至早於「最小二乘法」而出現，但是苦於沒有優良的算法而被埋沒，直到 20 世紀中葉才因為電腦的發明和統計學的迅速發展重新閃光。

　　除了算法方面有優勢外，「最小二乘法」的計算結果也更加符合人們長久以來形成的認知。比如我們對某個未知量多次測量得到一組資料 x_1，x_2，…，x_n（按從小到大的順序排列），採用「最小二乘法」對其真實值進行猜想，使函數

$$\sum_{i=1}^{n}(x_i-a)^2$$

達到極小的 a 值為 $\dfrac{\sum_{i=1}^{n}x_i}{n}$，即資料 x_1，x_2，…，x_n 的算術平均值。
若採用「最小一乘法」，使函數

$$\sum_{i=1}^{n}|x_i-a|$$

達到極小的 a 值分兩種情況：當 n 為偶數時，a 可以是區間 $\left[x_{\frac{n}{2}},x_{\frac{n}{2}+1}\right]$ 中的任何一個數；當 n 為奇數時，a 是資料 x_1，x_2，……，x_n 的中位數 $x_{\frac{n+1}{2}}$。得到這一結果的原因是數軸上一個點 A 到另外兩點 B、

C 距離之和的最小值，必當點 A 位於 B、C 之間時方可取到。

由於我們在很長的時間裡已經習慣重複測量取平均的做法，算術平均就比中位數「更加令人信賴」，「最小二乘法」也就比「最小一乘法」更受歡迎了。

這種說法聽起來很有道理，卻沒能堵住數學家們的質疑，它只說明了某些情況下採用「最小二乘法」的優勢，並不能說明「最小二乘法」就是「曲線擬合」所能採取的最好方法呀！

對此，高斯曾經給出過一個回答：如果我們把等待擬合的資料看成是一次統計實驗的結果（就像不斷拋硬幣看正反面那樣），那麼其誤差應該近似地滿足正態分布。高斯這話是什麼意思呢？已經接觸過機率論和統計學的朋友不妨拿出紙筆來進行一下計算，利用正態分布的機率密度函數進行極大似然猜想，結果不偏不倚，正好就是「最小二乘」[039]。

因為這一絕妙的解釋，許多人把「最小二乘法」的功勞記在了高斯的帳下。這位數學王子也沒跟老前輩客氣，主動聲稱對「最小二乘法」的出現負責，為此還特地跟比自己大了兩輪的勒壤得叔叔吵了一架，熱鬧程度不亞於牛頓和萊布尼茲對微積分發明權的爭奪。這段分歧現在也成為數學史上一樁無解的公案，誰是誰非無法分辨，只好讓兩位大家共同分享「發明」的榮耀。需要說明的是，高斯的理論並非完美無瑕，誤差滿足正態分布的說法是一個無條件的預設，並不自然，應用棣美弗和拉普拉斯的中心極限定理才能得到一個比較圓滿的解釋：若把誤差理解為大量的獨立隨機變數之和，那麼誤差的理論分布應該是正態分布。當然，假若失去了這一前提，「最小二乘法」就不再是最為恰當的擬合方法了。

寫到這裡，囉囉唆唆了一大堆，我們好像已經完全脫離了三角函數的

---

[039]　參見附錄。

軌道，如果你對此感到一頭霧水也是非常正常。但實際上，我們並沒有走遠，我們將用「最小二乘法」引爆一個關於三角函數的重磅話題 —— 傅立葉級數。

什麼是傅立葉級數呢？

如果你沒聽過它的名字，那很正常；但如果你沒有玩過它，那就不正常了，相機美顏、人臉辨識等日新月異的影像處理技術通通以此為基礎，即使把傅立葉級數稱為應用數學的急先鋒也絲毫不為過。

雖然說是傅立葉級數，但這一節的內容其實跟傅立葉沒什麼關係，在他老人家出場之前，或許稱為三角級數展開更為恰當。

所謂三角級數，就是以三角函數，確切地說是以正弦和餘弦函數作為求和項的無窮級數。比如下面這個級數：

$$S(x) = a_0 + \sum_{n=1}^{\infty} (a_n \cos nx + b_n \sin nx)$$

就是一個三角級數。我們之所以把常值函數 $f = 1$ 也納入求和項中來，是因為 $f = 1$ 是最簡單的週期函數，它代表了一條直線，當然也可以看作是三角函數的一個特例 $\cos 0 \cdot x$。

三角級數的出現其實非常自然，因為正弦和餘弦函數具有明確的週期性，而在工程學和天文學研究中出現的許多現象也都是具有週期性的。在前面的章節中，我們已經知道可以用簡單的多項式函數逼近一般的可微函數，這是科學研究以簡單表示複雜的基本方法，那是否也能用正弦函數和餘弦函數描述一個一般的週期性運動呢？

對工程師和應用數學家們而言，這當然是一個非常有吸引力的話題。為了避免一開始就陷入無窮級數收斂性的複雜討論，我們不妨把問題做一

個小小的改變：假設要用一個三角函數有限和：

$$S_n(x) = a_0 + \sum_{k=1}^{n}(a_k \cos kx + b_k \sin kx)$$

去逼近一個以 2π 為週期的函數 $f(x)$，我們應該如何確定係數 a_0，a_1，……，a_n，b_1，……，b_n 的選取呢？

回答這個問題就是「最小二乘法」大顯神威的時候了！我們考察 $f(x)$ 在區間 $[-\pi, \pi]$ 上的圖形，要使 $S_n(x)$ 最好地擬合 $f(x)$，係數 a_0，a_1，……，a_n，b_1，……，b_n 應該選取使得 $S_n(x)$ 的圖形最大程度地與 $f(x)$ 的圖形重合，換句話說，函數 $[f(x) - S_n(x)]$ 的圖形應該盡可能與 x 軸重合。經歷過「最小二乘法」洗禮的同學應該馬上就能想到，函數圖形與 x 軸的重合度可以用函數平方與 x 軸所圍區域的面積來刻劃（「最小二乘法」的積分形式）。這個面積的積分表達為

$$\int_{-\pi}^{\pi}[f(x) - S_n(x)]^2 \mathrm{d}x$$

是一個以 a_0，a_1，……，a_n，b_1，……，b_n 為自變數的多元函數。

按照「最小二乘法」的演算方法，問題轉化為多元函數求極值，我們要對 $2n+1$ 元函數：

$$J(a_0, a_1, \cdots, a_n, b_1, \cdots, b_n) = \int_{-\pi}^{\pi}[f(x) - S_n(x)]^2 \mathrm{d}x$$

求偏導。它取極值的必要條件是

$$\begin{cases} \dfrac{\partial J}{\partial a_0} = 0, \dfrac{\partial J}{\partial a_1} = 0, \cdots, \dfrac{\partial J}{\partial a_n} = 0 \\ \dfrac{\partial J}{\partial b_1} = 0, \cdots, \dfrac{\partial J}{\partial b_n} = 0 \end{cases}$$

這個微分方程組事實上應該寫成

$$
\begin{cases}
\int_{-\pi}^{\pi} [f(x) - S_n(x)] \, \mathrm{d}x = 0 \\[2mm]
\int_{-\pi}^{\pi} [f(x) - S_n(x)] \cos x \, \mathrm{d}x = 0 \\[2mm]
\quad\quad\quad\quad\quad \vdots \\[2mm]
\int_{-\pi}^{\pi} [f(x) - S_n(x)] \cos nx \, \mathrm{d}x = 0 \\[2mm]
\int_{-\pi}^{\pi} [f(x) - S_n(x)] \sin x \, \mathrm{d}x = 0 \\[2mm]
\quad\quad\quad\quad\quad \vdots \\[2mm]
\int_{-\pi}^{\pi} [f(x) - S_n(x)] \sin nx \, \mathrm{d}x = 0
\end{cases}
$$

如此，重點就轉移到了考察 $S_n(x)$ 分別與正弦和餘弦函數作乘積之後在 $[-\pi, \pi]$ 上的積分。以餘弦函數 $\cos kx$ 為例：

$$
\int_{-\pi}^{\pi} S_n(x) \cos kx \, \mathrm{d}x = a_0 \int_{-\pi}^{\pi} \cos kx \, \mathrm{d}x + a_1 \int_{-\pi}^{\pi} \cos x \cos kx \, \mathrm{d}x + \cdots +
$$

$$
a_n \int_{-\pi}^{\pi} \cos nx \cos kx \, \mathrm{d}x + b_1 \int_{-\pi}^{\pi} \sin x \cos kx \, \mathrm{d}x + \cdots +
$$

$$
b_n \int_{-\pi}^{\pi} \sin nx \cos kx \, \mathrm{d}x
$$

利用積化和差公式和三角函數的週期性，我們很容易算出

$$
\int_{-\pi}^{\pi} S_n(x) \cos kx \, \mathrm{d}x = \begin{cases} 2a_0\pi, & k = 0 \\ a_k\pi, & k = 1, \cdots, n \end{cases}
$$

這是因為積分 $\int_{-\pi}^{\pi} \cos ix \cos kx \, \mathrm{d}x$，$(i \neq k)$ 與 $\int_{-\pi}^{\pi} \sin ix \cos kx \, \mathrm{d}x$ 通通都是 0。這叫做三角函數的正交性，我們稍後會解釋。

注意到 $k = 0$ 與 $k > 0$ 時的計算結果形式上很像，我們不如一開始就把 $S_n(x)$ 設定為

$$S_n(x) = \frac{a_0}{2} + \sum_{k=1}^{n} (a_k \cos kx + b_k \sin kx)$$

這樣

$$\int_{-\pi}^{\pi} S_n(x) \cos kx \, \mathrm{d}x = a_k \cdot \pi, \, k = 0, 1, \cdots, n$$

就有了統一的表達。同樣的計算顯示

$$\int_{-\pi}^{\pi} S_n(x) \sin kx \, \mathrm{d}x = b_k \cdot \pi, \, k = 1, \cdots, n$$

於是我們得到了最終的結果，要使積分 $\int_{-\pi}^{\pi} [f(x) - S_n(x)]^2 \, \mathrm{d}x$ 達到極值，必須

$$a_k = \frac{1}{\pi} \int_{-\pi}^{\pi} f(x) \cos kx \, \mathrm{d}x, \quad k = 0, 1, \cdots, n$$

$$b_k = \frac{1}{\pi} \int_{-\pi}^{\pi} f(x) \sin kx \, \mathrm{d}x, \quad k = 1, \cdots, n$$

事實上，多元函數 $J(a_0, a_1, \cdots\cdots, a_n, b_1, \cdots\cdots, b_n)$ 也確實在此處取到極值，並且是極小值。理解這一點需要理解一些高等代數中「正定二次型」的知識，我們就不深入了，總而言之，我們找到了一個用三角函數表達週期函數的好方法。

這確實是一個好方法，因為從計算過程和最終結果看，表示式中正弦

和餘弦函數之前的係數 a_k、b_k 並不依賴逼近項數 n 的選取，只要達到必要的精度，你想用多少項來逼近就用多少項來逼近，甚至你還可以單獨使用正弦或者餘弦函數來逼近，係數的計算結果將完全一致。這種特性極大方便了工程師和應用數學家們的工作，當人們發現三角函數逼近目標函數的精度達不到要求時，只需要簡單地增加幾個求和項即可，之前的計算資料可以完全保留，無須再做更改，實在是居家旅行、教學科學研究之必備良方啊！

這個良方就是應用數學和工程學界大名鼎鼎的傅立葉級數：

$$a_k = \frac{1}{\pi} \int_{-\pi}^{\pi} f(x) \cos kx \, \mathrm{d}x, \quad k = 0, 1, \cdots, n$$

和

$$b_k = \frac{1}{\pi} \int_{-\pi}^{\pi} f(x) \sin kx \, \mathrm{d}x, \quad k = 1, \cdots, n$$

就是著名的傅立葉級數係數。

而這項將「最小二乘法」應用於傅立葉級數的神奇工作則是由德國天文學家、數學家貝塞爾（Bessel）於西元 1815 年做出的。他的工作為處理三角函數逼近週期函數的問題提供了額外的思路，令人耳目一新。當然，與同時代的其他數學家一樣，這些工作也不怎麼看重關於收斂性的討論，對於工程師來講，只要「充分接近」就好，收不收斂是無關緊要的，正是應了那句被我套用的法國名言：

「無窮之後，管它洪水滔天！」

然而真正的數學家絕不會對此滿意。

6.5 收斂！收斂！

收斂性問題的實質是，若是用「最小二乘法」確定了有限三角和 S_n (x) 的係數，當 n 趨向於無窮時，$S_n (x)$ 是否在整個定義域的範圍內趨向於 $f(x)$？寫成函數項級數的形式，我們是在問：無窮級數

$$S(x) = \frac{a_0}{2} + \sum_{n=1}^{\infty} (a_n \cos nx + b_n \sin nx)$$

等於 $f(x)$ 嗎？

是騾子是馬，拉出來遛遛。

由於下面的計算將無預警地頻繁使用三角函數中的各種恆等式，如果你感到不適，可以直接跳過。

我們將 a_k 與 b_k 的積分表達代入 $S_n (x)$ 中，於是

$$S_n (x) = \frac{1}{\pi} \int_{-\pi}^{\pi} f(t) \cdot \mathrm{d}t \cdot \left[\frac{1}{2} + \cos x \cos t + \cos 2x \cos 2t + \cdots + \right.$$
$$\left. \cos nx \cos nt + \sin x \sin t + \cdots + \sin nx \sin nt \right]$$

參照差角公式，上式變形為

$$S_n (x) = \frac{1}{\pi} \int_{-\pi}^{\pi} f(t) \cdot \mathrm{d}t \cdot \left[\frac{1}{2} + \cos(x - t) + \cos 2(x - t) + \cdots + \right.$$
$$\left. \cos n(x - t) \right]$$

現在我們要計算中括號內的有限和 $\frac{1}{2} + \sum_{k=1}^{n} \cos k(x - t)$。考慮等比數列求和：

$$\sum_{k=1}^{n} \mathrm{e}^{ikx} = \mathrm{e}^{ix} + \mathrm{e}^{2ix} + \cdots + \mathrm{e}^{nix}$$

一方面，利用尤拉公式

$$\sum_{k=1}^{n} e^{ikx} = \frac{e^{ix}(1-e^{nix})}{1-e^{ix}}$$

$$= \frac{(\cos x + i\sin x) \cdot [1-(\cos nx + i\sin nx)]}{1-(\cos x + i\sin x)}$$

$$= \frac{(\cos x + i\sin x) \cdot [1-(\cos nx + i\sin nx)] \cdot [(1-\cos x)+i\sin x]}{(1-\cos x)^2 + \sin^2 x}$$

$$= \frac{2\sin\frac{n}{2}x \cdot (\sin\frac{n+2}{2}x - i\cos\frac{n+2}{2}x) \cdot [(1-\cos x)+i\sin x]}{2-2\cos x}$$

$$= \frac{4\sin\frac{n}{2}x \cdot \sin\frac{x}{2} \cdot (\sin\frac{n+2}{2}x - i\cos\frac{n+2}{2}x) \cdot (\sin\frac{x}{2}+i\cos\frac{x}{2})}{4\sin^2\frac{x}{2}}$$

它的實部為

$$\frac{2\sin\frac{n}{2}x \cdot \left(\sin\frac{n+2}{2}x\sin\frac{x}{2}+\cos\frac{n+2}{2}x\cos\frac{x}{2}\right)}{2\sin\frac{x}{2}} = \frac{2\sin\frac{n}{2}x\cos\frac{n+1}{2}x}{2\sin\frac{x}{2}}$$

$$= \frac{\sin\frac{2n+1}{2}x - \sin\frac{x}{2}}{2\sin\frac{x}{2}}$$

另一方面，利用棣美弗定理：

$$\sum_{k=1}^{n} e^{ikx} = \sum_{k=1}^{n}(\cos x + i\sin x)^k = \sum_{k=1}^{n}\cos kx + i\sin kx$$

它的實部為

$$\sum_{k=1}^{n}\cos kx$$

上面兩種不同的計算方法給出的結果必須一致，因此我們立即有

$$\left[\frac{1}{2}+\cos(x-t)+\cos2(x-t)+\cdots+\cos n(x-t)\right]=\sum_{k=1}^{n}\cos k(x-t)$$

$$=\frac{\sin\frac{2n+1}{2}(x-t)}{2\sin\frac{1}{2}(x-t)}=\frac{\sin\frac{2n+1}{2}(t-x)}{2\sin\frac{1}{2}(t-x)}$$

從而 $S_n(x)$ 的積分表達為

$$S_n(x)=\frac{1}{2\pi}\int_{-\pi}^{\pi}f(t)\cdot\mathrm{d}t\cdot\frac{\sin\frac{2n+1}{2}(t-x)}{\sin\frac{1}{2}(t-x)}$$

現在，固定一個 $-\pi\le x_0\le\pi$，我們要考慮的是 $S_n(x_0)$ 是否隨著 n 的增大充分接近 $f(x_0)$？這就要猜想積分：

$$S_n(x_0)=\frac{1}{2\pi}\int_{-\pi}^{\pi}f(t)\cdot\mathrm{d}t\cdot\frac{\sin\frac{2n+1}{2}(t-x_0)}{\sin\frac{1}{2}(t-x_0)}$$

的大小了。換句話說，我們要猜想函數 $f(t)\cdot\dfrac{\sin\frac{2n+1}{2}(t-x_0)}{2\pi\sin\frac{1}{2}(t-x_0)}$ 在區間 $[-\pi,\pi]$ 上與 t 軸所圍區域的面積。

如果你想正經八百地畫出 $f(t)\cdot\dfrac{\sin\frac{2n+1}{2}(t-x_0)}{2\pi\sin\frac{1}{2}(t-x_0)}$ 或者至少畫出

$$\frac{\sin\frac{2n+1}{2}(t-x_0)}{2\pi\sin\frac{1}{2}(t-x_0)}$$

在 $[-\pi,\pi]$ 上的圖形，我猜想你要感到為難了。因為 x_0 的存在，函數圖形充滿了不確定性，別說準確地畫出來，就是粗略地描上一描，恐怕都很難下手。當然，你完全可以利用電腦軟體來實現這個願望，可你要真這麼做，就會發現

$$\frac{\sin \dfrac{2n+1}{2}(t-x_0)}{2\pi \sin \dfrac{1}{2}(t-x_0)}$$

在 $[-\pi, \pi]$ 上的圖形並沒有什麼美感。

所以我的建議是，你把積分割槽間挪一挪，說不定被積函數的圖形一下子就會變得豁然開朗呢？

但積分割槽間也不是你想挪就能挪的，為了使最後的積分結果保持不變，被積函數必須滿足某種週期性條件。比如函數

$$f(t) \cdot \frac{\sin \dfrac{2n+1}{2}(t-x_0)}{2\pi \sin \dfrac{1}{2}(t-x_0)}$$

在區間 $[-\pi, \pi]$ 上作積分，如果積分長度 2π 恰好是被積函數的一個週期，那麼你左右移動積分割槽間並不會改變最後的積分結果（想想看為什麼）。

幸運的是，雖然被積函數中出現的兩個正弦函數的週期都被改變了，但函數整體上依然以 2π 為週期。驗證如下

$$f(t+2\pi) \cdot \frac{\sin \dfrac{2n+1}{2}(t-x_0+2\pi)}{2\pi \sin \dfrac{1}{2}(t-x_0+2\pi)}$$

$$= f(t) \cdot \frac{\sin \left[\dfrac{2n+1}{2}(t-x_0)+(2n+1)\pi\right]}{2\pi \sin \left[\dfrac{1}{2}(t-x_0)+\pi\right]}$$

$$= f(t) \cdot \frac{\sin \left[\dfrac{2n+1}{2}(t-x_0)+\pi\right]}{2\pi \sin \left[\dfrac{1}{2}(t-x_0)+\pi\right]}$$

$$= f(t) \cdot \frac{\sin \dfrac{2n+1}{2}(t-x_0)}{2\pi \sin \dfrac{1}{2}(t-x_0)}$$

既然如此，那我們就不客氣了，直接將積分割槽間向右移動 x_0 個單位：

$$S_n(x_0) = \frac{1}{2\pi}\int_{x_0-\pi}^{x_0+\pi} f(t)\cdot \mathrm{d}t \cdot \frac{\sin\dfrac{2n+1}{2}(t-x_0)}{\sin\dfrac{1}{2}(t-x_0)}$$

下面來猜想它的大小。

為了簡單起見，我們先假定 $f(t)$ 是一個常值函數，比如說 $f(t)=1$，然後令：

$$\eta(t) = \pm\frac{1}{2\pi\sin\dfrac{1}{2}(t-x_0)}$$

並大致描出它在區間 $x_0-\pi \le t \le x_0+\pi$ 上的圖形。這項工作不會太困難，因為函數 $\sin\dfrac{1}{2}T$ 在區間 $-\pi \le T \le \pi$ 上是一個過原點的單調遞增函數，所以 $\eta(t)$ 在區間 $x_0-\pi \le t \le x_0+\pi$ 上的圖形就具有一個以 $y=0$ 和 $t=x_0$ 為軸對稱的類似雙曲線的形狀（見圖 6-12）。

如此一來，

$$\frac{\sin\dfrac{2n+1}{2}(t-x_0)}{2\pi\sin\dfrac{1}{2}(t-x_0)}$$

在區間 $x_0-\pi \le t \le x_0+\pi$ 上的圖形就形同一條夾在 $\eta(t)$ 上下兩個分支之間來回振盪的曲線，它關於直線 $t=x_0$ 左右對稱，振盪頻率由 n 決定。為了保證函數的連續性，當 $t=x_0$ 時，

$$\frac{\sin\dfrac{2n+1}{2}(t-x_0)}{2\pi\sin\dfrac{1}{2}(t-x_0)}$$

的函數值補充定義為 $\dfrac{2n+1}{2\pi}$（這是 $t \to x_0$ 時函數值的極限）（見圖 6-13）。

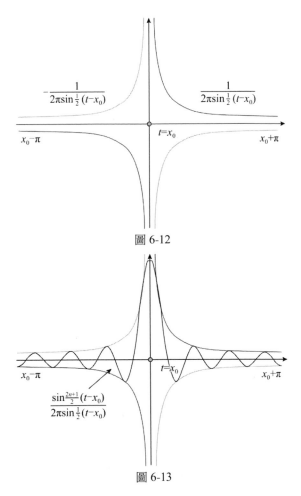

$$-\frac{1}{2\pi\sin\frac{1}{2}(t-x_0)} \qquad \frac{1}{2\pi\sin\frac{1}{2}(t-x_0)}$$

$x_0-\pi$ $\qquad$ $t=x_0$ $\qquad$ $x_0+\pi$

圖 6-12

$$\frac{\sin\frac{2n+1}{2}(t-x_0)}{2\pi\sin\frac{1}{2}(t-x_0)}$$

$x_0-\pi$ $\qquad$ $t=x_0$ $\qquad$ $x_0+\pi$

圖 6-13

　　這樣一條曲線與 t 軸所圍區域的面積其實並不好猜想。但隨著 n 的增大，這條來回振盪的曲線將會變得越來越緊密，分列 $t = x_0$ 左右兩側的大部分割槽域面積將會正負相間，彼此互相抵消，最後只剩下了中間狹長的拱狀部分 $\left(-\dfrac{\pi}{2n+1} \leqslant t \leqslant \dfrac{\pi}{2n+1}\right)$。根據極限理論，隨著 n 的增大，此部分

的面積將趨向於：

$$\lim_{n \to \infty} \int_{-\frac{\pi}{2n+1}}^{\frac{\pi}{2n+1}} \frac{2n+1}{2\pi} \mathrm{d}t$$

不是別的，正是 $f(x_0) = 1$。

當 $f(t)$ 不為常值函數時，討論也是類似的。只要 $f(t)$ 符合一定的條件，比方說，$f(t)$ 中規中矩，是一個連續函數並且在一個週期內只有有限個單調區間，那麼影響 $S_n(x_0)$ 最終積分結果的，也將是 $f(t)$ 在 x_0 處的取值，與 $f(t)$ 在其他點處的取值無關。

大家想像一下，當我們讓 $\dfrac{\sin \frac{2n+1}{2}(t-x_0)}{2\pi \sin \frac{1}{2}(t-x_0)}$ 乘以一個連續函數 $f(t)$ 時，它所造成的作用恰好是改變了振盪曲線的振幅。由於振動是連續變化的並且不會被擠壓得太嚴重 [040]，我們之前對於積分結果的推導依然有效：當 n 充分大時，分列 $t = x_0$ 左右兩側的大部分割槽域面積將會正負相間，彼此互相抵消，最後只剩下中間狹長的拱狀部分 $\left(-\dfrac{\pi}{2n+1} \leqslant t \leqslant \dfrac{\pi}{2n+1}\right)$。然而這部分的面積將最終趨向於：

$$\lim_{n \to \infty} \int_{-\frac{\pi}{2n+1}}^{\frac{\pi}{2n+1}} f(x_0) \cdot \frac{2n+1}{2\pi} \mathrm{d}t = f(x_0)$$

這樣我們就說明了，當 $n \to \infty$ 時，$S_n(x_0) \to f(x_0)$。

很抱歉，在這段證明中我居然使用了「大家想像一下」這樣的詞彙，對於一個數學證明來講這是極不嚴謹的。但在數學領域，嚴謹性與通俗性之間往往很難達到平衡，我認為我已經基本講清楚了，如果有人有意見，可以去找狄利克雷，這個證明是他給的，被稱為三角級數收斂性的狄利克雷定理。事實上，狄利克雷定理給出的結果要更強一些，許多不連續函數

---

[040]　因為 $f(t)$ 只有有限個單調區間。

在連續點處的取值也可以精確地表達成三角級數。

　　不管怎樣，我們敘述的結果也不錯，一個以 2π 為週期的連續函數 f (x) 只要在一個週期內只有有限個單調區間，就一定可以展開成三角級數的形式：

$$f(x) = \frac{a_0}{2} + \sum_{n=1}^{\infty} (a_n \cos nx + b_n \sin nx)$$

　　這個級數就是不少同學每天都要碰面的傅立葉級數，在光譜分析、訊號處理等現代工程領域中發揮著非常重要的作用，堪稱一把削鐵如泥的「屠龍寶刀」。

　　可是……為什麼不叫狄利克雷級數呢？費了半天勁證明收斂性定理的狄利克雷白忙了？

　　這就不用大家操心了，對於署名權的爭奪，狄利克雷壓根就沒這個想法。傅立葉是狄利克雷的老師，他老人家玩三角級數的時候狄利克雷還在練習加減乘除呢，這個級數被冠以傅立葉的名字自然有著充分的道理。在傅立葉出場之前，先讓我們來看一看尤拉對三角級數的分析，他的方法技術之精巧、思想之深刻已使之成為現代數學傅立葉分析的標準教程。

6.6　結構的魅力

　　早在西元 1720 年代末期，尤拉的研究工作就已經觸及一般函數的插值問題，這幫助他在西元 1747 年建構行星擾動理論時得到了某些特殊函數的三角級數表達。然而我們將要介紹的，是尤拉於西元 1777 年發表的另外一種方法，這種方法能夠像我們之前做的那樣，將週期函數傅立葉級

數的係數寫成定積分的形式。

為了更好地講述這個方法，我們需要介紹一些線性空間的基本知識了。

線性空間，又稱向量空間，抽象集合上最重要的代數結構，一切自然科學結構分析之首要利器。

這說法有點唬人了吧？

是有點⋯⋯但我絕非故意拔高線性空間以及緊隨其來線性代數之科學地位，而是有著充分的根據。雖然對代數結構而言，線性空間既不是最簡單的，也不是最複雜的，但卻是最好處理的。出於世間萬物線性關係無所不在的考量，將線性空間推上結構分析第一把交椅的決定合情合理。

首先無法迴避的例子就是：線性空間是客觀時空的最佳模擬。

我們誰也沒有見過沒有寬度的「直線」是什麼樣子的，但是我們能夠想像物體沿著直線運動是怎麼回事；我們誰也沒有見過沒有厚度的「平面」是什麼樣子的，但是我們能夠理解一隻螞蟻在平面上爬來爬去的過程。線性空間為我們認識世界提供了必要的解析工具：透過建立直角坐標系，我們可以用一個、兩個或者三個坐標〔(x)、(x, y) 和 (x, y, z)〕完美描述目標物體在直線、平面和空間中的精確位置。這種方法為人類社會的生產實踐活動帶來了極大的好處。在行軍打仗砲兵開路的年代，擁有一幅坐標精細的地圖顯得無比重要。因為一旦確定了敵人的位置，就可以放心大膽地採用遠距離殺傷戰術，而不用擔心有多少彈藥會被浪費。在 GPS 全球定位系統高度盛行的今天，透過經度、緯度和海拔建立的空間坐標無時無刻不在回饋人們的運動過程。想像一下在交通流量到達高峰的時候，聽著優美的語音導航，用最快的速度把車開到目的地，那種感覺一定令人十分爽。

除了空間坐標以外，你還可以像愛因斯坦的狹義相對論那樣加上表示時間的第四個坐標 t，這就是所謂的四維時空 (x, y, z, t)。

　　在四維時空的觀念裡，時間沿著 t 軸正向流動。當時間定格在某一個時刻 t_0 時，我們感受到的其實是這個特殊時刻所對應的三維空間 (x, y, z, t_0)。人們無法阻斷時間的流動，卻可以記錄當前的影像，當你舉起照相機，在 t_0 時刻按下了快門，照片記錄下來的將是三維空間 (x, y, z, t_0) 的一部分物體在二維平面上的投影。

　　這種物理描述特別符合人們的直覺感受，但在數學物理中，四維時空卻不是唯一的真理，它僅僅是一個被稱為歐幾里得空間的一大批幾何物件的簡單範例。事實上對任意的正整數 n，你都可以研究由 n 個坐標所控制的向量 $(x_1, x_2, \cdots\cdots, x_n)$，所有這些向量組成的集合有一個簡單的符號 $\mathbb{R}^n$，稱為 n 維歐幾里得空間。

　　當 $n \geq 5$ 時，人們的直覺感受可就沒那麼輕鬆了。試想一下，如果你是一個生活在五維空間 (x, y, z, t, s) 裡的生物，當第五維坐標 s 發生變化時，你將隨之進行一場時空穿梭的旅行。在每一個確定的 $s = s_0$，你都能完整感受到整個四維時空 (x, y, z, t, s_0) 的狀況。用句很厲害的話來說，你不僅可以準確地預測未來，還能夠方便地回到過去，如果「法力」足夠強大的話，你甚至可以輕易地把一個物體從一個時空 (x, y, z, t, s_0) 帶到另一個時空 (x, y, z, t, s_1)，然後徹底改變它的命運。

　　恭喜恭喜，你成仙了！

　　以上內容可以理解為一種樸素的「平行時空理論」，在現實當中還沒有出現令人信服的證據，但在數學世界裡，卻是特別平常的存在。

　　n 維歐幾里得空間在數學上最顯著的特徵在於它上面定義了兩個封閉

的運算，一個是加法：對任意 $(x_1，x_2，\cdots\cdots，x_n) \in \mathbb{R}^n$ 和 $(y_1，y_2，\cdots\cdots，y_n) \in \mathbb{R}^n$，

$$(x_1, x_2, \cdots, x_n) + (y_1, y_2, \cdots, y_n) := (x_1 + y_1, x_2 + y_2, \cdots, x_n + y_n) \in \mathbb{R}^n;$$

另一個是數乘：對任意 $(x_1，x_2，\cdots\cdots，x_n) \in \mathbb{R}^n$ 和 $k \in \mathbb{R}$，

$$k \cdot (x_1, x_2, \cdots, x_n) := (kx_1, kx_2, \cdots, kx_n) \in \mathbb{R}^n。$$

很明顯，$\mathbb{R}^n$ 對於加法構成了一個阿貝爾群（不記得概念的同學可以往前翻），並且數乘與加法之間滿足分配律。

有賴於 $\mathbb{R}^n$ 上的加法與數乘，我們可以在 $\mathbb{R}^n$ 中挑出許多形如

$$k_1 \cdot v_1 + k_2 \cdot v_2 + \cdots\cdots + k_m \cdot v_m$$

的元素，其中 $k_i \in \mathbb{R}$，$v_j \in \mathbb{R}^n$，這些元素被稱為向量 $v_1，v_2，\cdots\cdots，v_m$ 的線性組合。線性組合是判斷向量間線性關係的基本工具，s 個向量 $v_1，v_2，\cdots\cdots，v_s$ 中若有一個可以寫成其餘向量線性組合的形式，則稱 $v_1，v_2，\cdots\cdots，v_s$ 是線性相關的。反之，則稱 $v_1，v_2，\cdots\cdots，v_s$ 線性無關。

到這裡，我們已經觸碰到了線性空間概念的基本輪廓。所謂域 F 上的一個線性空間，是指一個定義了加法和 F－數乘的集合 V，V 關於加法構成阿貝爾群且數乘與加法之間滿足分配律。

歐幾里得空間就是線性空間最直覺的例子，但卻不是我們見過的唯一特例，有理數域上的域擴張也都是有理數域上的線性空間。請大家放心，我們不會再回到域擴張那些複雜的討論中去，以下我們只跟歐幾里得空間（再加上一點點函數空間）打交道。

就像我們之前提到的三維空間和四維時空那樣，維數是衡量線性空間

「大小」的指標。你可以把它理解為線性空間 V 中某個極大線性無關組 [041] 所包含的向量個數，它只由線性空間 V 本身決定，而與極大線性無關組的選取無關。一旦我們選定了一個極大線性無關組 v_1，v_2，……，v_m，這個線性無關組所包含的向量就稱為線性空間 V 的一組基，V 中的每一個向量 u 都可以表示成 v_1，v_2，……，v_m 的線性組合：

$$u = k_1 \cdot v_1 + k_2 \cdot v_2 + \cdots\cdots + k_m \cdot v_m$$

係數 k_1，k_2，……，k_m 稱為 u 在基 v_1，v_2，……，v_m 下的坐標。在確定了一組基之後，向量在這組基下的坐標是唯一的。這一點很容易看出來，假設 u 還可以表示成另一個不同的線性組合：

$$u = p_1 \cdot v_1 + p_2 \cdot v_2 + \cdots\cdots + p_m \cdot v_m$$

那麼：

$$0 = (k_1 - p_1) \cdot v_1 + (k_2 - p_2) \cdot v_2 + \cdots\cdots + (k_m - p_m) \cdot v_m$$

且係數 $k_i - p_i$ 不全為零。不妨設 $k_1 - p_1 \neq 0$，於是：

$$v_1 = \frac{(k_2 - p_2) \cdot v_2 + \cdots + (k_m - p_m) \cdot v_m}{p_1 - k_1}$$

這說明 v_1，v_2，……，v_m 線性相關，矛盾了。

歐幾里得空間 $\mathbb{R}^n$ 的維數恰好是 n，當我們單獨談論 $\mathbb{R}^n$ 中的一個元素 $u = (x_1，x_2，\cdots\cdots，x_n)$ 時，我們事實上取定了 $\mathbb{R}^n$ 的一組標準基

$$e_1 = (1，0，\cdots\cdots，0)，e_2 = (0，1，\cdots\cdots，0)，\cdots\cdots，e_n = (0，0，\cdots\cdots，1)$$

---

[041]　定義參見附錄。

而 x_1，x_2，……，x_n 正是向量 u 在這組標準基下的坐標。

$\mathbb{R}^n$ 當然不只有這一組基。按照基的定義，$\mathbb{R}^n$ 中任意 n 個線性無關的向量都構成了一組基。比如在三維空間裡，$(1，0，0)$、$(1，1，0)$ 及 $(1，1，1)$ 就是一組不同於標準基的基。

那麼對於 $\mathbb{R}^n$ 中一個確定的向量 u，如何確定它在任意一組基下的坐標呢？

我們藉助標準基做一個過渡，首先寫出 u 在標準基下的坐標（就是我們通常理解的 n 維向量的形式）：

$$u = (u_1，u_2，……，u_n)$$

再將選定的一組基 v_1，v_2，……，v_n 中的每一個向量都寫成坐標形式：

$$v_i = (v_{1i}，v_{2i}，……，v_{ni})，i = 1，2，……，n$$

要求 u 在 v_1，v_2，……，v_n 下的坐標 k_1，k_2，……，k_n 使得：

$$u = k_1 \cdot v_1 + k_2 \cdot v_2 + …… + k_n \cdot v_n$$

等同於解一個 n 元一次的線性方程組：

$$\begin{cases} v_{11} \cdot k_1 + v_{12} \cdot k_2 + \cdots + v_{1n} \cdot k_n = u_1 \\ v_{21} \cdot k_1 + v_{22} \cdot k_2 + \cdots + v_{2n} \cdot k_n = u_2 \\ \qquad\qquad\qquad \vdots \\ v_{n1} \cdot k_1 + v_{n2} \cdot k_2 + \cdots + v_{nn} \cdot k_n = u_n \end{cases}$$

解這個方程組當然不是什麼大事，但當變元的個數 n 變得很大時，龐大的計算量也夠你喝上一壺的了。

所以這並不是一個好辦法。

幸運的是，歐幾里得空間不是一般的線性空間，在它上面，你還可以談論向量之間的距離。這種「距離」是透過一個被稱為向量內積（也稱數量積）的概念定義的。舉個例子，在二維平面裡，兩個向量 u 與 v 的內積定義為 u、v 模長與 u、v 夾角餘弦的乘積：

$$[u,v] = \|u\| \cdot \|v\| \cdot \cos\theta$$

此時 u、v 之間的距離定義為 $d(u,v) := \sqrt{[u-v,u-v]}$，它是非負和對稱的（$d(u,v) \geq 0$，$d(u,v) = d(v,u)$），$d(u,v) = 0$ 的充分必要條件是 $u = v$。

除此以外，兩個非零向量垂直的充分必要條件是它們的內積為 0，此時稱這兩個向量正交。

由於 $n \geq 4$ 時失去了幾何直覺，內積的這種定義方式無法推廣到更高維的歐幾里得空間，但利用向量在標準基下的坐標，內積有另外一種定義方式可以在任意維數的歐幾里得空間暢通無阻。熟悉高中數學的同學應該很容易接受，若 $u = (u_1, u_2, \cdots\cdots, u_n)$，$v = (v_1, v_2, \cdots\cdots, v_n)$，則

$$[u,v] = u_1 \cdot v_1 + u_2 \cdot v_2 + \cdots\cdots + u_n \cdot v_n$$

所以對於任意維數的向量，依然可以談論距離和夾角的概念，兩個非零向量正交的充分必要條件依舊是它們的內積等於 0。

正交性是一個比線性無關更強的條件，歐幾里得空間 $\mathbb{R}^n$ 中任意 m 個非零向量 $v_1, v_2, \cdots\cdots, v_m$ 如果兩兩正交，則它們一定線性無關。

事實上，若 $v_1, v_2, \cdots\cdots, v_m$ 線性相關，則其中必有一個向量可以寫成其餘向量線性組合的形式，不妨設：

$$v_1 = k_2 \cdot v_2 + k_3 \cdot v_3 + \cdots\cdots + k_m \cdot v_m$$

於是

$$\|v_1\|^2 = [v_1, v_1]$$
$$= k_2 \cdot [v_2, v_1] + k_3 \cdot [v_3, v_1] + \cdots\cdots + k_m \cdot [v_m, v_1] = 0^{[042]}$$

然而一個非零向量的模長絕不可能等於 0，這是一個矛盾。

現在，我們試圖在歐幾里得空間 $\mathbb{R}^n$ 中尋找一種特殊的基，它所包含的向量都兩兩正交，因此也被稱為正交基。容易驗證，前面提到的歐幾里得空間標準基 e_1，e_2，……，e_n 就是一組正交基。事實上，從任何一組基出發都可以構造一組正交基（Schmidt 正交化方法）。

使用正交基的最大好處在於：求任意向量 u 在一組正交基 v_1，v_2，……，v_n 下的坐標將會變得非常簡單。例如：

$$u = k_1 \cdot v_1 + k_2 \cdot v_2 + \cdots\cdots + k_n \cdot v_n$$

則 $[u, v_i] = k_i \cdot [v_i, v_i]$，於是坐標：

$$k_i = \frac{[u, v_i]}{[v_i, v_i]}, \quad i = 1, \cdots, n$$

怎麼樣，是不是令你特別神清氣爽？本來要解一個龐大的 n 元一次方程組，現在只需要計算兩個簡單的內積。

厲害了，我的正交基！

好了，做了如此多的鋪墊，我們終於追上尤拉的步伐，來看看他是如何處理週期函數三角級數展開的。

在此之前，順便提一句，$k_1 \cdot v_1 + k_2 \cdot v_2 + \cdots\cdots + k_n \cdot v_n$ 之所以被稱為線性組合是因為方程式 $k_1 \cdot v_1 + k_2 \cdot v_2 = 0$ 代表了直線，而方程式 $k_1 \cdot$

---

[042]　內積的雙線性，參見附錄。

$v_1 + k_2 \cdot v_2 + k_3 \cdot v_3 = 0$ 代表了平面（直線 × 直線）。

所以你一定想問：$n = 4$，$n = 5$，……，$n = n$ 呢？

數學家說，別費事了，通通叫做超平面！

就加了一個字，還真夠懶的……

現在，讓我們回到尤拉的身旁，考慮所有以 2π 為週期的連續函數，它們組成一個集合，記為 C^0。這是實數域 $\mathbb{R}$ 上的一個線性空間。

在 C^0 之上，居然也有著一個非常好用的內積定義。對於 C^0 中的任意兩個函數 $f(x)$ 和 $g(x)$，我們可以定義它們的內積為

$$[f, g] = \int_{-\pi}^{\pi} f(x) \cdot g(x) \mathrm{d}x$$

因為 f 和 g 是連續函數，所以這個積分是一定存在的。而之所以說這個內積非常好用，是因為它同樣賦予了線性空間 C^0 一個叫做「距離」的概念，並且你仍然可以談論模長和夾角。

三角函數 $\dfrac{1}{2}$，$\cos x$，$\cos 2x$，……，$\sin x$，$\sin 2x$，……自然都是空間 C^0 中的元素，並且，它們兩兩正交。所以根據我們之前的討論，

$$\frac{1}{2}, \cos x, \cos 2x, \cdots, \sin x, \sin 2x, \cdots$$

構成了 C^0 中的一個線性無關組。換句話說，在由上面這些函數所生成的子空間 L 中，

$$\left\{ \frac{1}{2}, \cos x, \cos 2x, \cdots, \sin x, \sin 2x, \cdots \right\}$$

提供了一組正交基 [043]。

要是求出週期函數 $f \in L$ 在這組基下的坐標，不就求出 f 的傅立葉級

---

[043] 所以 L 和 C^0 是無窮維線性空間。

數係數了嗎？

勝利在望了！

先別著急鼓掌，對於級數展開而言，L 是一個特別尷尬的存在，因為 L 中的元素僅僅能夠表示成：

$$\frac{1}{2}, \cos x, \cos 2x, \cdots, \sin x, \sin 2x, \cdots$$

的有限線性組合。

這是初學者在處理無窮維線性空間時，常常容易混淆的概念，如果沒有更多的附加結構，我們並不要求無限維線性空間中的向量都能寫成基的無限線性組合。這是因為線性空間上的加法都滿足交換律，而一個無窮級數在交換求和順序之後往往牽涉到收斂性的改變。這可是要人命的原則性問題，差之毫釐，就有可能謬以千里。

把函數限定在 $\frac{1}{2}$, $\cos x$, $\cos 2x$, ……, $\sin x$, $\sin 2x$, ……生成的空間 L 內確實省去了這些麻煩，因為 L 中的函數展開成三角級數時只有有限個係數不為零。但我們關心的卻是確定無疑的無窮級數表達，想只用代數結構就解決問題看起來還差點意思。

直到 1907 年，這個問題才由 Riesz — Fischer 定理解決。此定理告訴我們，空間 C^0 中的任意函數 $f(x)$ 確實都能寫成

$$\frac{1}{2}, \cos x, \cos 2x, \cdots, \sin x, \sin 2x, \cdots$$

的無窮線性組合。換句話說，$f(x)$ 有傅立葉級數

$$f(x) = \frac{a_0}{2} + \sum_{n=1}^{\infty} (a_n \cos nx + b_n \sin nx)$$

但我必須提醒大家，這裡等號（或者說收斂）的含義已經發生了改變，它是與我們用積分所定義的內積相關的一種收斂。確切地說，

$$S_n(x) = \frac{a_0}{2} + \sum_{k=1}^{n} (a_k \cos kx + b_k \sin kx)$$

收斂到 $f(x)$ 是指：$S_n(x)$ 與 $f(x)$ 在空間 C^0 中的「距離」趨向於 0，也即

$$\lim_{n \to \infty} \int_{-\pi}^{\pi} [f(x) - S_n(x)]^2 \, dx = 0。$$

很明顯，這並不要求 $S_n(x)$ 在每一個點都收斂到 $f(x)$，而是允許它在一個「長度」為 0 的區域內與 $f(x)$ 存在偏差。到了 1960 年代，數學家們更是做到了極致。瑞典人卡爾森（Carleson）證明了一個非常深刻的定理：$S_n(x)$ 幾乎處處收斂到 $f(x)$，也就是說 $S_n(x)$ 只在有限個點上不收斂到 $f(x)$。

獲得這些結果已經費了人們不少工夫，但不管是平方可積收斂還是幾乎處處收斂，離我們想要的點點收斂都還差得很遠。

這些精妙的數學結果產生於 20 世紀，在遙遠的 18 世紀，尤拉是無論如何也意識不到需要如此精確地討論收斂性的。但他居然破天荒地看到了這種思路，對於 C^0 中任何一個可以展開成三角級數的函數 $f(x)$，我們要確定它的傅立葉級數係數，可以隱蔽地使用線性無關組

$$\left\{ \frac{1}{2}, \cos x, \cos 2x, \cdots, \sin x, \sin 2x, \cdots \right\}$$

的正交性。首先將 f 寫成三角級數的形式：

$$f(x) = \frac{a_0}{2} + \sum_{n=1}^{\infty} (a_n \cos nx + b_n \sin nx)$$

再讓等式兩邊同時與相應的三角函數作內積，比如：

$$[f(x), \cos kx] = \left[\frac{a_0}{2} + \sum_{n=1}^{\infty} (a_n \cos nx + b_n \sin nx), \cos kx\right]$$

$$= a_0 \left[\frac{1}{2}, \cos kx\right] +$$

$$\sum_{n=1}^{\infty} (a_n [\cos nx, \cos kx] + b_n [\sin nx, \cos kx])$$

於是：

$$a_n = \frac{[f(x), \cos nx]}{[\cos nx, \cos nx]}$$

$$= \frac{1}{\pi} \int_{-\pi}^{\pi} f(x) \cos nx \, dx, \quad n = 0, 1, 2 \cdots$$

而：

$$b_n = \frac{[f(x), \sin nx]}{[\sin nx, \sin nx]}$$

$$= \frac{1}{\pi} \int_{-\pi}^{\pi} f(x) \sin nx \, dx, \quad n = 1, 2, \cdots$$

看，與最小二乘法得到的結果完全一致。

尤拉的這種思想成為了後世一連串開創性工作的重要泉源，但在此處，他囿於時代的不嚴謹性再次暴露無遺。今天一個數學系的高年級大學生都很清楚：積分符號與求和符號是不能隨意交換次序的，即使級數收斂也不行，要想交換還必須滿足另一個叫做「一致收斂」的條件。

幸運的是，被狄利克雷所證明的那些連續函數的三角級數展開也都是一致收斂的。

無論如何，尤拉採用的這種方法，用特別直覺的方式說明了一個連續函數如果可以展開成一致收斂的傅立葉級數，那麼其展開係數一定是唯一的。更為了不起的是，它預示了在任何一個規定了內積運算的無窮維線性空間，所有元素都可以嘗試按照一組選定的正交基進行無窮展開。

可見在數學上，傅立葉級數並不是孤立的存在，它完全能夠激發出更大的想像空間。

雖然尤拉的方法對於確定週期函數的傅立葉係數十分方便，但究竟何種函數可以展開成傅立葉級數，尤拉卻沒有辦法回答。他與 18 世紀其他分析學的代表人物（比如達朗貝爾和拉格朗日）一樣，都不相信任意函數能夠展開成三角級數。然而另一方面，在對收斂性概念囫圇吞棗的情況下，數學家們又經常得到一些看起來並不能展開成三角級數的函數的三角級數表達。

總之，在將函數展開成三角級數這件事情上，18 世紀的狀況混亂不堪。

歷史發展的規律告訴我們，經逢亂世，往往總會遇到一個大殺四方的超級英雄，在數學的世界裡，此種人物更是屢見不鮮。

在 19 世紀初的分析學界，也出現了這樣一位大家，按照著名幾何學家克萊因（Klein）的說法，此人將世間所有對「任意函數」展開成三角級數的顧慮一下子通通掃到了一邊。

傅立葉先生，該您老人家登場了！

6.7 掃盲先鋒

傅立葉，全名讓・巴蒂斯特・約瑟夫・傅立葉（Jean Baptiste Joseph Fourier），西元 1768 年出生於法國的歐塞爾（Auxerre），是一個裁縫的兒子。年輕時的傅立葉拋開了父親的影響，立志要成為一名軍官，但受累於不好的出身，傅立葉失敗了。隨即他就去謀求一份教書的工作，最終順利進入曾經就讀過的軍事院校成為了一名光榮的軍校教師。

傅立葉並沒有在軍校裡等待太長的時間，他對科學和革命都有著十分濃厚的興趣。由於在法國大革命中的表現過於活躍，傅立葉一度被投入了監獄，但革命成功後他被調入高等師範學校，隨後接替拉格朗日的位子進入綜合理工學校。傅立葉在科學上的興趣主要在於解析各種物理現象所誘導的微分方程式。他曾隨拿破崙（Napoleon Bonaparte）皇帝出征埃及，並一直被拿破崙視為忠心耿耿的科學顧問。

此後傅立葉的成就越來越高，官也越做越大，不僅當過地方長官，還成為了法國科學院的終身祕書。他的勵志故事充分說明了一個真理：不想當軍官的老師不是一個好裁縫啊（真夠亂的……）。

與阿貝爾和伽羅瓦等後生晚輩相比，傅立葉絕對算是大器晚成。他的第一部出名作品誕生於西元 1807 年，此時的傅立葉已經 39 歲，幾乎已經過了數學家發明創造的黃金年齡（數學界最高獎菲爾茲獎只頒給 40 歲以下的數學家）。這篇向科學院提交的論文關於熱傳導作用的偏微分方程式，是傅立葉研究物理方程式解析解的開山之作。

搞笑的是，傅立葉的論文在經過拉格朗日、拉普拉斯和勒壤得這三位大師級人物的「三 L 會審」之後被斃掉了 [044]，理由依然是非常好用的「論

---

[044] 西元 1811 年提交了修改稿，又被斃了。

證不清」。傅立葉氣得不行，在十多年後自己當上科學院祕書時將當年提交的論文一字不改全文發表，也算是親手報了「一箭之仇」。

傅立葉的工作解決了當時十分流行的熱傳導問題，正是在這項工作中，傅立葉試圖將任意函數作三角級數展開。在他所考慮的特殊情形，為了使其推匯出來的熱傳導方程式具有滿足初始條件的解析解，傅立葉發現作為初始條件給出的函數必須能夠寫成三角級數的形式。他很快運用一系列複雜的方法得到了尤拉也曾經得到過的展開係數的積分表達

$$a_k = \frac{1}{\pi}\int_{-\pi}^{\pi} f(x)\cos kx\,\mathrm{d}x, \quad k = 0,1,\cdots,n$$

$$b_k = \frac{1}{\pi}\int_{-\pi}^{\pi} f(x)\sin kx\,\mathrm{d}x, \quad k = 1,\cdots,n$$

但與前人不同，傅立葉特別關注這些積分形式的幾何意義，雖然它們無外乎就是 $\frac{1}{\pi}f(x)\cos kx$ 或者 $\frac{1}{\pi}f(x)\sin kx$ 在 $[-\pi,\pi]$ 上與 x 軸所圍區域的面積，然而傅立葉立刻察覺到了這對於一般的函數圖形也是有意義的，並不需要 f 連續變動。

這幾乎是數學前進道路上一個毫不起眼的最小發現，卻由此邁出了三角級數展開之廣闊空間的一大步。

在此之前，數學家們對於函數的理解通常都局限於一個明顯的解析表示式，以我們今天的眼光來看，這樣的函數往往都是連續的。然而它們可能並不是可微函數，在某些地方不可求導，比如圖 6-14 中的鋸齒函數

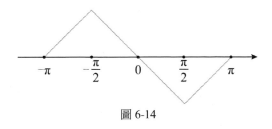

圖 6-14

301

在 $-\dfrac{\pi}{2}$ 和 $\dfrac{\pi}{2}$ 等位置就不存在導數。這一點極大影響了數學家們對三角級數展開的判斷，拉格朗日曾寫信給達朗貝爾，說他把 $x^{\frac{2}{3}}$ 表示成了餘弦級數的展開：

$$x^{\frac{2}{3}} = a + b\cos2x + c\cos4x + \cdots$$

達朗貝爾堅決不信，理由就是等式兩邊的函數在 $x = 0$ 處的導數不一致。

除開求導的問題，$x^{\frac{2}{3}}$ 並不是實數軸上的週期函數。拉格朗日神不知鬼不覺地把一個非週期函數寫成了明顯具有週期性的三角級數，所作所為簡直令人髮指。當時的數學家們並沒有意識到這樣的級數展開必須考慮收斂區域的問題，他們總是認為這種形式化的展開是永遠正確的。拉格朗日就是如此，他甚至經常為一些發散級數進行辯護。然而以他的水準，絕不可能對收斂性問題一無所知，他要不是在搞雙重標準，就是已經被折磨得精神錯亂了。

曾經把級數 $1 - 1 + 1 - 1 + \cdots\cdots$ 的和當成 $\dfrac{1}{2}$ 的尤拉也是「同道中人」，他用看起來無可辯駁的恆等替換將一堆非週期函數展開成了三角級數，比如：

$$\frac{x}{2} = \sin x - \frac{1}{2}\sin2x + \frac{1}{3}\sin3x - \frac{1}{4}\sin4x + \cdots$$

和：

$$\frac{x^2}{4} = \frac{\pi^2}{4} - \cos x + \frac{1}{4}\cos2x - \frac{1}{9}\cos3x + \frac{1}{16}\cos4x - \cdots$$

並且天真地認為這些等式對所有的 x 都能成立。

人們被徹底激怒了，等式兩邊一邊是非週期函數，一邊是週期函數，

你當我們是傻子不成？

可惜數學家的腦袋裡也是一團糨糊，他們哪裡會想到上面兩個級數事實上只在 $-\pi < x < \pi$ 的區間內收斂，除此以外的區域等式兩邊根本就無法配對呢？在當時，數學家們對待此類問題的做法大致上就如同盲人摸象，摸到哪塊算哪塊，而傅立葉則是第一個有勇氣說出「任意函數」都可以三角級數展開的數學家。

作為先鋒的傅立葉開啟了一場聲勢浩大的掃盲運動，他的理論第一個要緊的地方是將實數軸上的連續函數在 $-\pi$ 和 π 處截斷，只考慮截斷部分在 $[-\pi, \pi]$ 內的三角級數展開，然後週期地延拓到整個實數軸上。如此一來，連續的週期函數才能被三角級數展開的禁錮被打破了，大量的不連續函數也可以表達成三角級數的形式。比如尤拉曾經提及的三角級數：

$$\sin x - \frac{1}{2}\sin 2x + \frac{1}{3}\sin 3x - \frac{1}{4}\sin 4x + \cdots$$

在整個實數的範圍內就大致收斂到一個非常簡單的分段函數（如圖 6-15 所示中的齒狀折線）。

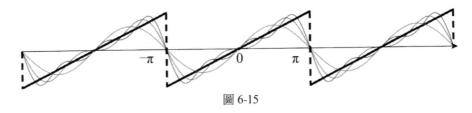

圖 6-15

更進一步，在第一條的基礎上，$[-\pi, \pi]$ 上被展開函數的連續性要求也被打破了。按照傅立葉的觀點，只要展開係數的積分表達算得出結果就好，收斂是必需的。他親自計算了大量不連續函數的頭幾項展開係數，並且動手畫出了（沒錯，就是畫出了）這些三角級數部分和的圖形，傅立

葉發現他的想法非常可靠，不管被展開函數在 $[-\pi,\pi]$ 以外的圖形怎樣，它在 $[-\pi,\pi]$ 上總是被三角級數逐漸逼近。

傅立葉於西元 1822 年出版了他的經典著作《熱的解析理論》(*Théorie analytique de la chaleur*)，在這本書中，傅立葉對上述方法給出了一個模糊的證明概要，但這些證明概要基本上都是依賴幾何直覺的（沒辦法，畫出來的嘛，要求不能太高⋯⋯）。按照傅立葉的做法，只要是你能畫出來的函數，通通都可以展開成三角級數。當然，那些能夠成為反例的變態函數你就是想畫也畫不出來。現在我們知道，關於收斂性的完整證明是傅立葉的學生狄利克雷給出的。

雖然傅立葉沒有對他的「異想天開」給出真正完整的證明，但按照克萊因的說法，「在不同區間內完全遵循不同規律的任意函數仍有可能用解析函數的級數來表達，這對於當時的數學家來說是一個具有革命性的立場，為了承認傅立葉揭示了這種可能性，所以在他研究的級數之前冠上他的名字，並且一直保持到今天。」

這就是傅立葉級數的由來。它的出現，帶給了應用數學和工程學界遠超想像的影響。

事實上，人們第一次想到用三角級數表達週期函數，就是研究弦的振動問題，最形象的例子大概就是聲音的傳播了。

從物理學的觀點來看，我們聽到聲音，是因為發聲體偏離平衡狀態的持續振動透過介質傳播，引起了耳膜的振動，所以發聲體振動的方式是人類感知一切聲音的源頭。有些聲音讓人感到空靈，有些聲音讓人覺得刺耳，有些聲音聽上去就會令你暗自神傷，區別其實只在於聲波的形狀。令人感到愉悅的聲音通常都具有奇妙的波動形狀，如果一段音樂長成下面圖

6-16 的樣子，猜想你就要給負評了，對不對？

　　但音樂為人們帶來的愉悅感不是這麼隨手畫畫就能評判的，今天每一所音樂學院作曲專業的學生事實上都在學習什麼樣的和弦組合能夠觸發人們最佳的聽覺體驗，因為他們知道這些看似紛繁蕪雜的波動曲線其實是由一系列簡諧波按照不同的力度和節奏疊加而成的。

　　這些簡諧波代表的就是單音，也就是我們通常所說的 do，re，mi……在學習音樂的孩子們眼裡，它們應該具有圖 6-17 中的模樣。

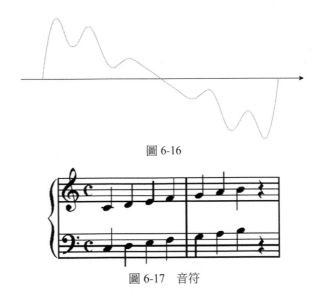

圖 6-16

圖 6-17　音符

　　不同的音高由簡諧波不同的頻率所決定，所以一段樂曲的五線譜可以看成一個頻率的世界，這個世界由一系列單音排列而成。經由樂手們連續、不同力道和節奏地敲擊或彈撥每個音符，不同頻率的簡諧波相互疊加，最終呈現出這段音樂被演奏時的模樣。

　　如果我告訴你簡諧波的形狀是下面這樣的，你會不會有一種恍然大悟的感覺？

圖 6-18　簡諧波的形狀

沒錯，就是正弦曲線，也可以說是餘弦曲線，因為兩條曲線的形狀是一樣的。

正弦曲線 $\sin\omega t$ 就是聲波的基本曲線，它們按照不同的方式疊加在一起事實上構成了一個傅立葉級數。因此，把聲波曲線按照不同的頻率分解成基本曲線本質上就是要把一個聲波函數展開成收斂的傅立葉級數。在工程技術領域，人們經常需要把特定頻率的波動摘取出來，這項工作被稱為「濾波」，當我們把時間軸上的聲波函數轉換成頻率軸上的頻譜，就很容易完成這項工作了。

然而在傅立葉理論出現之前，「濾波」的工作是很不簡單的。試想一下，隨便給你一個波動函數如

$$f(x) = \frac{1}{5} + \frac{1}{3}\cos 3x - \frac{5}{7}\sin x$$

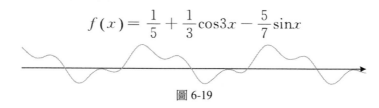

圖 6-19

的圖形，你能把正弦波 $\sin x$ 的部分給過濾出來嗎？恐怕你連裡面有沒有正弦波都搞不清楚吧。而傅立葉分析卻能特別方便地幫助你把 $\sin x$ 之前的係數 $-\frac{5}{7}$ 透過求積分的方式 $\frac{1}{\pi}\int_{-\pi}^{\pi} f(x)\sin x \mathrm{d}x$ 給確定出來，這就是我們把傅立葉級數稱為工程技術人員必備之「屠龍寶刀」的原因。

當然，一些音感特別出眾的人才也能完成一部分類似的工作。著名歌手周杰倫就曾在某個音樂節目中秀過一把絕對音感，鍵盤手同時按下 6 ～ 7 個音，他能夠準確地辨析出裡面所包含的音符，並且是絕對音高，這相當不易。另一個智力真人秀節目也曾經出現過一位音感超強的小朋友，即

使跟很可能掌握了快速傅立葉變換的人工智慧相比，也絲毫不落下風。

但很難想像，也沒有必要要求每一個普通人都具備這樣的技能。對於普通人來講，享受科技進步帶來的便利、欣賞令人感動的音樂，或悲或喜，或沉默，或振奮，足矣。

6.8 最後的懸念

是否任意一個函數都能展開成三角級數，是伴隨傅立葉分析誕生以及成長的核心問題。傅立葉是一位出色的數學物理學家，正是因為物理學家的直覺，他堅信這是對的。

也正是因為物理學家的直覺，他錯了。

這句話可能會得罪很多人，但是沒辦法，對於物理學家來說，數學上的嚴謹本就不是最重要的。加上函數概念的發展日新月異，這口鍋想不背都不行。

數學發展到了 19 世紀，「函數」的概念已經越發清晰，狄利克雷利用集合之間的映射給出了函數的精準定義，傅立葉等人所關心的函數，其實是實數集 $\mathbb{R}$ 的子集與子集間的映射。這個觀念一旦突破，各種難以想像、奇怪至極的函數就如同雨後春筍般冒了出來。即使把目標函數限定在連續函數的範圍之內，人們也不敢說它就一定能夠展開成傅立葉級數的形式了。

那這些反例究竟有多少？是偶爾出現的孤魂野鬼，還是成群結隊的正規部隊？這是我們這一章節最後的懸念。

終結這一懸念的人，既在意料之外，又在情理之中 —— 康托爾先

生，麻煩你再次出場跟大家打個招呼。

下面有請康托爾先生公布答案：

全體傅立葉級陣列成的集合，與實數集$\mathbb{R}$等勢，勢為$2^{\aleph_0}$。

區間$[-\pi，\pi]$上所有實值函數組成的集合，比$\mathbb{R}$大一個量級，勢為$2^{2^{\aleph_0}}$。

這就算僧多粥少了啊！數學家們傷心了，不能展開成傅立葉級數的函數居然比能展開的函數多那麼多，實在是太不完美了吧。

其實沒有必要沮喪，眾多三角級數以外的函數將我們帶入了更為廣闊的空間，想當年超越數出來的時候誰都沒有把它看成實數當中的主流，現在不照樣占據著越來越重要的地位。更何況即使沒有收斂的傅立葉級數，函數一樣可以用三角級數來近似代替。許多工程技術人員實際上都在採用這種方法。

所有傅立葉級陣列成的集合，與實數集$\mathbb{R}$等勢，這是一個比較好理解的結論。我們曾經介紹過，康托爾證明了$[0，1]$區間內的點與實數軸上的點一一對應。更進一步，他證明了直線上的點與平面內的點一一對應，這說明線性空間$\mathbb{R}$與$\mathbb{R}^2$是等勢的。

這個結論並非終點，利用同樣的方法[045]，康托爾能夠證明$\mathbb{R}$與$\mathbb{R}^3$，$\mathbb{R}^4$，$\mathbb{R}^5$……通通等勢，甚至採用排列有理數時曾經使用過的「反對角線法則」，我們可以下結論說$\mathbb{R}^\infty$具有與$\mathbb{R}$相同的勢，當然這裡的無窮指的是可數無窮。

$\mathbb{R}^\infty$在數學上有著悠久的歷史，它是一個無窮維的線性空間，裡面的元素由可數無窮多個坐標

---

[045]　康托爾的方法有瑕疵，後被他人改進。

$$x_1 \text{，} x_2 \text{，} x_3 \text{，} \cdots\cdots \text{，} x_n \text{，} \cdots\cdots$$

共同決定，每一個坐標獨立地取遍所有實數，元素之間的加法形式地定義為

$$(x_1 \text{，} x_2 \text{，} x_3 \text{，} \cdots\cdots x_n \cdots\cdots) + (y_1 \text{，} y_2 \text{，} y_3 \text{，} \cdots\cdots y_n \cdots\cdots)$$
$$= (x_1 + y_1 \text{，} x_2 + y_2 \text{，} x_3 + y_3 \text{，} \cdots\cdots x_n + y_n \cdots\cdots)$$

特別地，傅立葉級數具有如下的形式

$$\frac{a_0}{2} + \sum_{n=1}^{\infty} (a_n \cos nx + b_n \sin nx)$$

係數為可數無窮多個獨立的實值變數。因此，全體傅立葉級陣列成的集合當然就是一個可數無窮維的線性空間$\mathbb{R}^{\infty}$，這個集合與$\mathbb{R}$等勢。

答案的第一部分得證。

順便說一句，雖然並不是$[-\pi，\pi]$上所有的連續函數都能展開成傅立葉級數，但$[-\pi，\pi]$上連續函數全體的勢也是$2^{\aleph_0}$。這是因為在$[-\pi，\pi]$內稠密的有理數集是一個可數集，而一個連續函數由它在有理點處的取值完全決定。

現在，輪到考慮$[-\pi，\pi]$上全體實值函數組成的集合了，把它記為F。首先，對於$[-\pi，\pi]$的任意一個子集W，我們定義一個實值函數

$$f_W(x) = \begin{cases} 1, \text{當 } x \in W \text{ 時} \\ 0, \text{當 } x \notin W \text{ 時} \end{cases}$$

這個函數被稱為子集W的特徵函數，它是F中的一個元素。

$[-\pi，\pi]$中不同子集的特徵函數顯然是不同的，由此我們構造了一個從$[-\pi，\pi]$的冪集到F的單射，此單射將W映至f_W。注意到$[-\pi$，

π] 與 $\mathbb{R}$ 一一對應（理由與 $[0,1]$ 區間與 $\mathbb{R}$ 一一對應相同），我們得到一個 $\mathbb{R}$ 的冪集到 F 的單射。

其次，對於 F 中的每個元素 $f(x)$，我們標記出所有以 $(x,f(x))$ 為坐標的點，這些點組成了平面 $\mathbb{R}^2$ 的一個子集：

$$U_f = \{(x,f(x)) \in \mathbb{R}^2 \mid x \in [-\pi,\pi]\}$$

顯然，U_f 由函數 f 唯一決定，$f \to U_f$ 給出了一個從 F 到 $\mathbb{R}^2$ 的冪集的單射。然而，$\mathbb{R}$ 與 $\mathbb{R}^2$ 之間存在著一一對應，由此我們推知：存在一個從 F 到 $\mathbb{R}$ 的冪集的單射。

至此，準備工作全部結束，我們最後要使用一個看起來理所應當，但實際上並非一目瞭然的集合論定理：如果兩個集合 A 與 B 之間分別存在單射 $f：A \to B$ 和 $g：B \to A$，那麼 A 與 B 之間就存在一一映射。

定理的證明就算了，有興趣的同學可以在維基百科上搜尋 Schröder — Bernstein 定理。

將這個定理應用到我們剛剛得到的情形，$[-\pi,\pi]$ 上全體實值函數組成的集合 F 與實數集 $\mathbb{R}$ 的冪集之間事實上存在著一一對應，因此 F 的勢就是 $2^{2^{\aleph_0}}$。

終於，這個 19 世紀分析學界不大不小的一個懸念以一種出人意料的方式被康托爾的集合論給終結了，對於以嚴謹和可靠著稱的數學工作者們來說，這或許是一個最完美的選擇，畢竟康托爾研究無窮集合就是從三角級數展開的唯一性問題起步的。自那以後，整個數學大廈的基礎越來越依賴康托爾的集合論語言，數學的發展也開始甩下過往的包袱，真正進入一個全新的時代。

然而數學家們的聯歡會才剛剛開始，他們的老冤家就又出現了，這些

冤家們扛著小鏟子排著隊來替數學家們挖坑。數學家們是又生氣又著急，因為對手這次挖的坑，實在是太有品質了。

數學家：偉大的康托爾，數學終於迎來光明！

哲學家：不好意思，你們的黑夜才剛剛開始⋯⋯

 第 6 章　三角術

第7章
與確定性告別

7.1 冤家

要讓現代人去幫數學家尋找一個對手，恐怕沒有多少人會找到哲學家的頭上。雖然哲學和數學一樣，都具備高度抽象、難以理解的特點，但它們卻分屬兩大不同的陣營：一個叫做文科，另一個叫做理科。當年我們填報大學入學考志願時，文科生的招生計畫裡是找不到數學科系的，而理科生多半也進不了哲學系。不僅如此，哲學和數學還被視為各自陣營中最為極端的代表，若說哲學是文到了極致，那數學就是理到了精妙。

但當我們重新審視這千百年來數學家與哲學家的互動關係時，卻不得不發自肺腑地感慨，不是一家人，不進一家門啊！事實上，把數學家和哲學家稱為冤家顯得有些過於保守了，他們的祖上，根本就是一家人。

先不提「科學哲學之父」泰利斯作為畢達哥拉斯數學引路人所發揮的重要作用，古希臘時期的大部分先賢都有著哲學家和數學家的雙重身分。哲學史上的第一人蘇格拉底強調：學習數學是「為了靈魂本身去學」的，他的弟子柏拉圖更是宣稱：上帝乃幾何學家！

連上帝都是數學工作者，還有什麼理由不相親相愛？

產生這種現象的原因並不複雜。雖然說數學起步於對數量關係和空間形式的探索，可一旦形成自己的結構和體系，就立刻顯示出與現實世界明

顯的隔離。數學的抽象、嚴謹和形式性使得它成為自然科學界一個具備普適性的統領，其他各個門類的學科都能利用數學的語言和方法進行研究，並總結出普遍規律。然而哲學，是整個科學體系的皇后，她所關心的終極問題，是整個宇宙包括全體生命在內的本質和運行規律。從這個角度來講，數學和哲學的研究目標、內容確實高度重合，哲學是數學的更新版，數學則為哲學思考提供了大量的素材和土壤。

　　最經典的例子來自兩千年前，歐幾里得在《幾何原本》中對於點、線、面等基本對象的定義簡直神乎其神，我把它們摘取出來，大家共同欣賞：

　　（1）點不可以分割成部分（點是沒有部分的東西）。

　　（2）線是沒有寬度的長度。

　　（3）線的兩端是點。

　　（4）直線是點沿著一定方向及其相反方向的無限平鋪。

　　（5）面是只有寬度和長度的東西。

　　……

　　初看這些定義，心理素質不好的同學恐怕會倒吸一口涼氣，「沒有部分的東西」是個什麼東西？「沒有寬度的長度」又是何方妖怪？「點」已然沒有了大小，居然能夠平鋪？這些充滿矛盾的對象既看不見，又摸不到，似乎只能存在於「心有多大，想像就有多大」的虛擬世界，我要說這就是哲學，相信你也不會有什麼意見。

　　但這確確實實是作為數學的基礎被廣泛承認並延續到今天的事實，數學從源頭上就沒能避開哲學的擁抱。除此以外，數學研究中所慣常使用的分類、歸納、反證等方法無不展現出哲學觀念的影響。你可以把希臘人的

「二分法」看成量變到質變的規律，也可以把「負數」的發明看成矛盾的對立統一過程。這些看法最終造成了一種神奇的局面，儘管哲學與數學根本不能等同，但對於數學家們的工作，哲學家特別有挑剔的資格。

事實上，哲學家也確實在數學的發展歷程中給數學家們帶來過嚴重的麻煩。當年牛頓和萊布尼茲的微積分剛剛興起的時候，哲學家柏克萊（George Berkeley）就對數學家們廣泛使用的「無窮小」概念大為不滿，他把這種時而會被代入計算，時而又被隨意拋棄的荒誕存在稱為「一個消失了量的鬼魂」。說句不好聽的，在柏克萊的眼中，牛頓和萊布尼茲的著作就跟神神道道的鬼故事差不多，與科學精神背道而馳。聽到這種說法之後，數學家們很生氣，但也沒什麼辦法，基礎概念搞得糊裡糊塗的，遭人詬病很正常。他們雖偶有反擊，卻又立刻被更加猛烈的炮火打了回來，一種廣為流傳的說法，這是「第二次數學危機」。

雖然這次危機並沒能阻礙數學前進的步伐，但一直被人戳著脊梁骨還是令不少數學家感到渾身不爽，他們始終沒有放棄為修補數學基礎而做出努力，直到柯西和魏爾施特拉斯完成分析學嚴密化的工作之後終於徹底翻身。追根溯源，這次被動挨打可謂早有先兆，誰讓芝諾提出對無限問題的反思時，數學家們一下子就被嚇得噤若寒蟬呢。

當然，數學也沒少到哲學的地盤裡搗亂。

還記得畢達哥拉斯的「萬物皆數」吧，他的看法已經完全脫離了數學範疇，成為一種獨特的哲學思想。在畢達哥拉斯的哲學觀裡，隱藏在宇宙間的本質是自然數的語言和邏輯，包括世間萬物及其運行規律在內的一切存在都能用自然數的公比所度量。誠然，這種觀點的調子定得太高以至於很快崩盤，但在回答「萬物的本源是什麼」這個標準的哲學問題上，畢達哥拉斯跳出了有形的束縛，第一次進入無形的抽象世界。哲學，如同它的

另一個名稱那樣，開始有了一點點形而上的味道。

「萬物皆數」的歷史地位固然很高，但要論起誰為近代西方的哲學探索帶來了最為深刻的影響，還得首推那句著名的「我思故我在」，出自法國哲學家兼數學家笛卡兒寫的一本小冊子《談談方法》(*Discours de la mé-thode*)。

這句很有點文藝風範的論調在我讀書的那個年代可是非常流行的，不少年輕人常用這句話來標榜「獨立思考」的價值，彷彿一個人不思考，他也就不存在了。更有閒情逸致者，將其改造成為各種撫慰人心的雞湯標語，什麼「我愛故我在」、「我知故我在」、「我飛故我在」，如此等等，不一而足。

不知道這些年輕人是否真正了解笛卡兒先生的原意，笛卡兒要是看到後輩們如此戲謔自己的哲學成果，恐怕是要氣得活過來的。他的這句「我思故我在」並不是什麼浪漫的自由宣言，而是一個標準的數學證明。

笛卡兒出生於法國安德爾-羅亞爾省的圖賴訥拉海，是一個貴族家庭的後代，從小體弱多病。因此他所在的教會學校破例允許笛卡兒不參加早課，也正是利用這個機會，笛卡兒每天早上在床上閱讀了大量關於數學和哲學方面的書籍。對於笛卡兒來說，學校裡教的那些科學文化知識在懷疑一切的哲學精神拷問下根本不堪一擊，只有數學才能夠給他稍許安慰。事實上，笛卡兒對歐幾里得《幾何原本》所展現出的那一套以公理為前提的演繹邏輯印象十分深刻，不自覺地就將它應用到了哲學問題的思考上。

笛卡兒要解決的問題是：有沒有一個真實的本體存在？

這真是一個非常玄虛的話題。常理上，我們對於週遭的一切都有著無比真實的感受，但細想下來，卻缺乏一個超越整個物質世界的有效證明。

如果你一定要說我們感知到的一切包括我們自己在內都是虛幻，那我也拿你沒辦法，誰能保證這種情況就一定不會發生呢？尤其像《駭客任務》（*The Matrix*）這樣的電影出現後，這種說法就更加嚇人了。

對於這個問題，笛卡兒繼續秉持「懷疑一切」的態度，並且執行得非常徹底，他甚至懷疑到了「懷疑」本身這件事情上。

笛卡兒想：如果世間一切皆是虛幻，那麼這個「懷疑一切」的「我」是不是一個真實的存在呢？如果我試圖懷疑這個「懷疑的我」的真實性，那這份「懷疑」本身就成為我的懷疑的一部分。然而我懷疑「懷疑的我是否存在」這件事情本身是真實的（否則我就不會懷疑「我」的真實性了），因此作為懷疑主體的「我」也必然是真實的。

證畢，收工。

這才是「我思故我在」的真正含義，西方近代哲學史上「理性主義」的開端。

毫無疑問，笛卡兒在前面的推理過程中採用了數學化的證明方法（反證法），只要「我思」這個前提為真，就一定能夠推出「我在」這個結果。推而廣之，笛卡兒萌生出使用數學方法建構整個哲學體系的想法，大功告成那一天，別說解答人心困惑，上帝都能讓你證明出來！

天才的笛卡兒確實在「我思故我在」的前提下，證明過上帝的存在性，如此奇文，當與大家共同欣賞。

首先，「懷疑的我」是存在的（上面證明過了），因此「我」這個主體不是完美[046]的，「我」並不知道一切問題的答案，如果「我」知道一切問題的答案，「我」就不會產生懷疑了。

---

[046]　在笛卡兒的文中，「完美」這個詞指的是「具有一種最高的實在性」。

　　但「我」的心中的確有一個「完美」的概念，否則「我」就不會意識到自己是不完美的。既然「我」不完美，而「我」又有一個「完美」的概念，那這個概念必定不能由「我」產生，而必須來自一個完美的事物。他是誰呢？只能是上帝。

　　因此，上帝存在。

　　請注意，這不是一個笑話，更不是一首打油詩，而是實實在在的證明，存在於笛卡兒的哲學著作裡，它試圖以無可辯駁的數學推導探尋哲學世界裡的終極目標。

　　在笛卡兒之後，荷蘭哲學家史賓諾沙（Spinoza）走得更遠，他承繼了笛卡兒的理想，完全按照歐幾里得《幾何原本》的方式，在一組公理的基礎上，透過推理、證明和解釋將哲學領域內的各種命題演繹出來。因為這本名為《幾何倫理學》（*Ethica Ordine Geometrico Demonstrata*）的傳世名著，史賓諾沙與笛卡兒並列，被公認為近代西方哲學三大理性主義者之一。

　　你猜猜另一個理性主義者是誰？是一位我們還沒來得及認識，卻早已經見過面的老朋友，微積分的獨立發明人萊布尼茲，又是一個數學家。

　　數學家和哲學還真是有緣啊！

　　當然，跟「萬物皆數」一樣，數學並沒有成為拯救哲學的終極武器，哲學的理性主義也免不了遭到其他哲學流派的批判和駁斥。數學家與哲學家就像是兩個擁有絕世武功的高手，你刺我一劍，我捅你一刀，也算是相當公平。

　　現在，又到了哲學家們出招的時刻，這一次直搗黃龍的，是英國著名哲學家羅素（Russell）。

7.2 躺槍的理髮師

其實羅素不是故意來找碴的。相反，他對集合論相當推崇，認為集合論是這個時代所能誇耀的最龐大的工作。這可是一個極高的評價，說明羅素對康托爾的成就非常認可。但這個級別的哲學家，明顯有著「吾更愛真理」的覺悟，一旦讓他在自己讚賞的理論中發現了漏洞，他只會感覺到無比的痛苦，而不會輕易地就此放過。

這是一個在數學歷史上占據著無比重要地位的悖論，它以極其清晰的表述和無可辯駁的邏輯讓一切準備在集合論上大展宏圖的數學家的心情瞬間降到了冰點，「第三次數學危機」爆發。

要講解羅素的這個悖論不用費事準備太多的工具，讓我們直接回到康托爾對集合的定義上來。

所謂集合，是一個被確定描述的對象全體。它所遵循的原則只有兩個：一個是確定性；另一個是不可重複性，只要滿足了這兩個原則就能被稱為一個集合。如此廣泛的定義方式使得集合論的威力特別強大，任何可以被高度概括的對象全體都能夠用集合的語言加以描述。

特別地，集合的集合，也是集合。

給大家舉個通俗點的例子，某個小鎮上生活著一個非常有個性的理髮師，他立了一個奇怪的規矩：專門替那些不幫自己刮鬍子的人刮鬍子。換句話說，如果你不幫自己刮鬍子的話，他幫你刮，如果你幫自己刮鬍子的話，他就不做你的生意了。初看上去，這並沒什麼特別的，更像是一個吸引大眾眼球的炒作行為。但細想下來，你才能慢慢體會到其中的詭異，比如，你也許會想到一個問題：

這位理髮師應該幫自己刮鬍子嗎？

真是要恭喜你了，隨口一問，就問出了一個超級難題，即使是地球上最厲害的邏輯學家也要立刻投降。按照理髮師自己的規矩，如果他不幫自己刮鬍子的話，他就應該幫自己刮鬍子，因為他專門替那些不幫自己刮鬍子的人刮鬍子；而如果他幫自己刮鬍子的話，他又不應該幫自己刮鬍子，因為他只替那些不幫自己刮鬍子的人刮鬍子。

真是搞笑啊，一個簡單的表述，立刻就讓理髮師陷入了兩難的境地。刮也不是，不刮也不是，以他的智商，猜想從此就跟刮鬍刀說拜拜了。

（理髮師：我招誰惹誰了我……）

這就是邏輯學界著名的「理髮師悖論」，羅素悖論的通俗版。如果你認為「理髮師悖論」的存在僅僅是因為日常語言的不可靠和模糊性，並不足以對數學造成致命的打擊，那我還是把它還原成真正的羅素悖論讓你再次感受一下吧。

設 A 是一個集合，它由所有那些不是自身元素的集合組成，數學表達為

$$A = \{\text{集合 } X | X \notin X\}$$

按照集合的定義，A 是一個確定無疑的集合，因為 $X \notin X$ 是 A 中元素的一個不會導致重複的確定性描述，若集合 X 不包含其自身作為一個元素，則 $X \in A$，否則 $X \notin A$。

現在麻煩來了，請問：$A \in A$ 嗎？如果 A 屬於 A，那麼按照 A 的構造方式，A 不應該屬於 A；如果 A 不屬於 A，那麼 A 滿足了 A 中元素的確定性描述，它又應該屬於 A。

準確地講，羅素悖論的為難之處在於，無論朝哪個方向走，都會與邏

輯學裡的基本規律「排中律」相矛盾。

羅素悖論發現於 1901 年，其實在此之前，集合論中就已經出現過許多難以解釋的悖論了。比如它的創始人康托爾就曾經意識到：如果把所有的集合聚集在一起，彷彿會得到一個最大的集合 M，但這個集合 M 的冪集又被證明了應該是一個更大的集合，它包含 M 並且勢嚴格地更大，這就與 M 的最大性相矛盾。康托爾努力了半輩子也沒能解決這個問題，最後還落得個鬱鬱而終的下場。

與之前的悖論相比，羅素悖論的表述更加簡潔，它只關乎集合本身的定義，而與證明集合論命題時所採用的各種方法和技巧無關。因此，它的提出如同釜底抽薪，具有極強的破壞力。如果連集合的定義都有問題，那麼數學家們在此基礎上建造出來的一切成果，就都要垮塌了。1902 年，德國邏輯學家弗雷格 (Frege) 在自己的新書《算術基礎（第二卷）》(*The Foundation of Arithmetic*) 即將出版的時候收到了羅素的來信，他發現自己忙碌了許久的工作被羅素的一個小小悖論攪得天翻地覆，不得不尷尬地在他的新書末尾緊急加上一段附言：

「一個科學家最倒楣的遭遇莫過於在他的工作即將完成時卻發現工作的基礎崩潰了，在我的著作即將付印之時，羅素先生的來信正好將我置於這個境地。」

羅素悖論的出現，迅速在數學和邏輯學界掀起了一場強大的風暴。如果時光倒流三十年，康托爾和支持集合論的其他數學家恐怕要被團滅了，但到了 20 世紀初，支持集合論作為數學基礎的一派已經占據了上風，全盤拋棄集合論所帶來的打擊實在太大，並且羅素悖論造成的漏洞看上去也並不是完全無法修補。於是，那些致力於完善數學基礎的學者們又開始了一輪新的探索。

兵法有云：知己知彼，百戰不殆。首先要解決的問題是：羅素悖論究竟是如何產生的？你不了解它是如何產生的，自然也就無法避免它「興風作浪」。

要解答這個問題，必須回到悖論最初的那個表述上，讓我們再來看看那個自相矛盾的集合

$$A = \{\text{集合} \, X | X \notin X\}$$

這個集合的存在導致 $A \in A$ 當且僅當 $A \notin A$。

這裡面最可疑的地方就是 $A \in A$ 這個表述了（廢話，別的也不剩什麼了……）。問題是這個表述可靠嗎？我們真的能夠談論一個集合是否是其自身的一個元素嗎？

理論上當然可以，根據「排中律」，當一個集合確定之後，任何對象都處於「在」或者「不在」這個集合內部的狀態，不存在似是而非的中間態。所以你自然可以問：集合 X 是不是屬於 X？它的答案有且只有唯一確定的一個。

但如果你仔細再想一想，就會發現一個微妙的前提出了問題。假如一個集合 X 包含了其自身作為一個元素，那麼當我們試圖定義這個集合 X 時

$$X := \{\cdots\cdots, X, \cdots\cdots\}$$

X 就已經先於定義而存在了，我們定義一個對象的方式居然依賴這個對象本身，這不就是一種循環定義嘛！

在數學體系裡，循環定義可是大忌，猶記當年康托爾正是為了避開循環定義的陷阱才使用有理數的柯西列而不是直接使用極限來定義無理數，現在，我們必須做出同樣明智的選擇。於是乎，你可以驕傲地宣稱，問題

的癥結已經找到，讓一個集合包含那些需要依賴自身才能定義的對象本身就是非法的，$A \in A$ 的表述無意義。

這個觀點是法國的一個中學老師理查（Richard）在研究了涉及集合論的許多悖論之後提出的，確切的說法是不能使用邏輯學上所講的「非直謂定義」，即不能用一個整體去定義包含於這個整體的某個部分。數學家龐加萊對此表示贊同，他認為（幾乎）所有的悖論都與「非直謂定義」有關，只要排除了這種定義，悖論就自然得解。

客觀地講，理查的思路有一定道理，因為「非直謂定義」可能會導致循環定義，而在說理和論證時採用循環定義是免不了要被人扣上一頂「詭辯」的帽子的。

比如，某天你閒來無事向同學請教一個問題：「我們應該如何分辨一隻母雞？」

他回答：「不是公雞的雞就是母雞啊。」

你接著問：「那又該如何分辨一隻公雞呢？」

他回答：「不是母雞的雞就是公雞囉。」

……

這時候，還沒動手的，涵養就算不錯的了。

這並非一個與羅素悖論完全貼合的難題，卻也是一個由「非直謂定義」所引起的惡性循環。這位同學在定義「母雞」這個概念的時候使用了「雞」這個包含「母雞」的整體，替循環定義留下了可乘之機。如果你把雞的集合記為 B，母雞的集合記為 A，並且不介意把「被閹過的公雞」也當成公雞的話，上面的對話可以寫成下面的數學表達

$$A = B \backslash A^c$$

形式正確，卻沒有給你任何有效的資訊。

所以，我們把「非直謂」定義一刀切了如何？

恐怕也不行，現實世界遠比你想像的更加複雜，「非直謂定義」並不一定會導致惡性循環，有時候，它還是我們描述某些概念的唯一方法。

比如數學裡使用的最小自然數、最小上界、極大線性無關組等概念，雖然都採用了非直謂的方式定義，但是表述準確，含義清楚，都是人畜無害的常用概念，如果全部砍掉，數學也會有大麻煩。再比如上面那位同學如果在回答第二個問題時給出了一個「公雞」的合理定義，那麼「不是公雞的雞就是母雞」這句話也就沒什麼疑問了。畢竟，什麼是「雞」？我們還是清楚的。

羅素悖論由「非直謂定義」所引起，而「非直謂」的定義又不能一刀切，數學家們感到十分為難，再這樣下去，都不知道該怎麼去定義集合了！

既然不知道怎麼定義，那就乾脆別定義了吧。

事實證明，這是一個好主意。

7.3　集合保衛戰

羅素悖論和其他集合論悖論的出現，說明集合的概括原則出現問題，它太大了，以至於像所有集合全體這樣的對象也能被稱為一個集合，實在是一個強大的威脅。事實上，從形式邏輯的角度來看，即使我們不能說一個集合 X 屬於自身（命題 $X \in X$ 非真），但集合

$$A = \{\text{集合 } X | X \notin X\}$$

卻依然有意義，因為 $X \notin X$ 恆為真，此時的 A 就是所有集合所組成的集合。此前我們一直把關注點放在 $A \in A$ 這個表述的合法性上，現在看來 A 的存在本身就很有問題，若是能夠採用公理化的辦法澄清集合應有的含義以便把 A 開除出集合的隊伍，羅素悖論不就自然被規避掉了嗎？

我不確定來自德國的策梅洛（Zermelo）是不是第一個擁有這種想法的人，但他確是第一個成功完成這個步驟的數學家。

策梅洛的想法很明確，他不去具體地定義什麼是集合，而是羅列出盡可能少的集合應該具有的性質，把它們當作不證自明的公理。在此基礎上，安全地推匯出盡可能多的數學命題，特別是包含那些已知的、有價值的數學原理，還要把引發悖論的因素剔除掉。總之，他要用公理化的辦法，重建整個數學的基礎。

策梅洛一開始提出的公理組包含了七條公理，如果你對公理這種東西心存陰影的話，大可先行跳過。

公理 1：外延公理。一個集合完全由它的元素所決定。如果兩個集合含有相同的元素，則它們是相等的。

公理 2：初等集合公理。存在一個集合「空集」，完全不包含任何元素，用 $\emptyset$ 表示。如果 a 是任何一個東西，那麼存在一個集合 $\{a\}$，它的元素包含 a 且只包含 a。如果 a 和 b 是兩個東西，那麼存在一個集合 $\{a, b\}$，它的元素包含 a，b 且只包含 a，b。

公理 3：分離公理。若一個命題函數 $E(x)$ 對一個集合 M 中所有元素都有意義，則存在一個集合 T，包含且只包含 M 中使 $E(x)$ 為真的那些元素。

公理 4：冪集公理。給定一個集合 T，存在一個集合 $P(T)$（稱為 T

的冪集），包含且只包含 T 的所有子集。

公理 5：聯集公理。給定一個集合 T，存在一個集合 $\cup\, T$（稱為 T 的聯集），包含且只包含 T 中元素的元素。

公理 6：無窮公理。存在一個包含 $\varnothing$ 的集合 W，若 $a \in W$，則 $\{a\} \in W$。

公理 7：選擇公理。如果 T 是一個集合，它的所有元素是兩兩不交的非空集合，那麼至少存在聯集 $\cup\, T$ 的一個子集 S，S 和 T 的每一個元素有且僅有一個公共元素。

這七條公理涵蓋了人們期望集合所具有的基本性質。第一條外延公理保證了集合的確定性；第六條無窮公理確保了數學家們可以構造無窮集合，特別地，可以建立自然數集的標準模型。在這個標準模型裡，自然數 0，1，2，……所對應的集合是 $\varnothing$，$\{\varnothing\}$，$\{\{\varnothing\}\}$，……；第二至第五條公理則作為生長機制限制了新集合形成的可能。其中，第三條分離公理明確了在用描述法構造一個新的集合 T 時，

$$T = \{x \in M \,|\, E\,(x)\ 為真\,\}$$

一定是從一個已經存在的集合 M 中分離出來的，然而冪集公理和聯集公理都無法產生所有集合的集合，因此羅素悖論中引發矛盾的

$$A = \{\,集合\ X \,|\, X \in X\,\}$$

不能作為集合而存在，羅素悖論被消除了。

策梅洛的公理化集合論是一次非常精彩的嘗試，它透過對「集合」這個概念加以限制迴避了「所有對象」這種引發悖論的說法。但它誕生之初的版本卻並沒有贏得同行們的贊同，反而招致了很多批評，首當其衝的就是「分離公理」比起傳統的集合定義來說弱得太多了，很多在數學上有用

的集合都不能由它產生。另外，策梅洛的公理組也存在很多指向上的不明確，特別是「分離公理」中的命題函數，其確定性存疑。再者，策梅洛的公理組沒有涉及邏輯的基礎，邏輯的正確使用，被預設了。1922 年，挪威數學家斯科倫（Skolem）在赫爾辛基舉行的斯堪地那維亞數學家大會上發表了著名的「斯八條」，對策梅洛的公理系統提出了八點公開批評。

「斯八條」的具體內容我就不引用了，總之很有建設意義。斯科倫與以色列數學家弗蘭克爾（Franekel）分別獨立地改進了策梅洛的公理系統，明確了「分離公理」中命題函數的確定性並增加了一條「替換公理」使得改進後的公理系統能夠造出序數的一般理論和超窮歸納法。此外，弗蘭克爾還把公理用符號邏輯表示出來，原有公理指向上的不明確也被消除了。

在這之後，策梅洛又採用了馮紐曼（von Neumann）的意見，加入了一條「正則公理」：對任意非空集合 X，X 中至少存在一個元素 y 使得 $X \cap y$ 等於空集。於是，$X \in X$ 的情況永遠不會發生。因為對任意一個集合 X，考慮 $\{X\}$，由「初等集合公理」知這是一個集合，它只包含 X 這一個元素。但由「正則公理」，$\{X\}$ 中至少存在一個元素與其自身相交為空集，那只能是 $X \cap \{X\} = \emptyset$。然而 $X \in \{X\}$，因此必有 $X \notin X$，否則 $X \cap \{X\}$ 非空。這樣，「正則公理」就把那些包含自身作為一個元素的集合徹底扼殺在了搖籃裡。

以上逐步完善的包含九條公理在內的公理系統已經被承認能夠基本滿足數學發展的需求，如今被稱為 ZFC 公理系統，是公理化集合論的核心。與之相對的，康托爾的集合論被稱為樸素集合論。在 ZFC 中，字母 Z 代表策梅洛，F 代表弗蘭克爾，C 代表……

對不起，C 不代表任何人，而是代表「選擇公理」（Axiom of

Choice），它的地位與其他八條公理不盡相同。去掉了「選擇公理」的公理系統被稱為 ZF 公理系統，它雖然使數學失去了不少強而有力的證明方法，卻也迴避了很多由「選擇公理」所帶來的困惑。所以，是否保留「選擇公理」是一個非常有趣的話題，我們暫時還需要保守其中的祕密，待到時機成熟的時候，再讓它重出江湖。

公理化集合論還有一個重要的代表，就是由馮紐曼開創並由博內斯（Bernays）和哥德爾（Gödel）完善的 NBG 公理系統。雖然 NBG 所包含的公理組與 ZF 在表面上完全不同，但你只需要了解以下關鍵的兩點：

（1）NBG 是 ZF 的擴充，ZF 中任何一個合適的公式在 ZF 中可證明當且僅當它在 NBG 中可證明。

（2）NBG 規避悖論的方式與 ZF 不同，ZF 是限制集合的生成方式，NBG 則是在集合概念中再分化出被稱為「固有類」（proper class）的一層，那些過大的對象被歸到固有類，而不是看成集合。

在 NBG 中，固有類被認為包含了那些不能作為別的物件成員的物件，而集合則可以作為另一個物件的成員。這種看法相當於對 NBG 公理衍生出來的物件做了一個清楚的分割，比如，一族集合的聯集 $\cup_{i \in I} X_i$ 仍然是一個集合，但所有集合全體這樣的東西就屬於固有類，而非集合。如此一來，羅素悖論的前提消失了，悖論也就自然消除。

籠統地講，NBG 在不對集合的生成方式作過分限制的情況下替數學工作者們劃定了一個邊界，只要不在固有類的範圍內玩耍，你就是安全的。

這套方案基本遵循了當初康托爾自己提出的對集合概念進行分割的想法，它比 ZF 公理系統包容度更高，也同樣能夠避免集合概念的濫用。

但今天，即使你不是一個在數學基礎領域內工作的數學家，不會經常與全體集合這樣的東西打交道，稍有不慎，還是會踏入固有類這個雷池。因為基本上，所有的代數對象全體都是固有類，比如全體抽象群、全體線性空間、全體向量叢等。而很多時候，人們必須藉助這樣的整體概念去演繹數學，迴避使用這些概念同樣會付出很大的代價。

幸運的是，數學家們想到了一種名為「universe」（我實在不好意思把它翻譯成「宇宙」）的物件去迴避對固有類的使用。

不幸的是，「universe」這種物件的存在性並不能由 ZFC 或 NBG 公理系統推出，接受它的存在似乎也很令人惴惴不安。

難怪有人感嘆：當數學家們證明出一個又一個新的數學定理時，我們已經不知道應該使用「發現」還是「發明」這個詞彙了。

當然，這些都是後話，到目前為止，數學家們還是基本滿意的。他們在絕大部分數學成果得以保留的情況下成功避免了諸多悖論的產生，雖然有些狼狽，但生死存亡之際，誰還管姿勢醜不醜啊！

活下來，才是最重要的。

而之所以說基本滿意，自然是因為有人不滿意，悖論儘管已經被消除掉了，但數學的基礎乃至整個數學體系依然不夠清晰，缺乏一種令人完全信服的闡述方式。對於不滿意的人來說，消除悖論並不是一個終點，而是一輪更加宏大工作的出發之處。

感謝這些人的努力，讓我們見識到了一個異彩紛呈的時代，作為具有「打破砂鍋問到底」精神的科學工作者，數學的本質是什麼？如何重建穩固的數學體系？都是不容迴避的核心問題。

7.4 三大門派

　　公理化集合論出現以後，本來算是冷門專業的數學基礎頓時熱鬧了起來。這種情況很正常，因為科學研究也會有從眾心理，領袖們一揮手，大家挽起袖子就上了。就好像近幾年風生水起的「網際網路＋」概念，依靠一批產業大人物的榜樣力量，點燃了無數民眾的創業熱情。

　　而在 20 世紀初的數學領域，數學基礎的研究，就是這樣一個風口，當中的核心議題是：如何為數學搭建一個完美的框架。

　　公理化算是一條路，然而公理化並非坦途。雖然已有的悖論都被規避掉了，但若要問：還會有新的悖論產生嗎？

　　答案是：我不知道。

　　各位先別忙著罵我，我確實不知道，我唯一知道的就是我永遠也不可能知道（怎麼這麼亂……）。

　　這當然不是我在胡謅，你們很快會看到這個被稱為公理系統相容性的問題竟然沒有一個一勞永逸的解答（真是不可思議）。龐加萊曾對這種狀況做過一個非常精彩的敘述：「為了防備惡狼，他們用籬笆把羊群給圈起來了，但卻不知這圈內還有沒有狼呢。」

　　請大家注意，讀這句話的時候，應該使用一種非常不屑的語調，因為龐加萊對引發眾多悖論的超窮集合論可是不怎麼感興趣的。

　　公理系統相容性是個極大的隱患，但還不是最重要的麻煩，更重要的是，公理化集合論在推行的時候，暗含了它所使用的那一套邏輯語言的正確性。但在當時，邏輯本身，跟數學的基礎一樣，也不是眾望所歸的，邏輯與數學的關係，數學本質的刻劃，都是急待澄清的事情。

圍繞這些問題，數學與邏輯學界的有識之士們展開了一場長時間的混戰。按照哲學觀點和使用工具的不同，這些人大致可以分為三個派別。接下來，我們將一一介紹他們的成就。

邏輯派，邏輯至上主義者，主張不使用任何數學特有的公理，而是在邏輯的基礎上將全部數學推匯出來。為了消化羅素悖論，此門派人士推出了一層又一層的邏輯概念，但為了處理實數理論，又生生將這些概念一一模糊，真真打得一手好太極，若以江湖眼光來看，當為「武當派」之不二人選。

代表人物：羅素、懷海德（Whitehead）。

直覺派，數學浪漫主義者，既不承認數學是邏輯，也不認可非構造性的數學概念。此門派人士採用看不見即不合理、不合理即不存在的哲學主張，對待悖論的態度往往是：我武功高強，但我就是不跟你動手，行事作風，頗似金庸先生筆下《倚天屠龍記》之「峨眉」。

代表人物：布勞威爾（Brouwer）。

形式派，符號本質主義者，承認公理化的作用，但主張數學是符號化的形式系統，藉助邏輯表達和推理展開。經典數學的具體對象無關緊要，形式推導之結果對任何符合公理內涵的對象都能成立。此門派武功招式剛猛，內力純厚，尤擅長推土式作業，堪比武林中的霸主「少林」。

代表人物：希爾伯特。

好了，與會人員介紹完畢，請直覺派和形式派的朋友稍事休息，我們先請邏輯派的代表闡述他們的觀點。

伯特蘭·羅素，西元 1872 年出生，分析哲學創始人之一，20 世紀英國最為著名的哲學家、數理邏輯學家和歷史學家。

羅素的童年比較不幸，雖然他出生於英國的貴族家庭，但四歲的時候就已經父母雙亡，成為一名孤兒。之後羅素由祖母撫養，主要在家中接受傳統的家庭式教育。這種教育方式有好處也有壞處，壞處在於脫離了校園的團體生活，玩伴較少，比較容易養成孤僻的性格；好處，自然是利於因材施教，因為只要請得起足夠好的家庭教師，不論是教學內容還是教學風格，都可以做到豐富多彩。更何況羅素的祖父做過兩任英國首相，家中藏書種類眾多，不坐在家裡好好研讀一番實在有點辜負了這樣的好環境。

事實上，祖父書房中大量的歷史和文學著作，為羅素的學術成長帶來了深刻的影響。比如，羅素十一歲的時候就已經在哥哥的指導下開始閱讀歐幾里得的《幾何原本》，後來發生的事情證明，這是羅素童年所做出的最正確的決定。然而這種事情放在當下的中國幾乎不可想像，稍有資質的十一歲小朋友都聚集在奧數班裡呢，根本沒工夫去閱讀經典。其實在早期教育中有策略地幫助孩子們涉獵一些經典並不會導致拔苗助長的反效果，羅素自己就把這段閱讀《幾何原本》的經歷形容為他生命中的一件大事，猶如初戀一般迷人。

對了，說到談戀愛這檔事，我們這位羅素先生絕對是一把好手，「私奔」、「劈腿」、「婚外情」、「師生戀」、「挖牆腳」（不只一回）通通都可以當成羅素先生感情生活的標籤（請注意，這些標籤均針對不同的對象）。不過那些搬起小凳子準備聽八卦的同學可能要失望了，我們不準備在這些「破爛」情史上花費更多的時間，畢竟羅素還要忙著解決他自己提出的悖論呢，自己釀的苦果，再苦也要吃。如果你對羅素先生的性解放態度實在感興趣，不妨去看看他寫的通俗小品《婚姻與道德》(*Marriage and Morals*)，裡面全是他的深刻見解。對於此書，我並非胡亂推薦，羅素因為它獲得了 1950 年的諾貝爾文學獎，如此才情與文筆，多談幾個女朋友也沒

什麼好奇怪的。

與笛卡兒一樣，羅素對《幾何原本》中的公理化方法印象深刻（因此他比較看得起史賓諾沙的工作），他也準備採用同樣的方法來實現自己的宏偉目標。但與史賓諾沙不同，羅素要公理化的對象並非一般的哲學概念，而是邏輯，他有一個大膽得多的想法：數學可以完全建立在邏輯之上。

數學中包含邏輯，基本是大家的共識，我們通常說一個人數學題答得狗屁不通，說的就是這個人的解題過程缺乏邏輯，具體表現為「沒有原因就有了結果」，或者「雖有原因卻不足以導致想要的結果」等。數學證明中最基本的「三段式」論證就是邏輯力量無可辯駁的展現，舉個例子，如果你要證明 1.47 是一個有理數，通常你會採取下面三個步驟：

第一步：擺出有理數的定義，能寫成兩個整數之商的數稱為有理數。

第二步：將 1.47 寫成 $\frac{147}{100}$，這是兩個整數的商。

第三步：下結論，1.47 是一個有理數。

這段論證看上去很數學，但其實可以抽象成與數學完全無關的邏輯演繹：

大前提：具有性質 P 的東西是 A。

小前提：B 具有性質 P。

結論：B 是 A。

如此一改，清晰明瞭，簡單易行，絕對讓你有一種透過現象看本質的感覺，這說明把數學建立在邏輯之上的想法並非天方夜譚。

對於邏輯派的弟子們來說，第一件事情自然是要把「邏輯是什麼」講

清楚。羅素認為，就像 ZFC 公理系統處理集合概念的方式那樣，展開成邏輯的基本要素中也包含那些無須也沒有辦法定義的概念，包括「命題」（基本命題、命題函數），「判斷」（判斷一個命題為真或非真）和「關係」（兩個命題的析取）。基本命題是指那些事實或關係的陳述，比如唐小謙是筆名、足球是圓的；命題函數則是指像「x 是一個數學家」這樣含有變數的陳述，當變數被不同的值取代時會得到不同的命題；一個命題 P 非真，羅素用符號（$\sim P$）來表示；兩個命題的析取，羅素用符號 $P \vee Q$（讀作 P 或 Q）來表示，意思是命題 P 與 Q 中至少有一個為真。

除此以外，兩個命題之間有一種重要的關係叫做「蘊含」（$P \supset Q$），它被定義為（$\sim P$）$\vee Q$，意思是命題 P 為真保證了命題 Q 也為真，而 P 非真時 Q 真不真卻不知道。這與我們通常理解的「推出」概念是一致的，它同時包含了三種可能的狀態：P 為真 Q 也為真，P 非真 Q 為真，P 非真 Q 也非真。

在這些概念的基礎上，羅素與他的老師懷海德在他們那本於 20 世紀初成書的鴻篇巨制《數學原理》（*Principia Mathematica*）中引入了如下公理作為邏輯學的基礎：

公理（1）一個真的基本命題所蘊含的命題為真。

公理（2）重言式原理，$(P \vee P) \supset P$。

公理（3）新增原理，$Q \supset (P \vee Q)$。

公理（4）交換原理，$(P \vee Q) \supset (Q \vee P)$。

公理（5）結合原理，$[P \vee (Q \vee R)] \supset [Q \vee (P \vee R)]$。

公理（6）附加原理，$[Q \supset R] \supset [(P \vee Q) \supset (P \vee R)]$。

猜想有不少同學已經被這些新式符號弄得頭昏腦脹，但你們千萬不要

感到恐懼，只要稍加分析就能發現以上公理都是人們腦海中顯而易見的事實。真正需要感到震驚的是羅素與懷海德相信只憑這些公理就能演繹出邏輯世界的全部規則。

這是一項在外人看來極其無聊卻又艱難無比的工作，但確實是可行的。比如「三段論」，翻譯成羅素與懷海德的語言應該寫成

$$[Q \supset R] \supset [(P \supset Q) \supset (P \supset R)]$$

意為若 Q 蘊含 R（大前提），則 P 蘊含 Q（小前提）可以推出 P 蘊含 R（結論）。讓我們來看一看這個「三段論」是如何從邏輯公理推出的。

由公理（6）（附加原理），對任意的命題 P，

$$[Q \supset R] \supset [(P \vee Q) \supset (P \vee R)]$$

將 P 替換成 $\sim P$，並注意到 $(\sim P) \vee Q = (P \supset Q)$，我們立刻得到

$$[Q \supset R] \supset [(P \supset Q) \supset (P \supset R)]$$

怎麼樣，是不是很簡單？

再比如人們常用的「排中律」$P \vee \sim P$，命題真與非真的狀態必居其一。你大概會想：我去，這種東西也需要證明？事實的確如此，任何一個與已知公理不同的形式表達都需要經過嚴格的推理才能夠得到確認。

首先根據公理（4）（交換原理），$(\sim P \vee P) \supset (P \vee \sim P)$，從而

$$(P \supset P) \supset (P \vee \sim P)。$$

再依據公理（2）（3），我們有 $(P \vee P) \supset P$、$P \supset (P \vee P)$。由剛才證得的「三段論」，$P \supset P$ 為真，因此 $P \vee \sim P$ 為真。

羅素與懷海德就這樣一步一步完全形式化地搭建他們的邏輯大廈，並

以此作為整個數學的骨架。在將數學嫁接到邏輯的道路上，羅素與懷海德首先碰到的難題就是如何將算術系統邏輯化？這個問題至關重要，因為有了自然數和算術系統，我們就能建構出實數系和複數系，進而建立起函數和全部的分析，幾何同樣也可以透過數的概念來引入（解析幾何）。

幸運的是，算術系統公理化的工作早已經有人做了，羅素在 1900 年接觸到義大利數學家皮亞諾（Peano）的算術公理系統時簡直是相見恨晚，他立刻意識到只要能分離出自然數（或稱基數）的邏輯屬性，算術系統的邏輯化就完成了最重要的突破。在羅素與懷海德的《數學原理》中，這一步是藉助集合論完成的。粗略地講，他們把滿足一個命題函數的東西的集合稱為一個類，並利用一一映射在類中引入一個等價關係，等價的類具有相同的元素個數，這樣他們便可以將基數 n 等同於所有 n 元類所在的等價類，注意到一一映射並不依賴「1」這個基數本身，所以這並非一個循環定義。在羅素和懷海德看來，有了這些工作，要最終完成數學邏輯化的宏偉目標，就只剩下集合論這塊硬骨頭了。

到這裡，我必須公平地指出，對於以上將邏輯公理化並試圖將算術系統邏輯化的工作，分析哲學的另一個創始人，著名邏輯學家弗雷格先生抱有同樣並且獨立的想法，以時間順序來講，他甚至更有理由被稱為這項事業的開創者。但我們對邏輯派工作的介紹主要以《數學原理》為藍本，弗雷格沒有把工作做完，而是倒在了羅素悖論面前，我們也只能不得已委屈他了。

羅素和懷海德作為代表人物接過了邏輯派的大旗，他們開始向羅素悖論動刀。

羅素的想法簡單明瞭，之所以會出現理髮師這種怪胎（理髮師再次抗

議，是你自己造的孽好不好！），完全是因為語言的自指性，只要剔除掉這種自指性，悖論也就不再存在了。對應到集合論上，「凡是牽涉到一個彙集的整體，它本身不能成為這個彙集的一分子」。

因此，籠統地談論「集合的集合」是不合適的，集合的概念必須分層。

羅素規定，包含單個對象的集合被認為是 0 階的（type0），比如「一部手機」、「兩個蘋果」和「三包泡麵」，這是我們最常使用的集合；以 0 階集合為元素的集合被認為是 1 階的（type1），比如「兩個班級」、「三支部隊」和「四批藥品」等。以此類推，可以定義更高階的集合，一般地，以小於或等於 n 階集合為元素的集合被認為是 $n + 1$ 階集合。

很明顯，羅素將集合概念分層就是為了在談論邏輯命題時限制集合概念只能向下相容，不能平級，更不能越級。所以像 $X \in X$ 這樣的命題在一開始就從定義上扼殺掉了，這也同時導致 $\{集合 X | X \notin X\}$ 不能作為一個集合而存在，因為它不屬於任何一階。總之，羅素悖論被消除了。

羅素這種「千層餅」的做法被稱為型別論。理論上，同樣形式的命題函數因為變元所處階次的不同而具有不同的含義，這種做法雖然避免了悖論，但卻為數學的展開帶來了很大的困難。比如在構造實數時，康托爾用有理數柯西列定義的無理數階次比有理數高，而有理數的階次又比自然數高，這就導致我們無法統一地處理實數，因為它們分處不同的階次。更要命的是，自然數中的「1」，有理數中的「1」和實數中的「1」分屬於不同的階次，羅素人為地把問題複雜化了。

為了抵抗這種複雜性，羅素和懷海德又引入了一條「約化公理」：任何一個階次的命題函數都存在一個等價的階次為 0 的命題函數。有了這條公

理，在任何需要的時候，階次之間的界線都可以被人為地模糊處理，要說羅素和懷海德是打得一手好太極的「武當雙俠」，真是實至名歸。

但這個名頭，數學家是不買單的。羅素等人的計畫其核心是要將集合論納入到邏輯的體系，然而這一想法可能從一開始就是一個美麗的錯誤。邏輯應該是超脫於任何具象而存在的形式規律，如果數學完全由邏輯延展而來，那數學也就失去了可由經驗判斷的內容，只剩下了形式。但事實上，這是不可能的，就好像為了完全將皮亞諾的算術公理系統轉換成邏輯，羅素不得不追加一條「無窮公理」，這對展開整個數學至關重要，但現代數學家們卻普遍認為「無窮公理」屬於集合論而非邏輯。

羅素的夢想破滅了，儘管他擁有強大的智慧並為此付出了艱苦的努力，但數學並沒有他想像的那麼「純粹」。在《數學原理》第一卷中，直到第 363 頁羅素和懷海德才用邏輯公理推出了「1」的定義（參見前面的思路），龐加萊對此曾經狠狠地挖苦道：「這真是一個令人可欽可佩的定義啊，獻給那些從來不知道『1』的人。」

三言兩語，極盡嘲諷之能事，真不愧為數學界排名第一的「毒舌」。

對於邏輯派的作為，龐加萊看不慣是正常的，他要是看得慣反倒不正常了，因為這位龐加萊先生，是個如假包換的直覺派。

7.5 直覺派的大老

在龐加萊的眼中，拚命讓數學往邏輯上靠本就已經令人難以容忍了，現在居然還要把算術系統公理化，那簡直就是一種逆天而行的做法。他的理由很直白，算術是人類先於公理系統而存在的直覺經驗，像「1 ＋ 1 ＝

2」這樣即使腦子進水了也能理解的事，犯不著也不可能由公理基礎來判明和保證。加上龐加萊一直對不可數無窮和選擇公理這樣不能透過有限個步驟進行定義的物件抱有深深的敵意，他對數學公理化所採取的一種蔑視態度就完全不會令人意外了。

之前我們就曾見識過龐加萊是如何嘲諷公理化方法無法保證悖論不會再次產生的。事實上，那種罵法已經算是相當客氣，面對集合論，他還有過更加野蠻的「暴行」。20 世紀初，龐加萊應邀到哥廷根大學訪問，本來報告做得好好的，也不知情從何起，龐加萊又開始攻擊集合論，不僅把康托爾數落得一無是處，最後還大聲喊道：「策梅洛那個幾乎獨創的證明（他剛剛證明了每一個集合都可以良序化）也應該被徹底地毀掉，扔到窗外去！」當時全場都被龐加萊的言論嚇到了，因為策梅洛不僅是哥廷根大學的教授，而且就坐在龐加萊的面前。時年三十多歲的策梅洛性情本就暴躁，當天更是氣炸了肺，以至於柯朗（Courant，著名美籍德國數學家）認為他在吃飯的時候一定會把龐加萊給捅了，否則難以發洩心頭之恨。

龐加萊對公理化方法的不滿主要集中在兩個方面：一是算術公理剝奪了數學基於經驗的直覺感覺，數學失去了長久以來的面貌。二是公理化集合論包含了大量非構造性的定義和證明，許多物件在沒有被明確指出的情況下就被承認其合法的地位。前者可以理解為雙方哲學觀念的不同，後者則是直覺派在方法論上對公理化集合論展開的非難。可以想像，在這樣的觀點指導下，康托爾關於超越數存在性的證明是無論如何不被接受的。

這兩個論點事實上也是大部分直覺主義者對現代數學產生的進步所持有的反對意見。但它們並不是由龐加萊先生原創的，跟康托爾反目成仇的德國數學界領袖克羅內克也抱有同樣的看法。以出道先後來論，龐加萊甚至應該尊稱他一聲「學長」。

　　在直覺派這個大家庭裡，克羅內克絕對擔得起「學長」這個名頭，他不僅反「無窮」，他連「無理數」都反。克羅內克最有名的一句話是：「上帝創造了整數，其餘都是人造的！」

　　請不要誤會這是克羅內克在誇讚「人定勝天」的主觀能動性，事實上他準備把那些不是以自然數為基礎經過有限個步驟構造出來的東西通通踢出數學的領域。雖然康托爾和戴德金等人為實數系建立了嚴密的理論，但他們的方法並不能保證諸如「比較兩個實數大小」這樣的小事能夠在有限步之內得到判定，對於無理數的存在，克羅內克感到渾身不自在。還記得數學家林德曼證明了 π 的超越性，有一天克羅內克對林德曼抱怨：「你對於 π 的美麗的研究有什麼用處呢？無理數是不存在的，為什麼要研究這種問題？」

　　每當我想起這句赤裸裸的民間科學家言論之時，都會感到一種莫名的驚詫，我的天，這傢伙是怎麼成為數學界領袖的？對於這個問題，相信你也會跟我有同樣的困惑，現在我來告訴你答案：

　　說一套，做一套。

　　這個答案並不難猜到，如果你認為克羅內克會將他的數學哲學指導於自己的數學研究那可就太天真了。事實上，克羅內克把理想與現實分得很清楚，別說反無理數，他大部分重要的數學工作都離不開對無理數的討論。

　　西元 1853 年，克羅內克發表了代表性論文〈論代數可解方程式〉。在這篇論文中，克羅內克提出了一個代數數論領域內非常重要的問題：如何刻劃有理數域 $\mathbb{Q}$ 上的全部阿貝爾擴張？克羅內克想找到這樣一種函數，將它在某些特殊點處的值新增到 $\mathbb{Q}$ 上就能夠得到一個最大的阿貝爾擴張 $\mathbb{Q}^{ab}$

，任何 $\mathbb{Q}$ 上的阿貝爾擴張都包含在 $\mathbb{Q}^{ab}$ 中。克羅內克自己找到了這個函數

$$f(x) = \mathrm{e}^{(2\pi i)\cdot x}$$

將 $f(x)$ 在全體有理數處的函數值新增到 $\mathbb{Q}$ 上，就得到了有理數域 $\mathbb{Q}$ 的極大阿貝爾擴張 $\mathbb{Q}^{ab}$。說得再明白一些，這些值是多項式方程式

$$x^n = 1, n \in \mathbb{N}$$

的根，也就是我們通常所說的單位根。雖然單位根是整係數方程式的根，但要把函數 $f(x)$ 說清楚，卻不得不依賴一個超越函數，克羅內克瞬間就把自己的哲學拋到九霄雲外了。

尷尬嗎？一點都不尷尬。

不僅是 $\mathbb{Q}$ 的極大阿貝爾擴張，克羅內克還試圖構造虛二次域 $\mathbb{Q}(\sqrt{-d})$ 的極大阿貝爾擴張。為此，他打起了橢圓函數的主意，之前我們提到過這是一種雙週期的亞純函數，它也是一個超越函數，克羅內克猜測將橢圓函數在全體有理數處的函數值新增到虛二次域上就能夠得到虛二次域的極大阿貝爾擴張。西元 1880 年，在寫給戴德金的一封信中，克羅內克把這個猜想稱為「我最迷戀的青春之夢」[047]，足可見他在這項研究工作中傾注的心血。作為一名一流的數學家，克羅內克的眼光也確實毒辣，他的「青春之夢」最終成為今天被稱為朗蘭茲綱領（Langlands program）的一項宏偉計畫的源頭。

然而諷刺的是，克羅內克的同僚魏爾施特拉斯是橢圓函數領域的專家，其率先找到了無窮級數形式的橢圓函數。克羅內克對此卻並不買單，一方面他對橢圓函數的使用心安理得，另一方面卻對同樣是利用無窮級數構造的處處連續但處處不可求導的魏爾施特拉斯函數百般嘲諷。

---

[047] 20 世紀初這一猜想由日本數學家高木貞治證明，開創了類域理論。

難怪魏爾施特拉斯氣得鬍子都歪了，公開斷絕了與克羅內克的關係。

雖然克羅內克和龐加萊可以算得上直覺主義者的先驅，但他們的觀點並沒有帶動起數學界影響重大的思潮，直到關於數學基礎的爭論甚囂塵上之際，來自荷蘭的數學家布勞威爾才成為一位開宗立派的人物。

與克羅內克和龐加萊相比，布勞威爾的高明之處在於他不僅堅持數學直覺的存在，而且說清楚了它是如何產生的。在布勞威爾的理論中，數學直覺的來源是時間。

「當時間程序所造成的二性本體從所有的特殊顯像中抽象出來的時候，就產生了數學。所有這些二性的共同內容所留下來的空洞形式就變成數學的原始直覺，並且由無限反覆而造成新的數學物件。」

因此，數學的基礎是隨著時間推移，自然而然形成的抽象概念。就像從「一個蘋果」、「兩頭猛獸」中抽象出「1」和「1 ＋ 1 ＝ 2」那樣，我們不去糾結它們是否合法，也無須把它們約定為不證自明的公理，只要它們能為數學中各種不加定義的原始概念提供直覺上的理解，我們就認可它們的基礎地位。

但請注意，布勞威爾所指的數學直覺並不是哲學上講的經驗，它是先驗的，是獨立於語言、邏輯和經驗嵌進人類頭腦中的概念。任何數學物件和結論都必須在這些原始概念的基礎上，透過一種構造性的程序來判定其合法地位。

這裡的可構造性，布勞威爾與克羅內克和龐加萊相比又前進了一步（但也僅僅是前進了一小步），他接受無限，認可人類的心智能夠對單一概念進行無限次的重複想像。所以，在布勞威爾的眼中，亞里斯多德的「潛無窮」是合法的，康托爾的「實無窮」則是非法的，因為「潛無窮」可以由

自然數 n 到 $n+1$ 的關係經過無限次操作反覆而得，但「實無窮」中的元素卻是一下子就全部出現了，是一個非構造性的結果。

至於邏輯，布勞威爾把它當作一種純粹的語言連接的工具，不承認其具備天然的正確性。每一條被應用於數學推導的邏輯法則的正確性，都必須經由數學直覺的檢驗，凡是無法用構造性程序判定的邏輯鏈條都是值得懷疑的非法操作。這其中布勞威爾特別指出了「排中律」之於無窮集合的濫用，他認為在使用構造性的方法對存在性進行明確判定之前，任何「非此即彼」的假設都是不可接受的。

然而在經典數學中，這樣的證明方式大量存在，例如我們在知道兩個函數 $f(x)$ 和 $g(x)$ 不完全相等的前提下能夠立即得出結論：一定存在點 x_0，使得 $f(x_0) \neq g(x_0)$，但布勞威爾排斥這種做法，除非 x_0 被具體地構造出來。如果按照布勞威爾的觀點重新推導整個數學，許多慣常使用的間接證明方法和由此得來的豐富成果都將被無情拋棄，這對於廣大數學工作者們來說，無異於自斷一臂。

與此同時，「排中律」的失效也意味著一個更加嚴重的後果，與邏輯主義者的觀點截然不同，邏輯非但不是數學的基礎，反而成為依賴數學而存在的對象。所以，數學中產生一些悖論是無關緊要的，那是因為不符合數學直覺的邏輯法則遭到了無限制地濫用，只要杜絕了這種濫用，天下就依然太平。按照這種說法，事情倒也簡單了，因為禽流感是不可怕的，把雞滅了就行。

以上就是以布勞威爾為首的直覺主義學派的主要觀點，我們總結一下：

（1）數學存在著先驗的直覺基礎（例如，自然數），它的來源是時間。

（2）正確的數學在數學直覺的基礎上透過構造性的方法延展而來。

（3）符合數學直覺的邏輯法則是數學的一部分，邏輯不是數學的基礎。

公平地講，布勞威爾等人的出發點是純樸而善良的，但要嚴格按照他們的觀點重新建立起整座數學大廈將是一件極其困難和煩瑣的事情。布勞威爾和他的直覺派做過一些努力，但也僅限於微積分，以及代數和幾何的初等部分。事實上在更為廣闊的數學天地，他們與之前的克羅內克一樣，也經常做那些不符合自己數學哲學的事情。

布勞威爾賴以成名的拓撲學工作就是最好的例子。他曾經證明了 n 維歐幾里得空間中單位球體上的連續映射必定存在不動點，這在今天是被稱為布勞威爾不動點定理的一個赫赫有名的結論。遺憾的是，它的證明就不是構造性的。

當然，布勞威爾此後一直堅持改造數學基礎的道路從不退縮，雖然沒有讓直覺派最終成為撼動整個「武林」的風雲力量，但其風骨也算是令人欽佩。

因為不動點定理和拓撲學領域內的其他深刻工作，布勞威爾在很年輕的時候就已經聲名鵲起。形式派的領頭人希爾伯特對他極為欣賞，不僅屢次為他推薦教授職位，還將他吸收進了德國著名雜誌《數學年鑑》（*Mathematische Annalen*）的編委會。然而若干年後，當他發現布勞威爾的真面目時，希爾伯特悔得腸子都青了，千方百計要將他趕走。兩人為此徹底反目，布勞威爾攻擊希爾伯特的形式化努力是紙上談兵，希爾伯特則形容布勞威爾的直覺主義是一場暴動。

本來是一對惺惺相惜的潛力 CP，奈何哲學觀念完全不同，感情竟然

破裂了。也難怪，布勞威爾本就是個刻板古怪之人，而在捍衛數學長久以來所獲得豐碩成果的問題上，也沒有人比希爾伯特更加堅定。

7.6 衛道之士

數學圈外的朋友知道希爾伯特的名字，大概是因為他在第二屆國際數學家大會上提出了 23 個著名的數學問題，人們為解決這些問題所進行的研究和探索，或直接、或間接地推動了整個 20 世紀數學的發展，所以在世人眼中，希爾伯特是一名當之無愧的意見領袖。

但你可能不知道希爾伯特在解決數學問題的硬工夫上同樣功力深厚，他在代數、數論、幾何、分析和數學物理等許多領域都曾經做出過具有重大貢獻的研究工作，以至於以希爾伯特名字命名的數學概念和定理數不勝數。

這些定理多到連希爾伯特自己都記不住。比如有次在哥廷根大學的討論班上，一位年輕人做報告時使用了一個非常漂亮的定理，希爾伯特興奮地問道：「這真是一個妙不可言的定理啊，請問是誰發現的？」報告人茫然地站了很久，然後對他說：「是你……」

還真是名可愛的老頭啊！這名可愛的老頭在 18 歲的時候就已經展現出了極高的數學天賦，他不顧父親的反對進入德國的柯尼斯堡大學學習數學，與同在那裡求學的閔考斯基（Minkowski）結交，並成為終身的摯友。之後，希爾伯特接受了克萊因的邀請來到哥廷根，領導建立了哥廷根學派，幫助哥廷根大學成為第二次世界大戰以前世界上毫無爭議的數學中心。希爾伯特也因此與克萊因和閔考斯基一起，並稱為 19 世紀後期德國數

學界的三駕馬車。三駕馬車中的克萊因大家都很熟悉，著名的幾何學家，憑藉幾何學上的「愛爾蘭根綱領」聞名於世；而閔考斯基，不懂數學的同學可能不太清楚，但他有個學生你肯定是知道的，阿爾伯特・愛因斯坦（Albert Einstein）。這三個人物，連同聚集在他們周圍的許多優秀數學家，將代數、分析、幾何與拓撲這些數學發展的支柱「產業」打造得豐富多彩。

可以說，希爾伯特承繼了近代數學自微積分發明以來的正統，他對數學在各個方向上所獲得的長足進步抱有積極而樂觀的態度。看不到這一點，你就無法理解他對於數學直覺主義那近乎刻薄的厭惡。

不過厭惡歸厭惡，大家面臨的共同挑戰還是無法迴避的。人們既不能當悖論不存在，又不能像直覺派號召的那樣，手牽手一起回到石器時代。希爾伯特寄予厚望的辦法，依然是公理化，他希望用公理化的方法，明白無誤地將數學隔絕於悖論的世界，並盡可能保留豐富的概念和方法，以便讓數學家們能夠回答數學自身所提出的全部問題。

可惜的是，這兩個目標最終一個也沒有實現。

不過在此之前，希爾伯特還是意氣風發的，他堅信自己設計的道路，能夠最終實現數學的統一。

從武學淵源上講，「少林派」和「武當派」自然難分彼此，除了都選擇公理化的道路外，兩者都十分強調邏輯的作用。只不過與「邏輯派」的形式邏輯不同，「形式派」推崇的是更加徹底的形式化，符號除了它本身的形象外，失去了任何內在的含義，邏輯不是符號的核心，它只規定符號之間的連接規則，在這些連接規則之下，符號從公理系統中約定的「不證自明」的關係出發，展開成整個體系。

借用羅素和懷海德為邏輯本身準備的公理系統做一個說明。形式主義

者認為「P」和「Q」等符號不再代表邏輯命題，它們在被賦予任何具體的含義之前，只是單純的符號；「∨」和「⊃」等符號也不再反映命題之間的邏輯關係，而只是用來規定符號之間的連接規則或是生成初始語句。

形式系統中的符號從公理約定的關係出發，按照連接規則，拼接出整個體系中的全部真語句。比如我們對於「三段論」（$[Q \supset R] \supset [(P \supset Q) \supset (P \supset R)]$）和「排中律」（$P \vee \sim P$）的證明，就是這樣兩個拼接的過程。如此一來，形式系統中只有初始語句和連接規則是重要的，一個語句為真，當且僅當它是一連串拼接過程的最後一步。符號的含義此時變得無關緊要，「P」和「Q」既能代表「桌椅板凳」這樣的實物，又能代表「牛鬼蛇神」這樣的虛念，只要你願意，你可以藉助形式系統描繪出各種或神奇、或荒誕的故事。

對應到數學上，當「P」和「Q」代表「集合」時，選擇形式化的 ZFC 公理，我們就得到了集合論；代表「自然數」時，選擇皮亞諾公理並將之形式化，我們就得到了算術系統；代表「點、線、面」時，選擇歐幾里得公理並形式化，我們就得到了歐幾里得幾何。這裡所說的形式化，是將通常用自然語言描述的公理改用一種完全形式的一階語言來描述。數學的各個門類，就是這樣在特定邏輯和原則的引導下，透過形式化的公理系統建立起來的。

所以，在「形式派」的追隨者們看來，邏輯主義者的觀點並不完善，邏輯的公理化不是數學的起點，而只是數學的一部分。

借用更加形象的比喻，希爾伯特的「形式主義」是一個龐大的拼圖遊戲，參與遊戲的人員一板一眼地做著連接碎片的工作，將各種數學概念拼接成一個又一個的數學定理，並最終實現數學內部各個分支的宏大圖景。

　　為了保證這場遊戲能夠順利地進行下去，希爾伯特對形式化公理系統的研究提出了以下三個問題。

　　相容性：形式系統是否會推匯出自相矛盾的結論？

　　獨立性：形式系統是否有公理是多餘的，可以藉助其他公理推出？

　　完備性：形式系統中的所有語句是否都能夠被判定為真或為假？

　　熟悉「三大門派」激烈紛爭的同學應該能夠立刻體會到，這三個問題，尤其是公理系統的相容性和完備性問題是多麼的重要，毫不誇張地講，它們是形式主義者一身「硬派功夫」的命門。

　　早在西元 1890 年代的末期，希爾伯特就在幾何學的研究中進行過這方面的嘗試。他拋棄了歐幾里得關於「點、線、面」等幾何元素的具體定義，改之以公理組中隱含的不定義的概念。就像他自己指出的，這些不加定義的概念只是純粹形式的符號，可以用任意的東西來代替。同時，作為對歐幾里得公理有益的補充，希爾伯特明確了描述關係和順序的公理，並在這些公理的基礎上，嚴謹地推匯出了歐幾里得幾何中的一些基本命題。事實上，在後續其他一些數學家的共同努力下，整個歐幾里得幾何的全部內容已經可以由希爾伯特改造之後的形式系統推匯出來。

　　希爾伯特的想法總結在西元 1899 年出版的名著《幾何基礎》(*Grundlagen der Geometrie*) 中。此書先後七次再版，影響重大，它最有意義的地方在於，希爾伯特在書中明確考慮了（歐幾里得幾何）形式系統的相容性問題。在此之前，非歐幾何的相容性已經被約化到了歐幾里得幾何的相容性，所以歐幾里得幾何的相容性問題就變得迫切而重要。希爾伯特所做的，是利用解析幾何為每一個幾何對象提供一個算術解釋，同時使得系統內每個命題的證明也適合這樣的解釋。如此一來，歐幾里得幾何中的內容

就被翻譯成為算術語言，如果歐幾里得幾何有矛盾，那麼這個矛盾必然展現在算術系統中。

換句話說，如果算術系統是相容的，歐幾里得幾何就是相容的。

但美中不足的是，算術系統的相容性在當時並沒有得到證明，希爾伯特在《幾何基礎》中描繪的，依然是一輪未竟的事業。1904 年，在海德堡舉行的國際數學家大會上，希爾伯特做了題為「論邏輯和算術基礎」的重要演講，這場演講宣布了他制定的以確定數學整體相容性為目標的宏偉計畫。在當時，除了幾何以外，經典數學中大部分內容的相容性都已經化歸到了算術系統的相容性，算術系統就像一個含苞待放的小女孩，羞答答地站在舞臺中央，接受著人們從四面八方投來的目光。

為了徹底終結這個懸念，希爾伯特開創性地發展出了一套研究數學證明的數學，實在是令人大開眼界。粗略地講，對於每一個形式系統，希爾伯特建議用一套獨立的辦法來研究它的相容性，並且這套辦法所使用的邏輯，應該是基本而沒有受到爭議的。比如，超限歸納和選擇公理不能使用，存在性證明也必須使用有限步的構造性方法。這些要求看起來比布勞威爾的直覺主義更加嚴格，之所以這樣做，是因為在當時看來，形式系統中已經包含了牽涉實無窮等可能引起悖論之概念的公理，在研究系統相容性的方法中就不應當再包含這些工具，以免陷入一種循環論證的境地。

希爾伯特的方法，如今被稱為元數學或證明論。舉一個簡單的例子，如果用 S_F 代表一個形式系統，用 S_m 代表相應的元數學，我們考慮一個定義域為 S_F 中所有語句的函數：

$$f(A) = \begin{cases} 0, \text{若 } A \text{ 是 } S_F \text{ 中的定理；} \\ 1, \text{若 } A \text{ 不是 } S_F \text{ 中的定理。} \end{cases}$$

這個函數 f 就是元數學 S_m 的一個對象，倘若你在 S_F 中發現了一個語句 A，使得 A 與 A 的否定在 f 下的取值都是 0，那就說明 S_F 是不相容的（若 A 與 A 的否定在 f 下的取值都是 1，則說明 S_F 是不完備的）。從 1920 年代開始，希爾伯特和他的學生阿克曼（Ackermann），以及博內斯和馮紐曼等人利用元數學方法，試圖確立各種形式系統的相容性。他們也的確證明了一些簡單形式系統的相容性，但對於算術系統卻一直無能為力。好在希爾伯特是一個極樂觀的人，他堅信勝利將在不遠的一天到來，他在 1926 年的〈論無限〉一文中寫道：

「在幾何學和物理理論中，無矛盾性的證明是透過把它劃歸到算術的無矛盾性來完成的。這個方法明顯地不能用於對算術本身的證明。因為我們的證明論……使得這最後一步成為可能，它就構成數學結構的不可缺少的基石。而尤其值得注意的是，我們已經遭受過的兩次事件 —— 首先是在微積分的悖論中，後來是在集合論的悖論中 —— 在數學的領域中不會再發生了。」

如同相信康托爾的理論能夠開出美麗的花朵，希爾伯特對人類的智慧有著極大的信心，他認為自己很快就能從一場大統一的夢境中醒來，發現世界就真的如同夢裡那樣，人們一起迎接數學的光明。

遺憾的是，這句話只對了一半，對翹首以盼的形式主義者來說，夢是醒了，但天卻沒亮……

7.7 夢醒時分

1930 年秋，已近 70 歲的希爾伯特出席了在柯尼斯堡舉行的全德自然科學及醫學聯合會代表大會，這座他出生的城市授予了他「榮譽市民」的

稱號。這是對希爾伯特學術成就的一次充分肯定，要知道在此之前，柯尼斯堡最著名的人物就是仰望星空的康德（Immanuel Kant），能夠成為這座城市的代表性人物，說明希爾伯特擁有了與康德相提並論的歷史地位。

順便提一句，在希爾伯特去世後沒多久，柯尼斯堡，曾經德國的文化中心之一，就被迫改換門庭，成為蘇聯的領土，如今叫做加里寧格勒。

在為大會所作的致辭中，希爾伯特再次表現出他的樂觀與強硬。面對哲學家們對數學發展提出的種種非難，他把「不可知論」之類的懷疑主義狠狠批判了一番，並宣稱在他的字典裡，自然科學沒有「不可知」這個詞。演講末尾，希爾伯特更是喊出了一句後世廣為流傳的口號：

「我們必須知道，我們必將知道！」

("Wir müssen wissen，Wir werden wissen!")

這句口號被視作希爾伯特一生探索精神的寫照，永久刻了他的墓碑之上。大家若是有機會到哥廷根走一走，不妨前去瞻仰一下，以感受這位科學史上偉大領袖的胸懷與風範。

這次在柯尼斯堡舉行的會議規格很高，許多學術圈的大老都來參加，在希爾伯特熱情洋溢地發表他的演講的時候，馮紐曼作為聽眾也坐在臺下。不過他的心情恐怕要忐忑許多，因為就在一天前，在柯尼斯堡附近舉行的一個數學基礎研討會上，馮紐曼聽到了一個年輕人的報告，在報告的結尾，這位年輕人幾乎是用一種漫不經心的語氣宣布了他的發現，馮紐曼立刻意識到，希爾伯特辛辛苦苦建造的形式派大樓，塌了。

形式派的大樓塌了當然是一種誇張的說法。嚴格地講，是希爾伯特為證明形式系統相容性和完備性所做的一系列努力被完全否定了，他所強力推行的綱領，是注定不可能成功的。做出這一否定的人，是奧地利數學家

哥德爾，NBG 公理系統中的「G」。

　　哥德爾當時剛剛獲得博士學位，其博士論文就是受希爾伯特與阿克曼的著作啟發，研究邏輯函數演算公理的完備性問題。博士畢業之後，他開始嘗試證明分析學（實數理論）的相容性，採用的框架，正是希爾伯特的元數學。

　　鑒於哥德爾與康托爾一樣，最後也患上了精神病，我建議大家直接跳過看結論。少數不怕死的，可以跟隨我一起做一段思維的體操，難度係數 9.0。

■ 第一節：「配數」運動。

　　這第一節的內容，就完全是一個天才的想法。哥德爾在研究實數理論相容性問題時隱約發現，如果形式系統中一個語句的判定能夠拉回到形式系統內部成為一個語句，就有可能構造出一個因為自指而引發矛盾的命題。

　　如果不舉例子，這句話你是不好理解的。讓我們來看一個精彩的悖論：每個正整數都可以用一串英文字母來描述，比如「9」，既可以描述為 nine，也可以描述為 three times three（三乘以三）。前一個描述用了四個字母，後一個用了十五個。

　　現在我們把所有的正整數分成兩組，第一組包含了那些（至少有一種方法）可以用不超過一百個英文字母描述的正整數，第二組則包含餘下的正整數。由於英文字母總共只有二十六個，能用不超過一百個英文字母描述的正整數最多也不會超過 27^{100}，因此第二個正整數集合非空。

　　接下來看這句話：「the least integer not describable in one hundred or fewer letters」，這句話描述了第二組正整數當中最小的那個。但顯然它所用到的字母數並沒有超過一百，按照我們對正整數進行劃分的方式，它應該屬於第一組，然而它又在第二組中，於是矛盾產生了。

這就是歷史上著名的理查悖論。在形式派的弟子們看來，這個悖論在構造時犯了一個十分隱蔽的錯誤，用語言描述所使用的字母個數來定義正整數的方式並不依賴正整數自身的算術特徵，因而不能算作形式算術系統中的概念，當然也就不能拿來對正整數進行劃分，構造形式系統內部的命題。希爾伯特引入元數學的目的就是要對這種現象做一個有力的澄清。

但哥德爾發現，即使希爾伯特加上了元數學這層保險，他還是能夠破壞它，他有辦法將元數學中對於語句的判定重新拉回到形式系統內部，矛盾依然存在。

為此，他借用通常的算術系統（自然數）作為一個中轉站，連接它與形式的算術系統之間的橋梁就是哥德爾配數。

記形式的算術系統為 S_N，通常的自然數系統為$\mathbb{N}$。哥德爾為 S_N 中的每一個語句以及證明（語句的有限序列）都配了一個自然數。做到這一點依靠的是一個編碼的過程，首先列出一個 S_N 中固定符號的列表，包括「0」、「＝」、「∨」和「⊃」等。這個列表所包含的基本符號應該越少越好，其他常用符號可以透過這些基本符號定義獲得。如果列表中包含了 10 個符號，哥德爾就用 1 ～ 10 這十個正整數作為它們的哥德爾數。接下來處理變元，每個不同的變元被賦予一個大於 10 的不同質數，如此一來，S_N 中的每一個基本符號（或者說拼圖碎片）都被唯一地賦予了一個自然數。

形式系統中的語句不過是基本符號按照一定順序排列而成的符號串，要讓每一個語句唯一地對應一個自然數並非難事。哥德爾利用了算術基本

定理，若一個語句中包含了 5 個基本符號，他就取前五個質數 2、3、5、7、11，然後將這 5 個符號的哥德爾數依次作為五個質數的冪次，連乘起來，得到的結果就是這個語句的哥德爾數。這樣做的好處是，對於一個給定的哥德爾數，我們可以透過質因數分解的方式將其還原成 S_N 中的語句。至於 S_N 中的證明，那不過是語句按照特定順序排列而成的語句串，用上面介紹的相同的方法，也能夠唯一地賦予一個自然數。

總結一下，哥德爾用編碼的方式替形式算術系統 S_N 中的每一個符號、語句和證明都賦予了一個唯一的自然數，稱為哥德爾數，並且配數的過程可逆。

既然形式算術系統中的語句和證明都被轉換成了自然數，那麼元數學中關於語句的判定也都可以轉換成關於自然數的判定。

舉個例子，看元命題：語句序列 A_1，A_2，……，A_t，A 是語句 A 在形式系統中的一個證明。若序列 A_1，A_2，……，A_t，A 的哥德爾數是 m，語句 A 的哥德爾數是 n，我們可以把上述元命題翻譯為：數對 $(m，n)$ 滿足自然數系統ℕ上的一個二元關係 $Pf(m，n)$。其中二元關係 $Pf(m，n)$ 成立，當且僅當 n 是形式系統 S_N 中一個語句的哥德爾數，而 m 是這個語句在 S_N 中一個證明的哥德爾數。

以上就是哥德爾配數的基本內容，希望到目前為止，你還沒有摔個四腳朝天，我們馬上進入下一節。

■ 第二節：「遞迴」運動。

透過哥德爾配數，S_N 元數學中的命題事實上變成了關於自然數集合中元素關係是否成立的一種陳述。

現在，哥德爾要施行一個瘋狂的想法，他要將自然數集合上的 k 元關係 $R(n_1, n_2, \cdots, n_k)$ 拉回到 S_N 中變成形式系統當中的一個包含 k 個變元的語句 $A(x_1, x_2, \cdots, x_k)$，使得 R 與 A 同真假。也即對任意的自然數 $n_1, n_2, \cdots, n_k$，若 $R(n_1, n_2, \cdots, n_k)$ 成立，則 $A(0^{(n_1)}, 0^{(n_2)}, \cdots, 0^{(n_k)})$ 是 S_N 中的一個真語句；若 $R(n_1, n_2, \cdots, n_k)$ 不成立，則 $A(0^{(n_1)}, 0^{(n_2)}, \cdots, 0^{(n_k)})$ 的否定是 S_N 中的一個真語句，這裡 $0^{(n_i)}$ 代表了 0 的第 n_i 個後繼。此過程被稱為自然數 k 元關係的形式表達。

事實證明，哥德爾並非異想天開，至少他對於 $\mathbb{N}$ 上一類範圍很廣的關係證明了他的想法，這類關係就是所謂的遞迴關係。關係的遞迴性是透過其特徵函數的遞迴性來理解的，對於每一個 k 元關係 R，定義它的特徵函數為

$$C_R(n_1, n_2, \cdots, n_k) = \begin{cases} 0, & \text{若關係 } R(n_1, n_2, \cdots, n_k) \text{ 成立；} \\ 1, & \text{若關係 } R(n_1, n_2, \cdots, n_k) \text{ 不成立。} \end{cases}$$

我們稱 R 是一個遞迴關係，如果 C_R 是一個遞迴函數。而通俗地講，如果對於任何一組自然數 $n_1, n_2, \cdots, n_k$，函數值 $C_R(n_1, n_2, \cdots, n_k)$ 都能在有限步之內機械地求出，則稱 C_R 是一個遞迴函數。例如「斐波那契數列」$f(n) = f(n-1) + f(n-2)$ 就是一個一元遞迴函數。

哥德爾證明了一個重要的結論：自然數集 $\mathbb{N}$ 上的每一個遞迴關係在形式系統 S_N 中都是可表達的。

例如，哥德爾費了很大的工夫證明了上文提到的 Pf 是一個遞迴關係，於是 S_N 中就存在著它的一個形式表達 $\wp F$，$Pf(m, n)$ 是否成立直接決定了 $\wp F(0^{(m)}, 0^{(n)})$ 的真假。

■ 第三節，「自指」運動。

　　接下來就要構造引發矛盾的自指命題了。哥德爾在自然數集ℕ上引入了一個二元關係 $W(m，n)$，$W(m，n)$ 成立當且僅當 m 是形式系統 S_N 中一個語句 $A(x)$ 的哥德爾數，其中 x 是一個變元，而 n 是形式系統中 $A(0^{(m)})$ 的一個證明序列的哥德爾數。

　　這個定義看上去實在太繞，但請你一定靜下心來認真體會，不要輕易跳過，因為……下面的會更繞。

　　哥德爾證明了 $W(m，n)$ 也是一個遞迴關係，因而在 S_N 中也存在一個形式表達 $\omega(x，y)$，哥德爾正是利用 $\omega(x，y)$ 來構造自指命題。

　　首先，他構造了 S_N 的一個語句 $(\forall y)\neg\omega(x,y)$，把它記為 $A(x)$，其中 x 是自由變數，y 是約束變數，$\neg$ 代表否定。作為 S_N 的一個語句，$A(x)$ 對應了一個哥德爾數，設為 p，哥德爾定義語句：

$$U = A(0^{(p)}) : (\forall y)\neg\omega(0^{(p)},y)$$

　　在哥德爾的思路中，這個語句類似「理查悖論」，有著自指的特徵，讓我們來看一看它的神奇之處。

　　假設 S_N 是一個相容的形式系統。

　　倘若 U 是 S_N 的一個真語句，那麼存在一個證明序列以 U 結尾。設這個證明序列的哥德爾數為 q，則根據 U 的定義知二元關係 $W(p，q)$ 成立，從而 $\omega(0^{(p)},0^{(q)})$ 是 S_N 的一個真語句。另外，U 為真推出 $\neg\omega(0^{(p)},0^{(q)})$ 為真。兩相比較，與 S_N 的相容性矛盾。

　　倘若 $\neg U$ 是 S_N 的一個真語句，那麼由 S_N 相容的假設已知 U 不是 S_N 的真語句，也即不存在任何一個 S_N 中的證明序列以 U 結尾。這說明對任意

的 q，W（p，q）不成立。注意到 W 在 S_N 中由 ω 形式表達，因此對任意的 q，$\neg\omega(0^{(p)}, 0^{(q)})$ 是 S_N 的一個真語句。這時候，我們已經能夠說明語句（$\forall\, 0^{(q)}$）$\neg\omega(0^{(p)}, 0^{(q)})$ 為真，但還不足以導致最後的矛盾。哥德爾利用高超的技巧在 S_N 相容的條件下最終證明了（$\forall 0^{(q)}$）$\neg\omega(0^{(p)}, 0^{(q)})$）為真能夠推出 $\neg$（$\forall y$）$\neg\omega(0^{(p)}, y)$（也即 $\neg U$）不是 S_N 中的真語句，這與假設矛盾。

終於，哥德爾透過構造自指命題完成了整個證明，在假設 S_N 相容的情況下，U 和 U 的否定都不是 S_N 中的真語句，U 在形式系統 S_N 的內部不可判定！

好了，做完這套思維體操想必你已經大汗淋漓，去洗把臉清醒一下，我們還要繼續前行。

哥德爾的結果如今被稱為第一不完全性定理，用嚴格的數學語言來描述就是：任何一個包含了一階算術系統的形式系統如果是相容的，就必定存在一個命題，其在形式系統的內部不可判定。

這個結果讓一直十分樂觀的「形式派」支持者們認清了一個殘酷的事實：定理不是你想證，想證就能證啊……

7.8 餘波

不完全性定理對希爾伯特綱領的打擊是重大的，如果數學按照形式派的想法進行構造，那麼它引以為傲的確定性就將從宏觀上徹底消失。因此在哥德爾的證明經過嚴格的審查板上釘釘之前，堅持公理化道路的人物大多持一種懷疑和批評的態度，策梅洛曾經激烈地反對不完全性定理的證

明，連似乎瞬間就被哥德爾俘虜的馮紐曼也出現過好幾次反覆。

直到數月之後，風波才逐漸平息，哥德爾的成果得到了承認，研究方法開始受到重視，馮紐曼甚至在那些繁雜的細節當中發現了一個更為要命的事實。當他把自己的想法寫信告訴哥德爾時，才了解到什麼叫做英雄所見略同，哥德爾幾天前就已經寫好論文，連稿子都投出去了。馮紐曼也很有風度地放棄了將他的發現整理發表的想法，這一結果如今被稱為哥德爾第二不完全性定理：一個包含了一階算術系統的形式系統如果是相容的，那麼它的相容性在系統內部就沒有辦法證明。

通俗點講，想用公理化方法一勞永逸排除悖論的想法徹底失敗了，就算你構造出一個足夠完美的形式系統，不會產生任何悖論，這個事實本身你也無法在形式系統內部得到證明。

形式派的最後一塊遮羞布也沒能保住……

自那以後，數學家們開始反思希爾伯特元數學的限制是否過於嚴格，放鬆一些對有限構造性的要求是否能夠改變數學「不可知」的尷尬狀況。在這個方向上，形式派的弟子們倒是獲得了一些挽回顏面的成績。1936年，希爾伯特的學生根岑（Gentzen）利用超限歸納法證明了形式算術系統的相容性。相容性被求證出來了，不過那個千百年來一直製造混亂的「實無窮」卻依然站在不遠的地方朝我們微笑。

如此看來，經過幾番混戰之後，邏輯派、直覺派和形式派誰也沒能一統江湖，數學反而以其強大的包容力將這些妄圖決定自己命運的工具熔成了自己的一部分。希爾伯特研究數學證明的元數學發展出了證明論，哥德爾研究判定問題的遞迴函數發展出了遞迴論，形式系統解釋數學的模型思想發展出了模型論，這些理論加上公理化集合論構成了數理邏輯這門數學

內部新興學科的主要內容。數學，依然是深不可測！

　　馮紐曼把哥德爾稱為亞里斯多德之後人類最偉大的邏輯學家，這一說法不能說沒有道理，很少有人能像哥德爾這樣一個人在短時間內把數學某一領域內的幾乎所有重要問題一網打盡。在不完全性定理之後，哥德爾說：該輪到集合論了。

　　1935 年，哥德爾證明了從 ZF 公理推不出選擇公理的否定，換句話說，在 ZF 公理的基礎上加入選擇公理不會導致矛盾，如果 ZF 公理系統是相容的，那麼 ZFC 公理系統也是相容的。1938 年，哥德爾又證明了從 ZFC 公理推不出連續統假設的否定，也即連續統假設在集合論中不是錯的。這些結果不僅使得數學家們能夠放心大膽地使用那些依賴選擇公理才能得到的證明，也更加堅定了人們最終證明連續統假設的信心。

　　可惜上帝這位編劇向來是看熱鬧不嫌事大，沒過多久就又把一位年輕人推到了臺前。這位年輕人名叫保羅‧寇恩（Paul Cohen），是一位猶太裔的美國數學家。1963 年的時候寇恩發明了一種非常重要的數學方法（力迫法），應用這種方法，他得到了一個足以震驚數學界的結論。

　　面對這個結論，寇恩十分謹慎，儘管當時的他已經算是一個嶄露頭角的新銳數學家。1962 年，年僅 28 歲的寇恩受邀在國際數學家大會上做分組報告，這是一個普通數學家也許終生都無法企及的夢想。但那時他的聲望主要集中在調和分析領域，數理邏輯裡的事情，他並沒有什麼把握。所以最好的辦法，依然是得到學術權威的肯定。

　　熟悉嗎？是否想起了當年遭遇不公的阿貝爾同學。雖然寇恩的學術地位比起阿貝爾來好上不少，但數理邏輯不像經典數學中的其他領域，大神比較少，能夠一錘定音的人，哥德爾是頭一號。然而人到中年的哥德爾此

時正飽受著精神妄想症的折磨，自己的事情還不一定能思考清楚，更別提為旁人背書了。有件好玩的事情特別能夠佐證這種顧慮，當年哥德爾準備參加美國的入籍面試，通常這種面試只是走個過場，只要不多嘴就行。為了防止哥德爾胡搞，普林斯頓高等研究院特別派出了愛因斯坦作為陪同，結果哥德爾硬是把一次普通的聊天聊成了對美國憲法的專業評論，著實讓愛因斯坦嚇出了一身冷汗。

所以寇恩面臨的真正狀況，比阿貝爾也好不到哪裡去，當他戰戰兢兢地敲響哥德爾位於普林斯頓的家門時，神一般的哥德爾只打開了一道門縫，寇恩的證明進去了，但人被留在門外。心已經提到嗓子眼的寇恩尷尬得不行，但毫無辦法，只能回去耐心等待。

事實證明，在面對數學的時候，哥德爾是無比清醒的。只過了兩天，他就把寇恩請到家中喝茶，證明通過了。

第二年，寇恩的論文正式發表，這篇論文記錄了 20 世紀數學基礎領域的一大重要突破：ZF 公理推不出選擇公理，也推不出連續統假設。換句話說，選擇公理和連續統假設對於 ZF 集合論來說都是獨立的。

在康托爾去世四十六年之後，連續統假設正式得到解決，但答案恐怕就是康托爾復生也未必能夠想到。

因為這項十分重要的工作，寇恩獲得了 1966 年的菲爾茲獎。寇恩是歷史上少數幾個非常年輕的獲獎者之一，也是迄今為止唯一一個在數學基礎方面的工作卓有成績而獲獎的數學家。

我一直很好奇寇恩在調和分析領域裡混得好好的，怎麼會突然跑到數理邏輯的天地裡做出一項如此偉大的工作？有人說那是因為寇恩的好友中有不少邏輯學家，他因此受到了潛移默化的影響。我相信了，但當我有一

天翻到寇恩的博士論文題目時才恍然大悟，原來這一切都是冥冥中自有天定。

寇恩同學的博士論文題目是：三角級數的唯一性理論。

還記得誰曾為這個題目費心費力嗎？是康托爾。

還記得康托爾從這個題目中發展出什麼理論嗎？是集合論。

緣分，有時候就是這樣的奇妙啊！

連續統假設的事情說完了，下面來說選擇公理。

選擇公理在前面的章節中已經出現過了好多次，雖然我們曾經給出過它的精確描述，但未及展開，也沒有詳細說明它在數學中的重要影響。

其實用通俗的語言來描述選擇公理特別簡單，假設你的面前有一堆集合，選擇公理說你能夠從這堆集合中的每一個集合中拿出一個元素，然後組成一個新的集合。

就這麼簡單？

是的。

你也許要笑了，這看起來是再自然不過的事情，哪裡值得大家如此糾結？但請注意，這一堆集合中的集合個數可能是無窮，每個集合中的元素個數也可能是無窮，而每當「無窮」這個詞出現的時候，數學家們總會情不自禁地犯迷糊。如果在我們的面前擺上無窮多堆蘋果，每堆蘋果裡又包含了無窮多個，我們真的可以從每一堆蘋果當中取出一個來嗎？

你大概會說：這有什麼不可以的？

心存疑慮的人會追問：那你按照什麼樣的標準取呢？

你答：隨便取囉！

　　他們又會追問：「隨便」是什麼標準，是取最小的一個，還是取最大的一個；是取最圓的那個，還是取被咬過一口的那個；為什麼取這個而不取另一個呢？

　　總之，你要是認為「選擇」是一件很簡單的事情，他們一定會問到你懷疑人生為止。

　　對於「選擇公理」缺乏選擇標準的問題，羅素曾經給出過一個十分精彩的比喻：如果要從無限多雙襪子中每雙選出一隻來，我們需要「選擇公理」，但如果要從無限多雙鞋中每雙選出一隻來，那就不用了，因為鞋子分左右，但襪子不分，沒有選擇的標準。

　　從表面上看，「選擇公理」只是一個無關緊要的想像命題，但其實它在數學中是一個強大到無以復加的證明工具。現代數學中有非常多基本而重要的結論都是由選擇公理保證的，我們在此列舉一些，大家感受一下：

　　（1）佐恩引理：若偏序集的每一條升鏈都存在上界，則此偏序集存在極大元。

　　（2）哈恩－巴拿赫定理：巴拿赫空間線性泛函可延拓。

　　（3）吉洪諾夫定理：緊空間的直積依然是緊空間。

　　（4）尼爾森定理：自由群的子群也是自由群。

　　這四個定理分屬集合論、分析、拓撲和代數，它們對於所屬領域的發展發揮了不可替代的重要作用。現在的你不需要了解它們的具體含義，如果你跟數學有緣，遲早有一天會與它們碰面。你只需要記住一點，在數學裡，但凡涉及「有窮」與「無窮」的邊界，基本上都會牽扯到選擇公理。

　　既然如此，那我們就接受選擇公理好了，反正它看上去是那麼的自然。

事情並沒有那麼簡單，接受選擇公理也會導致一些令人驚訝和痛苦的結論，其中最有名的一個就是巴拿赫（Banach）與塔斯基（Tarski）的「分球悖論」。

　　這個悖論是說：在選擇公理成立的前提下，一個半徑為 1 的三維單位球體能夠被分成有限多份，這有限多份在經過旋轉和平移變換之後，能夠組成兩個完全一樣的單位球。

　　什麼？

　　你沒聽錯，選擇公理能夠推出這樣的結論：人們僅僅透過分割和剛性變換就能把一個單位球變成兩個單位球。是不是比魔術還神奇？（要是鈔票也能這樣變就好了……）

　　這個嚴重違反人類直覺的命題理所當然地遭到了許多人的強烈反對，連累「選擇公理」也遭到了他們的嫌棄。

　　其實在數學上，巴拿赫與塔斯基的分球定理並不能算是一個悖論，儘管他們只把單位球分成了有限多份，但其中的每一份都不是一個可測集。通俗地講，作為不可測集，它們是沒有體積概念的，這種劃分只是一種純數學的操作，在物理世界當中無法實現。說穿了，巴拿赫—塔斯基的「分球悖論」是針對不可測集存在性的一個非難，如果你能接受無法測量體積的集合存在，那麼它就是合理的，與人類的直覺無關。就如同「一一對應原則」導致「部分與整體一樣大」的荒謬結論那樣，「不可測集的存在」導致「1 = 2」也沒什麼了不起。

　　相反，如果不接受選擇公理，詭異的事情卻一點也不會變少。有數學史專家曾經作過總結：1963 年之後，在那些沒有選擇公理的模型裡，平均每年都會產生一個怪定理，例如，連續函數變得不連續，一個空間同時有

兩個維數，不可測整合了可測集等。

相比之下，還是接受選擇公理要好得多，至少那些因為選擇公理而開出的美麗花朵，永遠留在了人們的視野當中。

當然，這一系列故事也明白無誤地向大家宣告了一個尷尬的事實：數學，這門曾經精確無比的學科，如今變成了一道怎麼做都不能算錯的選擇題。

數學的未來，又該走向何方？

7.9　原本

經過幾十年的熱鬧紛爭，關於數學基礎的討論逐漸偃旗息鼓。數學家們達成了基本的共識，以 ZFC 和 NBG 為核心的公理化集合論已經為我們所需要的數學提供了合適的基礎，悖論即使出現，也不會出現在核心數學的研究領域，數學又可以像過去那樣，開足馬力、一往直前了。

關於數學研究是「發明」還是「發現」的問題，我們似乎也已經找到了答案。在數學的基礎和邏輯確立之後，由此延展出來的全部內容構築了客觀實在的領地，數學家們所做的，不過是尋找那些從 A 到 B 的路徑。從這個角度來說，把數學家證明的定理和公式稱為數學發現並無不妥，但若是把數學基礎和邏輯的建立上升到哲學問題的高度認真考究一番，數學就離「發明」更近一些了。

對於普通人來講，糾結數學到底是「發明」還是「發現」並沒有太大的意義，我們為什麼學數學才是值得畫線的重點。

我接下來要說的仍然基於數學是一門語言藝術的觀點。當然，這裡所

說的語言不是我們在日常生活中用以描述具象和表達情感的自然語言，而是泛指擁有特定規則、以資訊傳遞和交流為主要目的的工具體系。從更廣泛的角度來說，你可以把它理解為一種人類思考活動的載體。

作為語言，數學傳遞的第一層資訊來自人類對客觀世界的直覺感覺。無論是 1、2、3 等自然數，還是點、線、面等幾何對象，數學把人類認識世界的基本要素抽象成可以用符號和文字表達的概念，並進一步用邏輯整理這些概念背後的關係。使用了更多的穀物，就應該釀造出更多的啤酒，租種了更廣的土地，就應該繳納更高的賦稅。藉助數學語言，許多涉及數量關係和空間形式的結論就像普通知識和經驗那樣得到了廣泛的傳播，並迅速在實踐中發揮出指導作用。

同時，複雜物件也能夠建立起適當的研究模型。例如，自然界中經常出現的對稱性，脫離了數學語言，我們應該如何描述「對稱」這種直覺感覺呢？

翻個身跟原來一樣？

轉一轉和原來重合？

這種相當業餘的說法恐怕你就是光想一想都會忍不住笑出聲來，而一旦有了直線、平面、角度等數學概念，「對稱」的定義就會變得水到渠成。隨著數學研究的不斷深入，人們甚至開發出了「群論」這種專門研究「對稱」的工具。

需要指出的是，數學雖然傳遞客觀的資訊，但數學語言本身是中性的，不帶任何色彩。曾經一個飽受爭議的數學題是這樣說的：一個水池，一邊放水，一邊蓄水，多長時間能夠蓄滿？這個題目解起來並不困難，但問題是現實生活中誰會採用這樣的方式蓄水呢？你或許會跟風嘲諷出題的

人是個神經病，連帶著對數學的好感也大打折扣。但其實大家都清楚，數學是無辜的，如果把題目改成：一個魔獸世界裡的小戰士，一邊跟 boss 互砍，一邊補血，能撐多久？說不定你就會會心一笑，覺得有點意思了吧。

以上是數學作為語言進行資訊傳遞的第一層含義。數學作為語言傳遞的第二層資訊來自人類大腦為建構秩序而進行的主觀想像。經歷過「無窮理論」和「選擇公理」洗禮的同學應該不會被這句話給嚇到。按照當紅歷史學家尤瓦爾‧哈拉瑞（Yuval Harari）[048] 的說法，宗教、國家、人權這些東西都是人類想像和虛構的產物，人類大腦想像出個把數學概念當然也沒什麼好大驚小怪的。問題是人類是以什麼原則來進行數學想像的呢？

這個原則就是秩序。記得我們在一開始介紹集合概念的時候強調過集合有兩個內涵：互異性和確定性，有同學說還應該加上一個無序性。對此我表示贊同，集合與元素羅列的順序無關，但這個「序」容易與數學上所講的「序關係」產生混淆，因此我也就按下不表了。事實上，數學家們不僅不排斥序，還希望每一個集合上都有一個良好的序。

如果你不介意，我希望把序關係的定義寫下來。一個非空集合 S 上的序關係是指 S 上的一個二元關係 $\leq$，滿足下面三個條件：

(1) 反身性（reflexivity）：對 $\forall a \in S$，有 $a \leq a$。

(2) 反對稱性（antisymmetry）：若 $a \leq b$，$b \leq a$，則 $a = b$。

(3) 傳遞性（transitivity）：若 $a \leq b$，$b \leq c$，則 $a \leq c$。

在這裡，「$\leq$」僅僅是一個模仿通常大小關係的符號，只要滿足上面三個條件，你可以透過任何一種方式為它定義。

---

[048]　暢銷書《人類大歷史》（*Sapiens: A Brief History of Humankind*）和《人類大命運》（*Homo Deus The Brief History of Tomorrow*）的作者。

帶有一個序關係的集合稱為一個偏序集。如果一個偏序集中的任意兩個元素都可以透過序關係比較「大小」（即 $a \leq b$，$a = b$，$b \leq a$ 三者必居其一），則稱這個集合是一個全序集。

　　顯然，並不是所有的序關係都是全序。比如有限集 $\{1，2，3，4\}$ 的冪集按照集合的包含關係定義的序就不是全序，子集 $\{1，2\}$ 和 $\{3，4\}$ 之間無法按照包含關係比較「大小」。而我們所熟知的自然數、整數和實數集按照通常的大小關係都構成一個全序集。更進一步，如果一個全序集的每一個非空子集都存在序關係下的最小元，則稱這是一個良序集。例如，按照通常的大小關係，自然數集合是一個良序集，但整數集和實數集就不是。

　　良序對於數學家有著十分特殊的意義，如果一個集合上配備了一個良序，那麼這個集合不僅自身包含最小元，其中的任意一個元素（除了可能存在的最大元之外）都將有唯一的一個後繼（取比這個元素大的所有元素構成子集的最小元）。這立刻意味著數學歸納法有了用武之地，而數學歸納法是人類從有限走向無窮的關鍵一步。

　　有了自然數集這個模範，數學家們萌發了更大的野心，如果所有集合（包括實數集這樣的不可數集合在內）都能被賦予一個良序，那麼數學歸納法不就變身為一枚超級核彈，大殺四方了嗎？

　　這個結論是否正確呢？

　　它與選擇公理等價。

　　算你狠……

　　雖然數學是一種「想像」的觀點令人不太好接受，但並不會因此對你的數學學習帶來困擾。就像文明高度發達的現代社會，誰會在乎自己經營

的一家「公司」其實源自於一個想像和虛構的概念呢？相反，依賴這種共同的想像，數學發揮了人與人之間的聯結作用，為大規模的人類合作提供了基礎。

這種聯結，依舊展現在兩個層次。

一方面，數學為人與人之間建構了話題聯結，並且這種聯結非常穩固。兩個語言完全不通的數學系學生可以就著一塊黑板兩根粉筆暢聊一番，這是其他任何學科都不具備的特點（你要是出國留學選擇科系，數學可能是最沒有語言負擔的一個）。另一方面，數學為人與人之間建構了思考方式上的聯結，這一點對於數學的意義尤為重要。從畢達哥拉斯的兄弟會到華爾街的投資銀行，數學成功地扮演了菁英階層的敲門磚，這些擁有共同思維共同想像的人聚集在一起，對整個社會生活施加了極大的影響。今天，不管是學校招生還是企業徵才，面試官經常會拿一些數學問題設計提問，你以為他是在考察你的智商嗎？其實他只是在測試你是否跟他用同樣的方式思考問題罷了。

所以，那些熱切地盼望數學被踢出大學入學考的同學可能要失望了，在我看來，如果大學入學考有一天只剩下了兩門考試，其中一門也是數學。

臨淵羨魚，不如退而結網。大家振作精神好好學習，前面還有艱苦的路途在等待我們。

後記

到這裡，這本書就算正式完結了，三個多月的高強度奮戰，感覺就像又完成了一篇博士論文。完結之際，照例應該留下一些話。

這本書雖然摻入了很多數學史的內容，但初衷還是傳播數學知識，因而保留了相當程度的專業細節。這些細節或許在一開始對讀者在閱讀上造成了一定的困難，但我認為是值得的，因為數學本來就很難，破解一個數學難題後的暢快和驕傲通常只有短短一瞬，更多時間裡是那些苦苦求之而不得的鬱悶和煩躁。即使就數學學習而言，也不見得就比數學研究更加輕鬆，數學是人類智慧的高度濃縮，要想慢慢稀釋，直至消化吸收，不費苦工，肯定不行。科普書負責講故事，想看細節找教材的說法多少有些不負責任，教材要那麼容易能進入，就不會有那麼多的人對學習數學感到挫敗了。

結合我自己的經驗，許多科普文章裡都提到大自然間存在著眾多的對數螺線，好美好美，可我發現它們大多沒有解釋一個基本的問題：為什麼對數螺線是等角的？去翻教材，也沒有找到專門的答案，這種狀況多少會讓初學者感到鬱悶。因此我總在想，面向普通民眾的科學普及和面向廣大學生的專業教材之間，最好能夠存在第三種文字，它能夠結合兩者的優點，既給那些看了科普躍躍欲試的同學多一些指點，又給那些翻開教材感到迷茫的同學多一些引導。

本書的內容選擇，皆以此為標準。

　　如果你經常與實數打交道，卻不知道實數軸建立算術基礎的艱難歷程，這裡有；如果你聽說過五次以上一般方程式沒有求根公式，卻不知道這個結論如何承前啟後推動現代數學發展，這裡有；如果你知道對數函數先於指數函數而建立，卻不清楚它的建立過程和偉大意義，這裡有；如果你對三角函數已經習以為常，卻沒聽過它的幾何解釋和重要應用，這裡有；如果你對數學悖論和數學基礎很感興趣，卻找不到篇幅短小的入門介紹，這裡有。總之，我希望從一些高中數學最常見的概念出發，帶你領略一路別樣的數學風景。當然，你看到的遠不只這些，圍繞「無窮」這個現代數學的核心概念，你還能看到康托爾的集合論、伽羅瓦的群、泰勒級數與尤拉公式、三角級數與傅立葉級數等，它們雖看起來毫不相干，背後卻有著潛在的邏輯關聯。

　　這些內容的參考文獻，莫里斯·克萊因（Morris Kline）的《古今數學思想》（*Mathematical Thought from Ancient to Modern Times*）四卷冊是總覽全局的資料，但這本書語言相當技術化，不太好讀，作為一本工具書則很不錯。此外，史考特的《數學簡史》、亞歷山大洛夫等人（A. D. Aleksandrov, A. N. Kolmogorov, M. A. Lavrent'ev）的《數學：它的內容、方法和意義》（*Mathematics: Its Content, Methods and Meaning*）以及柯朗的《什麼是數學》（*What Is Mathematics?*）都是主要的參考對象。書中關於「無窮」概念的部分，主要參考了丹齊克（Tobias Dantzig）的《數：科學的語言》（*Number: The Language of Science*）和馬奧爾（Eli Maor）的《無窮之旅：關於無窮大的文化史》（*To Infinity and Beyond: A Cultural History of the Infinite*），這兩本書來自通俗數學名著譯叢系列。這個系列的出版是為了迎接 2000 年國際數學年特別推出的，是中國數學文化普及的一項優質工程。關於畢達哥拉斯和伽羅瓦的生平軼事，多參考了 BBC 記者辛格（Simon Singh）的《費馬大定理》（*Fermat's Enigma*），這本書描述了費馬大定理從起始到終結的戲劇化歷程，是我讀過的最好的數學科普書，沒有之一。然而書中一些史料與其他材料存在衝突，須注意甄別。關於傅立葉級數的引入，參考的是費利克斯·克萊因（Felix Klein）《高觀點下的初等數學》（*Elementary Mathematics from an Advanced Standpoint*）中的寫法，用最小二乘法計算傅立葉係數，令人耳目一新。這本書也無愧經典之名，不過語言同樣比較技術化，沒有人帶，並不好讀。關於集合論悖論和哥德爾定理的部分，主要參考了胡作玄《第三次數學危機》、戴維斯（Martin Davis）《邏輯的引擎》（*Engines of logic*）和朱水林《哥德爾不完全性定理》。其他在文章中出現但不包含在以上參考文獻中的數學知識和典故則來自多種管道的累積，比如一些趣味數學書、數學家傳記、老師上課吹牛的部分以及討論班和飯桌上的閒聊，出處太碎，就不詳細寫了。

2015 年的時候，因為一些機緣巧合，參與了一些面向高中生的科普工作。對於數學科普，我向來沒什麼信心，我總以為數學科普就是要找很多數學在現實生活中的應用例項，顯示出數學多麼多麼有用，才能激發出學生的學習熱情。無奈自己不是搞應用數學的，很快黔驢技窮。後來索性想開了，你當初是怎麼愛上它的，現在就怎麼去表現好了！

以上，獻給所有會愛上數學的人。

後記

時間線

西元前 2500 年左右
古埃及使用以十為基底單位計數法

西元前 2500 年左右
古巴比倫使用六十進制位置計數法

西元前 600 年左右
泰利斯和米利都學派
「自然」取代神靈

西元前 550 年左右
畢達哥拉斯學派
數形結合與「萬物皆數」

西元前 450 年左右
芝諾提出關於時間和運動的悖論

西元前 400 年左右
三大幾何作圖難題誕生

西元前 336 年
亞歷山大大帝征服希臘
希臘數學進入亞歷山卓時期

西元前 300 年左右
歐幾里得著《幾何原本》

西元前 250 年左右
阿基米德用窮竭法求圓周率

西元前 200 年～西元 200 年
喜帕恰斯和托勒密編製第一張
正弦函數表
三角學登上歷史舞臺

西元 250 年左右
丟番圖著《算術》
代數脫離幾何

時間線

15世紀末～16世紀初
歐洲開啟大航海時代

16世紀中葉
三次和四次方程式求根公式被發現

16世紀末～17世紀初
納皮爾與比爾吉發明對數

16世紀末～17世紀初
克卜勒提出行星運動三定律

西元1636年
伽利略發表關於「無窮」問題的文件

17世紀下半葉～18世紀初
牛頓和萊布尼茲發明微積分

17世紀上半葉
笛卡兒發明坐標
「我思故我在」哲學理性主義

西元1683年
雅各布·白努利研究複利計算問題
自然底數e被發現

西元1707年
「分析學化身」尤拉出生

18世紀下半葉
拉格朗日研究置換群
最小二乘法

19世紀初
柯西給出極限的定義

西元1820年代
阿貝爾證明五次以上一般方程式
沒有求根公式

西元1820年代
傅立葉做出一般函數三角級數展開

西元1828年
伽羅瓦發明群論

西元1844年
萊歐維爾率先證明超越數存在

西元1870年代
戴德金和康托爾相繼建構實數系

19世紀下半葉
魏爾施特拉斯將分析嚴密化

西元1870年代～20世紀初
康托爾推出樸素集合論
「無窮」概念合法化

1901年
羅素悖論被發現

20世紀初
策梅洛等人推出公理化集合論

20世紀前30年
邏輯主義、直覺主義、形式主義
互相鬥法
關於數學基礎的爭論甚囂塵上

1930年代
哥德爾發表不完全性定理
數學基礎問題相繼解決

附錄

■ 1・加法反元素的乘法和乘法反元素的加法

假設 m 和 n 是兩個正整數，我們應該如何定義 $(-m) \times (-n)$ 呢？

如果要求加法反元素的乘法依然滿足結合律、交換律和對加法的分配律，我們只有一種選擇。

首先，$m + (-m) = 0$，因此 $[m + (-m)] \times n = 0 \times n = 0$。利用乘法對加法的分配律，我們得到 $m \times n + (-m) \times n = 0$，這說明 $(-m) \times n$ 是 $m \times n$ 的加法反元素。由反元素的唯一性知，$(-m) \times n = -(m \times n)$。

接下來，在等式 $n + (-n) = 0$ 的兩邊同時乘上 $(-m)$，得 $(-m) \times n + (-m) \times -(n) = 0$，也即 $-(m \times n) + (-m) \times (-n) = 0$。這說明 $(-m) \times (-n)$ 是 $-(m \times n)$ 唯一的加法反元素，它只能等於 $m \times n$。

定義乘法反元素的加法 $\frac{1}{m} + \frac{1}{n}$ 遵循類似的過程。

首先，由 $\frac{1}{m} \times m = 1$ 和 $\frac{1}{n} \times n = 1$ 知 $(\frac{1}{m} \times \frac{1}{n}) \times (m \times n) = 1$。於是 $\frac{1}{m} \times \frac{1}{n}$ 是 $m \times n$ 唯一的乘法反元素，它等於 $\frac{1}{mn}$。因此：

$$\frac{n}{mn} = \frac{1}{mn} \times n = \frac{1}{m} \times \frac{1}{n} \times n = \frac{1}{m}$$

同樣的道理，我們有 $\frac{m}{mn} = \frac{1}{n}$，這樣 $\frac{1}{m} + \frac{1}{n}$ 就必須等於：$\frac{m}{mn} + \frac{n}{mn} = \frac{m+n}{mn}$

2・尺規作圖實現乘除法

尺規作圖要想實現實數的加減法是很容易的，它如何實現實數的乘除法呢？核心是相似三角形原理。

如圖附－1，在數軸上確定一個點 O，作線段 $OA = 1$，$OB = x$（不妨設 $x > 1$）。利用尺規作圖過 O 點作 OB 的垂線，在此垂線上作線段 $OC = y$，連接 AC。接下來，利用尺規作圖過 B 點作 AC 的平行線交 OB 的垂線於 D。線段 OD 的長度就是 $x \cdot y$，因為 ΔOAC 與 ΔOBD 相似。

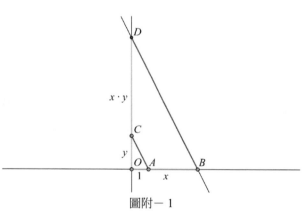

圖附－1

至於 x 與 y 的商 x/y，也是利用相同的原理，因為 $\dfrac{x/y}{x} = \dfrac{x}{x \cdot y}$。

3・$\mathbb{Q}(\sqrt{2})$ 與 $\mathbb{Q}(\sqrt{3})$ 之間沒有包含關係

如果 $\mathbb{Q}(\sqrt{2}) \subseteq \mathbb{Q}(\sqrt{3})$，則 $\sqrt{2} \in \mathbb{Q}(\sqrt{3})$，根據 $\mathbb{Q}(\sqrt{3})$ 的定義知存在兩個有理數 a、b 使得 $\sqrt{2} = a + b \cdot \sqrt{3}$。等式兩邊同時平方得：

$$2 = a^2 + 3b^2 + 2ab \cdot \sqrt{3}$$

由於 2、a^2、$3b^2$、$2ab$ 都是有理數且有理數集對（有限次）四則運算封

閉，我們推出 $\sqrt{3}$ 也是有理數，這顯然是不可能的，所以 $\mathbb{Q}(\sqrt{2})$ ）並不包含在 $\mathbb{Q}(\sqrt{3})$ 中。

同樣的推理知 $\mathbb{Q}(\sqrt{3})$ 也不包含在 $\mathbb{Q}(\sqrt{2})$ 中。

■ 4．$\mathbb{Q}(\sqrt[3]{2})$ 在 $\mathbb{Q}$ 上的擴張次數是 3

$\mathbb{Q}(\sqrt[3]{2})$ ）顯然可以由 $\{1, \sqrt[3]{2}, (\sqrt[3]{2})^2\}$ 在 $\mathbb{Q}$ 上生成，所以只需要說明不存在 $\mathbb{Q}(\sqrt[3]{2})$ 中的某兩個元素 α、β 使得 $\mathbb{Q}(\sqrt[3]{2}) = a \cdot \alpha + b \cdot \beta$，其中 a、b 在 $\mathbb{Q}$ 中變動。

假設不然，存在這樣的 α、β，它們不可能都等於 0。不妨設 $\alpha \neq 0$ 並記 $\gamma = \dfrac{\beta}{\alpha}$，我們先證明 $\{1, \gamma\}$ 在 $\mathbb{Q}$ 上生成 $\mathbb{Q}(\sqrt[3]{2})$。事實上，對任意的 a、$b \in \mathbb{Q}$，$a \cdot 1 + b \cdot \gamma = \dfrac{a \cdot \alpha + b \cdot \beta}{\alpha} \in \mathbb{Q}(\sqrt[3]{2})$；反之，對任意 $\delta \in \mathbb{Q}(\sqrt[3]{2})$，$\delta \cdot \alpha \in \mathbb{Q}(\sqrt[3]{2})$，從而存在 a'、$b' \in \mathbb{Q}$ 使得 $\delta \cdot \alpha = a' \cdot \alpha + b' \cdot \beta$，也即 $\delta = a' \cdot 1 + b' \cdot \gamma$。

將 $\gamma^2 \in \mathbb{Q}(\sqrt[3]{2})$ 用 1 和 γ 表示出來，即寫成 $a + b \cdot \gamma$ 的形式，移項得 $\gamma^2 - b \cdot \gamma = a$。利用配方法：

$$\left(\gamma - \frac{b}{2}\right)^2 = \gamma^2 - b \cdot \gamma + \frac{b^2}{4} = a + \frac{b^2}{4} \in \mathbb{Q}$$

我們可以用 $\gamma - \dfrac{b}{2}$ 替換 [049] γ 從而假定 γ^2 是一個有理數。

現在，我們來到了這樣的情形，$\mathbb{Q}(\sqrt[3]{2})$ 中的元素 $\{1, \gamma\}$ 在 $\mathbb{Q}$ 上生成了整個 $\mathbb{Q}(\sqrt[3]{2})$ 並且 γ^2 是一個有理數。

將 $\sqrt[3]{2}$ 用 1 和 γ 表示出來，$\sqrt[3]{2} = a + b \cdot \gamma$，$a$、$b \in \mathbb{Q}$。則：

---

[049]　意思是 $\{1, \gamma - \frac{b}{2}\}$ 也在 $\mathbb{Q}$ 上生成 $\mathbb{Q}(\sqrt[3]{2})$。

$$2 = \left(\sqrt[3]{2} \right)^3 = (a + b \cdot \gamma)^3$$
$$= (a^2 + b^2 \gamma^2 + 2ab \cdot \gamma)(a + b \cdot \gamma)$$
$$= a^3 + 3a\,b^2 \gamma^2 + (3\,a^2 b + b^3 \gamma^2) \cdot \gamma$$

因此 $3a^2b + b^3\gamma^2 = 0$。由於 $b \neq 0$（否則 $\sqrt[3]{2} = a$ 是有理數），我們將上述等式的兩邊同時除以 b 得 $3a^2 + (b\gamma)^2 = 0$。注意到 $b\gamma \in \mathbb{Q}(\sqrt[3]{2}) \subseteq \mathbb{R}$ 是一個實數，而兩個非負實數相加等於 0 只有一種可能：這兩個非負實數都是 0，於是 a 與 b 都必須等於 0，這是不可能的。

所以 $\mathbb{Q}(\sqrt[3]{2})$ 不可能只由兩個元素在 $\mathbb{Q}$ 上生成，它在 $\mathbb{Q}$ 上的擴張次數是 3。

■ 5．誤差滿足正態分布推匯出最小二乘法的最優性

以誤差 $[(ax + b) - y] \sim N(0, 1)$ 滿足標準正態分布為例，用極大似然法猜想樣本出現機率為最大時 a 和 b 的取值：將正態分布的機率密度函數 $\left(\dfrac{1}{\sqrt{2\pi}} \right) e^{\left[-\frac{1}{2}(ax_i + b - y_i)^2 \right]}$ 連乘起來並取對數，得到：

$$L(a, b) = \ln \prod_{i=1}^{n} \left(\frac{1}{\sqrt{2\pi}} \right) e^{\left[-\frac{1}{2}(ax_i + b - y_i)^2 \right]}$$
$$= n\ln \frac{1}{\sqrt{2\pi}} - \frac{1}{2} \sum_{i=1}^{n} (a\,x_i + b - y_i)^2$$

求這個函數的極大值恰好相當於用「最小二乘法」對誤差的平方和求極小。

6．最大線性無關組的定義

設 V 是某個線性空間的子集，S 是 V 的一個子集。若下面兩個條件同時滿足：(1) S 中的元素線性無關。(2) V 中任意一個元素均可以寫成 S 中元素的線性組合。則稱 S 是 V 的一個最大線性無關組。

對 V 而言，最大線性無關組不是唯一的，但最大線性無關組所含元素的個數[050]是唯一的。當 V 是整個線性空間時，V 的一個最大線性無關組就是 V 的一組基，其所含元素的個數就是 V 的維數。

---

[050]　若 S 包含無窮多個元素，S 所含元素的個數指的是 S 作為無窮集合的勢。

數學不咬人，文科生也能愛上的魔鬼學科：
數學不再是難題！透過故事和歷史，重新定義你與數學的關係

作　　者：唐小謙

發 行 人：黃振庭

出 版 者：崧燁文化事業有限公司

發 行 者：崧燁文化事業有限公司

E-mail：sonbookservice@gmail.com

粉 絲 頁：https://www.facebook.com/
　　　　　sonbookss/

網　　址：https://sonbook.net/

地　　址：台北市中正區重慶南路一段六十一號八
　　　　　樓 815 室

Rm. 815, 8F., No.61, Sec. 1, Chongqing S. Rd.,
Zhongzheng Dist., Taipei City 100, Taiwan

電　　話：(02)2370-3310

傳　　真：(02)2388-1990

印　　刷：京峯數位服務有限公司

律師顧問：廣華律師事務所 張珮琦律師

-版權聲明

定　　價：520 元

發行日期：2024 年 04 月第一版

◎本書以 POD 印製

Design Assets from Freepik.com

國家圖書館出版品預行編目資料

數學不咬人，文科生也能愛上的魔鬼學科：數學不再是難題！透過故事和歷史，重新定義你與數學的關係 / 唐小謙 著 . -- 第一版 . -- 臺北市：崧燁文化事業有限公司，2024.04

面；　公分

POD 版

ISBN 978-626-394-144-1(平裝)

1.CST: 數學教育

310.3　　113003492

電子書購買

臉書

爽讀 APP

無限數學宇宙！
一套書有效提升數學水準

思辨的螺旋，數學中的邏輯結構：從科學問題到生活應用，都可以用邏輯推演來解決？看看數學思維如何建構這個世界！

ISBN：9786263942950
價格：350

數學中的「無限宇宙」：質數數列、費波那契數、無窮大級數、流數術……數學家開啟了幾何跟自然的大門，更開啟人類無限的知識！

ISBN：9786263943148
價格：299

變數中的常數，函數概念史與應用：指數效應 × 帕斯卡三角 × 年利率儲蓄，數學隨著函數概念飛速擴張，思維也跨入永恆運動的世界！

ISBN：9786263943995
價格：299

亂數中的秩序，機率學在日常中的角力：密碼破譯 × 抽籤順序 × 投擲骰子 × 布朗運動，從賭桌到實驗室，數學如何定義命運？

ISBN：9786263944008
價格：299

從抽象理論，看數學中的具象思維：柯尼斯堡問題、莫比烏斯帶、魔術方塊解法、逆向推理思維……24個超具體的數學理論應用！

ISBN：9786263944589
價格：299

未知中的已知，代數的千年發展史！勾股定理 × 大衍求一術 × 代數求解 × 幾何作圖，從代數學發展到生活中的應用，數學用「未知」來解答！

ISBN：9786263944770
價格：375

上大學前必讀！
掌握未來，與 AI 同行

未來職場，AI 時代下的「高危」職業！模擬 2050 的上班族：律師、外科醫師、程式設計師……很快就要退場？趨勢專家談大數據與人工智慧如何「轉型」未來

ISBN：9786263577787
價格：375

AI 與大數據技術導論（基礎篇）：發展歷程、產業鏈、運算模式、機器學習……從理論概述到核心技術，深度探索人工智慧！

ISBN：9786263578067
價格：450

現在最流行的投資，在太空！行星取水、宇宙冶金、太空種菜、生物製藥……當你發現在地球上能做的事都能搬到太空中，科幻就變成科技了！

ISBN：9786263578852
價格：320

人工智慧入門：演算分析 × 設計習題 × 章節回顧，不只當「被 AI 引導的人」，更要成為「掌控 AI 的人」！未來不遠，跟不上時代腳步，未來一定不會有你！

ISBN：9786263577756
價格：450

AI 新時代，人機共生！人工智慧是隊友不是對手：發展演變 × 經典對決 × 突破方向，從自動駕駛到無人系統，生成式 AI，人工智慧未來的探索

ISBN：9786263576919
價格：375

商用級 AIGC 繪畫創作與技巧（Midjourney+Stable Diffusion）：AI 繪畫的基本概念、發展歷史、使用方法……步入 AI 繪畫的世界，學習 AI 繪畫的技能，並感受 AI 繪畫的魅力！

ISBN：9786263942172
價格：580